砂岩非饱和渗流中子成像研究

Neutron Imaging of Unsaturated Seepage in Sandstone

赵毅鑫　薛善彬　武　洋　著

科学出版社
北京

内 容 简 介

本书共分 6 章，第 1 章介绍砂岩非饱和渗流问题的工程背景及相关理论与实验研究进展；第 2 章着重介绍中子成像技术原理、成像设备和图像处理分析方法；第 3 章系统总结砂岩基质吸水性系数、非饱和扩散函数、吸水质量等非饱和渗流模型以及裂隙吸水性系数模型；在前 3 章内容的基础上，第 4~6 章分别重点分析砂岩基质吸水特征、非饱和扩散函数与裂隙砂岩非饱和渗流规律；第 5 章通过对中子图像进一步量化分析，获取砂岩基质吸水过程中的含水率时空分布数据，结合第 3 章中的理论模型对砂岩非饱和扩散函数进行计算，与基于砂岩孔隙结构数据和分形模型计算的非饱和扩散函数进行对比分析；第 6 章重点分析裂隙砂岩非饱和渗流问题，基于中子图像研究非饱和裂隙和孔隙系统中的水分渗流行为，考虑水分渗流和裂隙砂岩微观结构特征，探讨和完善裂隙区及基质区非饱和渗流理论模型。

本书可供高等院校采矿工程、石油工程、岩土工程等专业的师生和工程技术人员参考使用。

图书在版编目(CIP)数据

砂岩非饱和渗流中子成像研究= Neutron Imaging of Unsaturated Seepage in Sandstone / 赵毅鑫，薛善彬，武洋著. —北京：科学出版社，2022.4

ISBN 978-7-03-071303-2

Ⅰ. ①砂… Ⅱ. ①赵… ②薛… ③武… Ⅲ. ①砂岩-非饱和-渗流-中子-成像-研究 Ⅳ. ①P588.21

中国版本图书馆CIP数据核字(2022)第006587号

责任编辑：刘翠娜　陈娇娇 / 责任校对：王萌萌
责任印制：吴兆东 / 封面设计：无极书装

科学出版社 出版
北京东黄城根北街 16 号
邮政编码：100717
http://www.sciencep.com

北京捷迅佳彩印刷有限公司 印刷
科学出版社发行　各地新华书店经销
*

2022 年 4 月第　一　版　开本：720 × 1000　1/16
2022 年 4 月第一次印刷　印张：11 1/2　插页：2
字数：260 000

定价：138.00 元
（如有印装质量问题，我社负责调换）

前　言

砂岩是自然界广泛存在的一种沉积岩，与人类生产生活密切相关。在煤炭、油气、铀矿、地热等资源开采以及二氧化碳、核废料封存现场，砂岩地层是最常见的地层之一。同时，砂岩广泛存在于地铁隧道、水利水电、石质文物保护等工程项目中。在自然地质作用和人类工程活动的影响下，砂岩内部形成丰富的孔隙和裂隙，为水分提供了赋存和流动的空间。在涉及砂岩的工程问题分析中，往往需要对水分渗流问题进行研究，而处于非饱和状态的砂岩较为普遍。因此，研究非饱和砂岩中的水分渗流问题具有重要的科学意义和工程价值。

然而，砂岩的非饱和渗流问题研究充满挑战，难点之一是如何准确描述水分在砂岩内部孔隙和裂隙中的动态渗流行为。中子成像技术在时间和空间分辨率方面的不断提升与相关图像处理技术的发展为解决该问题提供了机遇，而国内在应用中子成像技术对岩石中渗流问题的研究还未系统开展。鉴于此，作者通过与中国原子能科学研究院、中国工程物理研究院等中子成像领域专家合作，开展了一系列砂岩非饱和渗流中子成像研究，形成了本书的写作基础。本书涵盖了不同渗透率砂岩基体与裂隙中的渗流问题，通过结合中子成像、X 射线 CT 等试验的测试结果与非饱和渗流理论模型，对砂岩非饱和渗流机理进行了阐释与讨论。

本书涉及的相关研究得到了国家自然科学基金项目（51861145403、U1910206、51874312、52008222）、山东省自然科学基金项目（ZR2019PEE001）的资助。本书写作过程中得到了中国矿业大学（北京）姜耀东教授，美国宾州州立大学 Elsworth 院士、刘世民教授，南方科技大学韩松柏教授，中国原子能科学研究院贺林峰研究员，中国工程物理研究院李航副研究员，中国石油大学（北京）蔡建超教授等专家学者的指导和帮助，作者在此表示诚挚感谢！除本书作者外，已毕业硕士研究生樊国伟、李鹏、李志虎在相关实验和数据分析等方面开展了积极高效的工作，在读博士研究生郭金宝在本书出版过程中付出了辛勤劳动，作者一并表示感谢！

作为能源与环境领域的典型问题，包括岩石在内的多孔介质非饱和渗流问题研究得到了能源开发、土木工程、水文地质、土壤物理等领域国内外学者的广泛关注，取得了丰富的研究成果，这为本书的写作提供了广阔的思路，作者感谢所引用的参考文献的各位作者。由于中子束流时间的限制,国内外关于中子成像技术在岩石渗流问题中的应用研究相对较少,可参考的资料较为有限,加之作者水平有限,书中难免存在疏漏之处,恳请各位同行专家和读者批评指正。

作　者

2021 年 9 月 9 日于中国矿业大学(北京)

目　　录

前言

第1章　绪论 ... 1
1.1　砂岩非饱和渗流问题的研究目的及意义 ... 1
1.2　砂岩非饱和渗流与微观结构研究现状 ... 5
1.2.1　砂岩非饱和渗流理论研究现状 ... 5
1.2.2　砂岩非饱和渗流实验研究现状 ... 9
1.2.3　砂岩微观结构研究现状 ... 11
1.3　本书的主要内容 ... 14
参考文献 ... 15

第2章　中子成像技术应用及图像分析 ... 23
2.1　中子成像技术在岩石渗流研究中的应用现状 ... 23
2.1.1　二维中子成像在研究岩石介质内水动态分布特征的应用 ... 23
2.1.2　三维中子成像在研究岩石介质内水动态分布特征的应用 ... 24
2.2　中子成像技术原理及系统结构 ... 26
2.2.1　中子成像技术原理 ... 26
2.2.2　中子成像系统结构 ... 26
2.3　中子成像设施 ... 27
2.3.1　中国工程物理研究院反应堆 ... 27
2.3.2　中国原子能科学研究院中国先进研究堆 ... 28
2.4　中子图像处理分析 ... 29
2.5　中子散射及束线硬化影响评估与纠正 ... 30
2.6　本章小结 ... 33
参考文献 ... 34

第3章　砂岩基质非饱和渗流模型 ... 36
3.1　吸水性系数模型 ... 36
3.1.1　吸水性系数毛细管束模型 ... 36
3.1.2　吸水性系数分形模型 ... 38
3.2　非饱和扩散函数模型 ... 41
3.2.1　基于Matano方法的非饱和扩散系数计算 ... 42
3.2.2　广义菲克定律的非饱和扩散系数模型 ... 42

  3.2.3 非饱和扩散函数 Lockington-Parlange 模型 ·················· 43
  3.2.4 非饱和扩散函数 Meyer-Warrick 模型 ···················· 44
  3.2.5 非饱和扩散函数分形模型 ···························· 45
 3.3 吸水性系数和毛细管系数的关系 ·························· 46
 3.4 自发渗吸吸水质量模型 ································ 47
  3.4.1 吸水质量毛细管模型 ······························· 47
  3.4.2 吸水质量分形模型 ································ 48
 3.5 本章小结 ··· 48
 参考文献 ·· 49

第 4 章 基于中子成像的砂岩基质吸水性系数研究 ················ 52
 4.1 基于润湿锋位置演化特征的低渗砂岩吸水性系数研究 ············ 52
  4.1.1 低渗砂岩样品描述 ································ 52
  4.1.2 低渗砂岩孔隙结构的 X 射线 CT 成像研究 ················ 54
  4.1.3 低渗砂岩渗吸中子成像实验及图像分析 ·················· 59
  4.1.4 结果与讨论 ····································· 62
  4.1.5 结论 ··· 67
 4.2 基于砂岩吸水质量演化特征的中高渗砂岩吸水特征研究 ············ 68
  4.2.1 中高渗砂岩物性、渗透率及孔隙结构表征 ················ 69
  4.2.2 中高渗砂岩自发渗吸中子成像实验与吸水称重实验 ··········· 75
  4.2.3 中高渗砂岩吸水性系数研究 ·························· 77
  4.2.4 结论 ··· 89
 4.3 本章小结 ··· 90
 参考文献 ·· 91

第 5 章 基于中子成像的砂岩基质非饱和扩散函数研究 ·············· 93
 5.1 低渗砂岩非饱和扩散函数研究 ··························· 93
  5.1.1 低渗砂岩微观结构与渗透性分析 ······················· 93
  5.1.2 基于中子图像的低渗砂岩动态含水率测定 ················ 96
  5.1.3 低渗砂岩非饱和扩散函数计算 ························ 98
  5.1.4 低渗砂岩吸水过程中的动态含水率分布特征 ··············· 102
  5.1.5 低渗砂岩吸水性系数和毛细管系数关系研究 ··············· 105
  5.1.6 结论 ··· 109
 5.2 中高渗砂岩孔隙结构与非饱和扩散函数的关系 ··············· 110
  5.2.1 中高渗砂岩内部中央含水率演变过程 ··················· 111
  5.2.2 中高渗砂岩非饱和扩散函数计算 ······················ 112
  5.2.3 中高渗砂岩内部含水率动态演变特征 ··················· 118

5.2.4　结论 ·················· 123
　5.3　本章小结 ·················· 124
　参考文献 ·················· 125
第6章　基于中子成像的裂隙砂岩非饱和渗流问题研究 ·················· 126
　6.1　裂隙砂岩非饱和渗流模型 ·················· 126
　6.2　裂隙低渗砂岩吸水性系数研究 ·················· 128
　　6.2.1　裂隙低渗砂岩样品描述 ·················· 129
　　6.2.2　裂隙低渗砂岩 X 射线 CT 成像研究 ·················· 130
　　6.2.3　裂隙低渗砂岩渗吸中子成像实验及图像分析 ·················· 131
　　6.2.4　裂隙低渗砂岩吸水性系数分析 ·················· 133
　　6.2.5　结论 ·················· 139
　6.3　裂隙高渗砂岩吸水性系数研究 ·················· 140
　　6.3.1　裂隙高渗砂岩样品描述 ·················· 140
　　6.3.2　裂隙高渗砂岩 X 射线 CT 成像研究 ·················· 142
　　6.3.3　裂隙高渗砂岩渗吸中子成像实验及图像分析 ·················· 142
　　6.3.4　含粗糙裂隙高渗砂岩吸水性系数分析 ·················· 148
　　6.3.5　含光滑裂隙高渗砂岩吸水性系数分析 ·················· 153
　　6.3.6　结论 ·················· 159
　6.4　裂隙高渗砂岩非饱和扩散函数研究 ·················· 161
　　6.4.1　裂隙高渗砂岩样品描述 ·················· 161
　　6.4.2　裂隙高渗砂岩渗吸中子成像实验及图像分析 ·················· 162
　　6.4.3　裂隙砂岩非饱和扩散函数分析 ·················· 164
　　6.4.4　结论 ·················· 173
　6.5　本章小结 ·················· 174
　参考文献 ·················· 174
彩图

第 1 章 绪 论

1.1 砂岩非饱和渗流问题的研究目的及意义

岩石圈、水圈是人类生产生活的基础。岩石圈可提供丰富的矿产资源（如煤炭、油气、铁矿、有色金属等），地质空间资源（储存和处置二氧化碳、放射性核废料和有毒有害污水等，或开辟作为地下水库、地下油库、地下仓库、地下核试验的场地等）。岩石是一种多孔介质，其内部含有丰富的孔隙和裂隙，这些孔隙为地质流体的赋存和运移提供了空间。无论是矿产资源的开发还是地质空间资源的利用都需要对岩石进行开挖或扰动相应空间内的地质流体（水、气和油等）。随着水分不断渗流进入岩石，岩石介质从非饱和状态逐渐趋于饱和状态。而岩石介质的饱和状态不仅对其抗压、抗剪强度等固体力学性质有着重要影响，更对岩石介质内地质流体的赋存和运移起着关键作用。根据岩石饱水状态的不同，可以将岩石介质内的渗流分为饱和渗流和非饱和渗流。自然界中岩石在大多数情况下处于非饱和状态，而岩石介质的非饱和渗流问题相比于饱和渗流更为复杂，但却并未得到足够关注。非饱和渗流一般以毛细管力和重力等为驱动力，渗流过程中流体运移分布的非线性行为与饱和渗流有着本质区别，且非饱和状态下的岩石在材料力学性质等方面与饱和状态存在较大的差异。此外，岩石圈物质循环过程中，对岩体结构进行复杂地质作用和人类活动的改造，产生大量的裂隙、节理等地质结构面，使得岩体内渗流特性更为复杂，并大大增加岩体渗透率[1]。其中裂隙更是地质流体的天然渗流通道，其在非饱和渗流中起着重要的作用，既能够快速传输地质流体，也可作为天然屏障以隔断相邻岩块间流体的联系[1,2]。岩体裂隙中的非饱和渗流机理相对基质中的更为复杂，目前对该问题的研究也较为有限。

我国是人口大国，能源消耗量大。2018 年一次能源生产总量为 37.7 亿 t 标准煤，其中原煤产量占 69.70%；能源消费总量为 46.4 亿 t 标准煤，其中煤炭消费量占能源消费总量的 59.0%。由此可知，煤炭仍是我国的主要能源，但煤炭开采和利用而造成的水资源浪费、生态环境破坏及大气污染等问题日益严重，同时伴随着煤炭资源日益枯竭以及天然气等清洁能源供需严重失衡，能源与环境问题已经成为制约我国经济社会发展的关键问题。近年来，随着西部大型煤炭基地绿色减损保水开采，致密砂岩气、页岩气和煤层气等非常规能源的开发以及第三代核电项目的发展为进一步解决这些问题提供了可能。针对西部矿区煤炭高强度开采与水资源保护之间的矛盾[3]，钱鸣高院士提出了绿色采矿理念，提倡环境友好型保水减损开采[4, 5]。该技术理论的关键是控制采空区裂隙带高度，以防其导通隔水层使砂岩含水层中的地下水向（或通过）裂隙渗流而造成地下水的浪费；顾大钊院士团队提出利用采空区建立地下水库的构想，对西部大型矿区煤炭开采过程中损失的水资源进行储存，以实现地下水资源的保护和利用[6-8]，如图 1.1 所示。但地下水库蓄水过程中，坝体围岩、坝体混凝土构筑物逐渐被水润湿，易导致坝体围岩、坝体混凝土构筑物以及其中钢筋锚杆的力学性质劣化，进而对地下水库稳定性和耐久性造成影响。上述问题与地面水坝和水库、建筑物耐久性研究领域所关注的科学问题有着很高的一致性，非饱和区域水分的输运对岩石力学行为有着重要影响，因此将上述领域形成的非饱和渗流理论成果应用于矿山岩体力学的研究中很有意义。

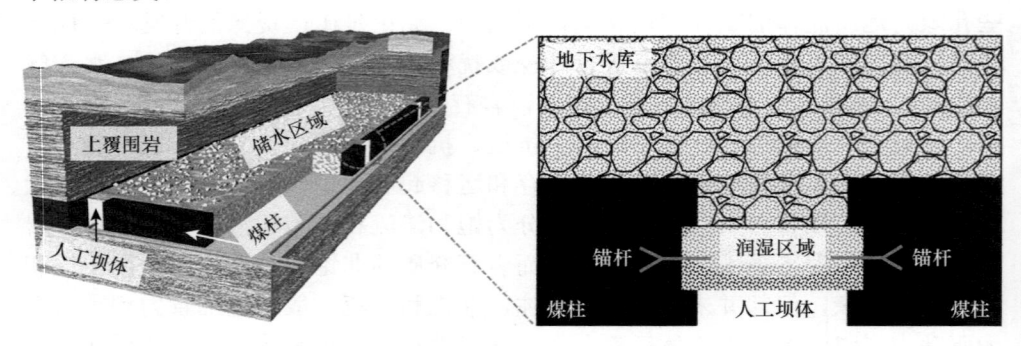

图 1.1 西部矿区地下水库原理图[6-8]

近年来，随着我国煤矿安全高效集约化生产，部分产能落后、不符合国家安全与生态环境标准以及达到生产生命周期的矿井（矿坑）将被闭坑或废弃，预计到 2030 年，我国关闭/废弃矿井数量将达到 15000 处[9]，由此引起的环境问题以及资源再利用问题得到了袁亮院士和武强院士等专家学者的关注[9, 10]。废弃（闭坑）的矿井（坑）可提供巨大的地质空间资源，但同时也存在重大的安全和环境等问题[11, 12]。例如，矿井关闭后采空区、巷道等形成了巨大的蓄水空间，为修建地下水库提供了前提。随着排水工作的停止，矿井或矿坑的水位将随着含水层地下水或地表水的补给逐渐抬升并趋于稳定，最终形成了巨大的矿井（坑）水体，实现了储水功能。但随着井下水位的抬升，地下水渗流场和化学场等发生变化，原处于非充水状态的建筑地基将被水逐渐润湿，破坏了岩土体地应力场与水动力场的原有平衡，从而影响建筑地基的安全和稳定；原处于应力平衡稳定状态的煤岩柱体被水逐渐润湿后强度降低，可能失稳而诱发矿区地面二次塌陷，甚至出现山体崩塌和滑坡等地质灾害。对于废弃的露天矿坑，矿坑坑底易积水，且水位随雨季的到来不断被抬升,矿坑边坡处于非饱和渗流区域而不断被润湿,极易失稳形成大面积滑坡灾害[13,14]。此外,关闭或废弃矿井除拥有丰富的水资源外,还赋存着丰富的煤炭、天然气和地热等资源。这些资源的利用不仅能够减少资源浪费,还可推动资源枯竭型城市转型发展。袁亮院士等[9]依托中国工程院重大咨询项目"我国煤矿安全及废弃矿井资源开发利用战略研究"提出了包括关闭/废弃矿井残余煤炭气化开发利用、关闭/废弃矿井非常规天然气开发利用、关闭/废弃矿井水资源智能精准开发、关闭/废弃矿井油气储存与放射性废物处置等内容的"关闭/废弃矿井资源精准开发利用"理念。上述理念面临的科学问题涉及渗流场、应力场、温度场等多物理场耦合问题,其中水在非饱和岩体中的渗流问题是该研究的重要组成部分。

此外,地下水在非饱和岩体基质及裂隙中的渗流问题广泛存在于油气开采、非常规天然气开发工程中。油气开采过程中,毛细管自吸是水驱油气藏和裂隙性油气藏开采的重要机理,且在低压或能量衰竭油气藏注水开发方面应用效果显著,通过注水法可以提高油气采收率以实现对低渗储层的二次、三次增产[15]。但水相毛细管自吸这种非饱和渗流行为造成的水相圈闭损害妨碍了油气藏高效开发,因此该问题被美国能源部列为十项重点工程之一进行长期研究[16]。低渗砂岩气、页岩气和煤层气构成当今世界三大非常规天然气,其比重在我国天然气产量中逐年上升。非常规天然气的开采大多使用水力压裂技术,该技术将压裂液注入非常规天然气储层中进行液压碎裂,随后逐渐渗流进入基质以驱替岩石孔隙中赋存的天然气,以实现非常规天然气高效开采,如图 1.2 所示。致密砂岩气在非常规气中占比很大,且致密砂岩纳米级孔喉发育、孔喉连通性差、富含黏土矿物,毛细管自发渗吸行为复杂,极易导致致密砂岩气在开发过程中受到水锁损害,从而严重影响了致密砂岩气储层的高效开发。

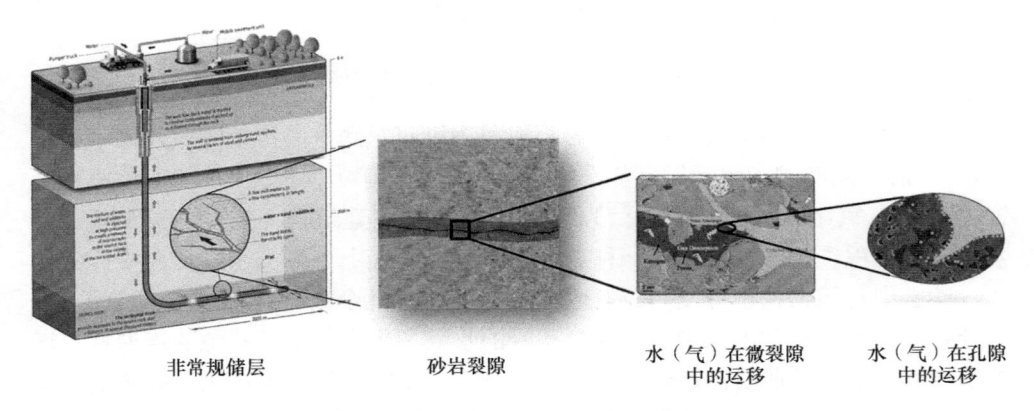

图 1.2 非常规天然气储层的多尺度流体动力学

核电是一种清洁高效能源,在优化能源结构的同时大大减少了温室气体的排放。近期世界能源转型升级进入新阶段，核能的多元化利用有了更多途径[17]。随着我国能源战略的调整，发展核电已成为我国能源战略的重点，第三代核电机组 CAP1400、华龙一号、CAP1000、EPR 陆续在沿海地区投运[18]。根据目前核电发展速度和规模测算，未来需要相当规模的铀矿资源作保障[19]。我国已探明的铀矿资源中，砂岩型铀矿储量约占 35%[20-22]，而其中低渗透性砂岩型铀矿又占到已探明砂岩型铀矿的 50%以上[23]。与常规采铀矿开采方法相比，地浸法开采不产生废石与尾矿等固体废物，是开发渗透性砂岩铀的最经济有效的方法，也是铀矿开采的重要发展方向[24-26]，如图 1.3 所示。溶浸液与砂岩铀矿储层之间的相互作用以及浸出液流动方向和方位的控制是地浸法的关键[23]。溶浸液逐渐润湿低渗砂岩继而发生化学反应使铀元素析出，该过程涉及溶浸液的非饱和渗流过程，但低渗砂岩孔隙结构的复杂性增加了溶浸液的渗流阻力，使地浸法开采难以有效进行。因此，低渗砂岩铀矿储层中溶浸液的运移及非饱和渗流规律的研究，对井型、井距等地浸工艺参数的确定起主要作用[23]，且对经济安全高效开发该类矿床有着重要的意义[23, 27]。

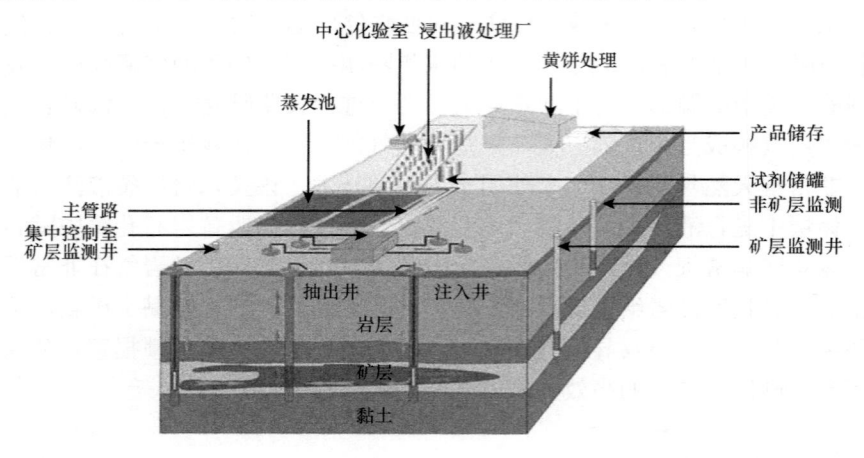

图 1.3 铀矿地浸法开采示意图[28]

综上所述，岩体基质及裂隙中的非饱和渗流问题涵盖了传统能源开采（如煤炭、石油），新能源利用开发（如非常规天然气、铀矿），环境保护（如核废料处置[29, 30]、二氧化碳地质封存[31, 32]），文物保护（如古建筑物保护[33]，莫高窟、金字塔）等工程领域。砂岩作为一种典型的沉积岩，在上述各类工程问题中广泛存在。砂岩中孔隙结构十分复杂，孔隙尺寸可能跨越几个数量级（纳米-微米），大部分处于微米到亚微米范围内，部分孔喉的收缩和闭合降低了孔隙的连通性，增加了渗流路径的迂曲度。砂岩中多含有伊利石、高岭石等黏土矿物，矿物的填充使孔隙结构更加复杂，且孔隙中的黏土矿物遇水膨胀可能会堵塞渗流通道，使得砂岩中的非饱和渗流规律更为复杂。除孔隙外，砂岩中还分布着大量的裂隙结构，其增加砂岩的渗透率，同时影响砂岩的非饱和渗流过程。砂岩中孔隙、裂隙结构及黏土矿物成分在非饱和渗流问题的研究中扮演着重要的角色，砂岩中孔隙、裂隙结构的精确表征以及黏土矿物成分的准确测定是问题研究的关键，可以借助先进的高分辨率 X 射线 CT 成像、扫描电镜（scanning electron microscope，SEM）和 X 射线衍射（X-ray diffraction，XRD）等技术手段实现。砂岩非饱和渗流过程中，孔隙结构的复杂性导致基质中渗流速度缓慢，但接触水源的裂隙中渗流速度较快，而砂岩基质内的含水率动态分布以及裂隙中的快速渗吸现象难以用常规实验手段有效地测定和捕捉。

无损检测技术的发展为砂岩基质内部含水率动态分布的测定以及裂隙中快速渗吸现象的捕捉提供了可能。例如，核磁共振成像和 X 射线成像技术被广泛地应用于岩石内水运移规律的研究，但这两种技术都有其局限性。X 射线成像依赖于使用示踪剂来测定多孔介质中的水分分布[34]，而核磁共振成像则受可视化孔径范围限制以及样品所含矿物元素的影响（如铁元素）[35]。相比之下，中子由于对氢元素衰减强烈，但对气体和固体组分（如二氧化硅、铁、铅和铀等）相对不敏感[36,37]，在岩石介质非饱和渗流成像方面具有独特优势，成为世界范围内研究岩石介质非饱和渗流现象的前沿实验手段，在瑞士保罗谢尔研究所（Paul Scherrer Institute，PSI）、美国橡树岭国家实验室（Oak Ridge National Laboratory，ORNL）、美国国家标准与技术研究院（National Institute of Standards and Technology，NIST）、德国亥姆霍兹柏林材料与能源研究中心（Helmholtz Zentrum Berlin，HZB）等机构的相关科学研究中被广泛采用。但由于中子成像技术相关设备费用昂贵，且束流时间有限，在一定程度上制约了中子成像技术的应用和发展。目前，我国已建有中国原子能科学研究院中国先进研究堆（China Advanced Research Reactor，CARR）[37-39]、中国绵阳研究堆（China Mianyang Research Reactor，CMRR）[40]和中国散裂中子源（China Spallation Neutron Source，CSNS），并依托研究反应堆提供了冷中子成像谱仪等先进的中子成像设备，为相关实验研究提供优质的科研平台。但目前国内中子成像技术的应用还处于起步阶段，利用中子成像技术开展岩石介质非饱和渗流的研究相对较少。本书依托中国原子能科学研究院中国先进研究堆和德国亥姆霍兹柏林材料与能源研究中心的冷中子成像设备，同时结合高分辨率 X 射线 CT 成像技术，对砂岩基质和裂隙非饱和渗流现象进行理论和实验研究。

1.2　砂岩非饱和渗流与微观结构研究现状

1.2.1　砂岩非饱和渗流理论研究现状

与饱和渗流不同，非饱和渗流过程受毛细管力影响较大[41]。非饱和渗流过程中的各非饱和相的变化会对渗透性产生影响[42]；同时流体与介质之间的相互作用可能导致优先流、薄膜流等快速流动现象。非饱和渗流现象普遍存在于石油工程、地下水工程等工程应用中。润湿液体在毛细管力作用下自发地流入多孔介质进行输运的过程，称为自发渗吸，简称渗吸[43]。润湿锋移动距离、累计吸入润湿液体质量与渗吸时间的关系以及非饱和导水函数、水分特征曲线以及非饱和扩散函数是学者研究的重点。由此可知，与饱和渗流相比，非饱和渗流更加复杂，其研究更具挑战性。

1) 孔隙介质非饱和渗流理论研究现状

Bell 和 Cameron[44]首先提出了水平毛细管中液体的润湿锋在固定压差驱动下的运移距离与时间平方根的依赖关系。Green 和 Ampt[45]根据 Hagen-Poiseuille 定律发展了均匀孔隙介质中流体流动的理论表达式，研究了流体在竖直及水平方向上的流动问题。Lucas[46]和 Washburn[47]分析了单根毛细管和多孔介质中水渗吸的动力学因素，建立了描述单根毛细管自发渗吸过程的 Lucas-Washburn 方程，该方程为自发渗吸现象的研究奠定了基础，但仅适用于自发渗吸初期直毛细管中。Fries 和 Dreyer[48]考虑了倾斜直毛细管的自发渗吸情况，引入 Lambert W 函数，进一步发展了 Lucas-Washburn 方程。但多孔介质自发渗吸流线实际上是弯曲的，且具有分形特征[49, 50]。Lundblad 和 Bergman[51]、Hammecker 等[52-54]、Leventis 等[55]考虑了孔隙微观结构特征（如毛细管的弯曲特性、孔隙几何形状等）改进了 Lucas-Washburn 方程，但模型预测与实验结果有时吻合较差。据此，Benavente 等通过引入孔隙结构迂曲度和孔隙形状因子提出了较为复杂的模型，该模型将渗吸过程与孔隙结构关联起来，并采用有效介质近似理论确定有效孔隙半径、经验常数定义迂曲度、分形维数来定量孔隙结构特征，但依据上述参数确定的模型预测值与实验数据相差较大[56]。Cai 等[57]将多孔介质孔隙形状因子和迂曲度分别引入 Hagen-Poiseuille 和 Young-Laplace 方程，得出了更具适用性的多孔介质自发渗吸模型，该模型中的多孔介质迂曲度并不是经验常数而是与孔隙度密切相关。Terzaghi[58]基于非饱和导水系数与饱和导水系数相等的假设，利用达西定律推导了描述圆柱形岩土介质的自发渗吸模型，该模型明显高估了实验结果。Lu 和 Likos[59]考虑到非饱和导水系数与饱和导水系数的非线性关系，推导了岩土介质自发渗吸解析解，但该模型参数较多，难以确定。Handy[56]忽略了自发渗吸过程中水相前缘的气相压力梯度，建立了多孔介质自发渗吸模型。该模型假设自发渗吸过程中水活塞式驱替多孔介质中的空气，自发渗吸体积与时间的平方根呈线性关系，且与水饱和度、毛细管力和有效渗透密切相关，模型预测结果与砂岩和石灰岩的自发渗吸实验结果较为一致，但由于忽略了重力的影响，该模型仅适用于描述自发渗吸早期的毛细流动现象[43, 56]。Gao 和 Hu[60]研究了岩石、混凝土的自发渗吸现象，结果表明孔隙微观结构对岩石类多孔介质自发渗吸速率有着重要影响。此外，Beckett 等[61]、朱维耀等[62]和蔡建超[63]还发现除孔隙结构外，液体物理性质、固-

液相互作用对多孔介质渗吸速度起决定性作用。已有多项研究表明砂岩等多孔岩石的孔隙结构具有分形特征，而分形维数可以定量表征该特征，分形理论可以更好地理解孔隙结构对多孔介质自发渗吸的影响，因此分形理论是分析岩土介质自发渗吸现象的有效手段。基于分形理论对自发渗吸现象的研究还很有限，在忽略重力因素的影响下采收量与自发渗吸时间存在幂律关系。很多模型中渗吸时间指数为 0.50，但一些实验结果表明渗吸时间指数通常小于 0.50[64-66]。Li 和 Zhao[67]提出了自发渗吸率与时间的分形幂律关系模型。蔡建超和胡祥云[68]假设多孔介质由一束独立的、不同尺寸的毛细管组成，考虑了毛细管的迂曲度分形维数，利用分形理论建立了描述多孔介质自发渗吸现象的分形毛细管束模型，并讨论了迂曲度分形维数对渗吸过程的影响，发现时间指数的取值范围为 0.16～0.50。蔡建超和胡祥云[68]进一步研究了多孔介质自发渗吸过程中渗吸质量随渗吸时间变化的解析模型，但由于没有考虑重力因素的影响该模型仅适用于渗吸的初期阶段，且多孔介质弯曲流线的迂曲度分形特性对渗吸质量的变化影响较小。

Richards[69]建立了非饱和渗流的控制方程（Richards 方程），基于该方程，学者对岩土体中非饱和渗流问题进行了深入研究。非饱和导水函数、水分特征曲线、非饱和扩散函数[70, 71]是用来描述非饱和渗流现象的关键参数。由于影响水分特征曲线的因素较为复杂，因此尚未建立可以普遍适用的理论模型。van Genuchten[72]、Brooks 和 Corey[73]对非饱和岩土介质的水分特征曲线以及非饱和导水系数间关系进行了研究。岩石介质孔隙微观结构对水分特征曲线的确定起决定性作用，基于孔隙结构分形特征，利用分形理论表征水分特征曲线，进而获得非饱和导水和扩散函数[74-76]。Tyler 和 Wheatcraft[75]基于 Sierpinski 模型提出了水分特征曲线分形模型，该模型与孔隙体积分形维数密切相关。与 Tyler-Wheatcraft 模型类似的，徐永福等基于孔隙尺寸分布的幂函数提出的水分特征曲线幂律方程[77, 78]；Huang 等[79]基于 Menger 海绵质量分形建立水分特征曲线分形模型。Ghanbarian-Alavijeh 等[80]系统地描述了水分特征曲线的分形模型、准分形模型、孔隙-固体分形模型，以及它们之间的相互作用关系和应用。蔡建超和胡祥云[68]对除 Tyler-Wheatcraft 模型之外的水分特征曲线模型进行了总结，包括 Rieu-Sposito 模型、Perrier 模型、Brid 模型、Millán-González-Posada 模型、Cihan 模型，并分析了不同模型的局限性和适用范围。

2）裂隙介质非饱和渗流研究现状

目前，裂隙岩体非饱和渗流研究多借鉴多孔介质非饱和渗流理论，其控制方程类似于多孔介质非饱和渗流的控制方程（Richards 方程）。裂隙网络结构中单裂隙是最基本的研究单元，因此单裂隙中的非饱和渗流现象的研究是裂隙岩体中的非饱和渗流问题的关键[2]。现有文献针对岩土类介质单裂隙中渗吸现象的实验研究报道，主要针对混凝土[81-83]、花岗岩[84]、砖和灰岩[85]及贝雷砂岩[86]等。单裂隙按形态可分为光滑和粗糙两种类型。由于光滑裂隙的表面光滑无起伏，其裂隙开度在渗流方向上是恒定的，但粗糙裂隙的表面粗糙起伏不平，其裂隙开度的变化较大。对两种裂隙形态中的非饱和渗流现象学者进行了大量研究，主要概述如下。

Fourar 等[87]利用两块光滑平板玻璃叠合来构建光滑裂隙，再将玻璃珠贴在光滑的玻璃板上来模拟粗糙裂隙表面，然后利用所构建的光滑和粗糙单裂隙进行水平气液两相的非饱和渗流实验。实验表明导水系数与饱和度呈非线性关系，且实验结果与达西流（气液两相）模型不符，还出现薄膜流以及气泡流等现象。Nicholl 等[88]利用两块表面有纹路分布的透明玻璃平板构建粗糙裂隙，研究粗糙单裂隙气液两相的非饱和渗流现象，发现渗流通道弯曲度的增加以及局部渗流通道的减小导致相对渗透率的降低。Brown 等[89]和 Su 等[90]通过向天然岩石裂隙中浇筑环氧树脂来拓取裂隙的粗糙表面形成仿制粗糙裂隙面，然后将两个仿制裂隙面叠合形成粗糙裂隙进行非饱和渗流研究。实验结果表明不同位置的渗吸速度相差较大，裂隙开度较小的区域渗吸速度越快，且出现明显的沟槽流。孙役等[91]将混凝土板与亚克力有机玻璃板进行叠合构建粗糙裂隙，进行粗糙裂隙的雨水非饱和入渗实验，得到饱和度与非饱和导水系数之间的非线性关系。Chen 等[92]对光滑裂隙中水气两相的非饱和渗流进行了实验研究，该光滑裂隙由玻璃板和铝板构成，根据研究结果定义流道的曲率来修正相对导水系数。随后，Chen 和 Horne[93]进一步研究了粗糙玻璃材质构建的粗糙单裂隙中的气-水两相流，并获得了相应的流道曲率，但玻璃板不能完全反映天然裂隙的粗糙表面。Hu 等[94]利用两块钢板叠合构建裂隙结构（钢板上的阶梯面可以模拟天然粗糙裂隙的开度起伏变化），进行粗糙单裂隙非饱和渗流实验，并获得单裂隙饱和度、毛细管压力与非饱和导水系数之间的关系。Karpyn 等[95, 96]将巴西劈裂后的贝雷砂岩错位合并形成裂隙，并对裂隙分别进行水或油单相以及水油两相的非饱和渗流实验，并利用 X 射线成像技术来研究砂岩裂隙微观结构对油水分布和运移的影响，实验结果表明水油的分布与裂隙粗糙表面结构密切相关。Bao 和 Wang[84]利用花岗岩叠合形成的不同裂隙开度的光滑单裂隙进行非饱和渗流研究，研究发现在自发渗吸初期水分在裂隙中快速传输，但随着裂隙中水的质量增加传输速度逐渐减缓。通过称重法测定渗吸质量而间接获得不同渗吸时刻裂隙中的润湿锋高度。随着裂隙开度的增加，重力对渗吸高度的影响越来越明显，据此对 Lucas-Washburn 方程进行修改以准确地描述花岗岩裂隙中的自发渗吸现象。荣冠等[97]基于单裂隙非饱和渗流入侵概念模型，考虑裂隙排水起始毛细管压力及排水过程开度范围等因素，推导了单裂隙非饱和渗流中饱和度与毛细管压力、相对导水系数的关系。胡云进[98]对裂隙岩体中的非饱和渗流现象进行了系统的研究，运用分形理论提出了考虑水、气圈闭效应的单裂隙水力参数确定的数值试验法，并利用有限元程序对裂隙岩体非饱和渗流问题进行了研究。周创兵等[99]通过不溶混驱替的方法，研究了花岗岩节理非饱和排水和吸水过程，提出了基于节理张开度概率分布的毛细管压力与饱和度关系的解析模型及节理非饱和导水系数的理论表达式。李毅[100]提取了花岗岩粗糙裂隙表面的微观形貌，分析了其对非饱和渗流的影响，并研究了荷载作用下裂隙开度分布的演化对裂隙非饱和毛细管压力曲线的影响，推导了复杂荷载作用下岩石裂隙相对导水系数的演化模型。David 等[101]研究了碳酸盐岩和砂岩损伤带对试件中润湿锋形态和水分扩散的影响。Pons 等[102]研究了损伤区域对不同渗透率砂岩的润湿锋形态的影响，并描述了自发渗吸过程的影响。

以上研究中没有考虑岩石介质裂隙-岩块之间的水交换现象，而该现象却能减弱裂隙优势流润湿锋面的渗吸速度[103]。Hassanzadeh 等[104, 105]认为在非饱和渗流过程中裂隙-岩块之间的毛细管压差造成了裂隙和岩块之间的水交换现象，且该现象与形状因子有关[106]，其与基岩面的形状和基岩的渗透性[107]密切相关。van Heel 等[108]根据基质岩面形状、基质维度和物理交换机理进一步推导了形状因子的通用表达式。Salve 等[109]、Sonnenborg 等[110]、Rangelgerman 和 Kovscek[111]、Roels 等[85]的研究发现在现场以及实验室实验中水交换现象对岩石裂隙中的渗流有着重要影响。Teklu 等[112]、Rangelgerman 和 Kovscek[111]研究了水在岩石裂隙入渗过程中向基质渗吸的现象以及水在裂隙岩石内的分布情况，发现岩石基质的吸水量与时间的平方根呈线性关系。Zimmerman 等[113]用裂隙-孔隙双重介质模型研究了水在多孔介质单裂隙中的渗吸现象，并计算了裂隙-基质之间的水交换，但研究未考虑裂隙开度的变化。Houseworth[114]基于岩石样品的均质性以及水纵向扩散和弥散可以忽略的假设，给出了裂隙-岩块基质的非饱和渗流精确数值解，研究了裂隙、基质中的渗吸现象以及两者之间的水交换情况。此外，孙树林和王利丰[115]讨论了裂隙-孔隙岩体持水曲线的预测方法，并结合微观结构试验预测了裂隙-孔隙岩体持水曲线。钟振等[2, 116]采用随机布朗函数生成裂隙开度分布，研究了考虑裂隙-岩块基质间水交换下裂隙毛细管压力与饱和度关系、非饱和导水系数与毛细管压力关系，得出在高毛细管压力下可忽略裂隙与基质间的水交换的结论。

1.2.2 砂岩非饱和渗流实验研究现状

岩土材料孔隙非饱和渗流室内实验的研究主要集中在对不同多孔介质的吸水性系数、毛细管系数、水分特征曲线（毛细管压力曲线）、非饱和导水函数及非饱和扩散函数的等参量测定。其中岩土介质的水分特征曲线一般通过排水实验测定，常用的手段包括隔板法（抽真空法）、离心法、热电偶干湿计法等。非饱和渗流过程中岩土体中瞬态水流受水分扩散系数的控制。如前所述，水分扩散系数是含水率的函数。因此，可以通过瞬态流动实验对非饱和扩散函数进行测定，并结合实验测定或者根据岩土介质孔隙结构推导的比水容量对其非饱和导水函数进行计算。测定非饱和扩散函（系）数的方法包括水平入渗法、溢出法及瞬时剖面法等。

在上述各类吸水和排水实验中，传统上常用称重法对岩土介质内动态含水率进行测定。但称重法并不能对样品内部的含水率分布进行直观的表征。

作为一种选择，无损检测技术能够直接测定岩土介质在吸排水过程中动态含水率空间分布数据，从而可以更加准确地对岩土介质的非饱和渗流过程进行描述。这些无损检测手段主要包括上面提到的 X 射线成像技术[117]、中子成像技术[118]、核磁共振（Nuclear Magnetic Resonance, NMR）及核磁共振成像技术（Magnetic Resonance Imaging, MRI）[119-121]。利用上述无损检测技术，相关领域学者对多孔介质内非饱和渗流现象进行了广泛的研究。Gummerson 等[120]较早地利用核磁共振技术对多孔介质非饱和渗流过程进行研究。Leech 等[119, 122]利用核磁共振技术对尺寸较大（直径 100mm，长 100mm）的圆柱形混凝土试件非饱和渗流过程中饱和度分布演化进行监测，并基于监测的数据计算了所研究样品的非饱和扩散函数。然而当样品中含有铁元素时，很难利用核磁共振技术对样品内含水率的空间分布进行准确测定。Nabawy 和 David[123]利用称重法和 X 射线 CT 成像技术分别测定埃及 Nubia 砂岩自发渗吸过程中用以描述累计吸水质量（体积）与吸水时间平方根关系的毛细管系数以及用于描述润湿锋位置与吸水时间平方根关系的吸水性系数，并发现这两个参数与砂岩孔隙度关系密切，且与样品的渗透率呈正相关。Alberghina 等[124]利用 X 射线 CT 成像技术研究了希腊文化遗址中常见的沉积岩中的渗吸现象。David 等[125, 126]结合 X 射线成像和声发射技术研究了 Sherwood 砂岩和 Majella 粒状灰岩（Grainstone）中的自发渗吸现象，分析了自发渗吸过程中含水量分布与声发射信号间的关系以及润湿锋附近水分扩散与渗透率间的关系。

单裂隙是裂隙网络的基本单元，研究单裂隙中的非饱和渗流现象对于裂隙岩体中非饱和渗流问题的研究具有指导意义。韩冰等[127]总结了裂隙岩体渗流方面的数学模型，并研究了单裂隙发生逾渗相变时的临界特性。李康宏和柴军瑞[128]在 2006 年对国内外研究单裂隙岩体毛细管压力和饱和度关系曲线的物模试验法、数值计算法和数学推导法进行了回顾，并对各种方法得到的结果进行了归纳和比较后认为：需要发展除毛细管理论之外的能够反映毛细管流、薄膜流、优先流、裂隙和基质相互作用以及沟槽流等渗流特点的模型；此外，在排水曲线初始时段，Brooks-Corey 模型得到的结果优于 van Genuchten 模型，而在末尾时段 van Genuchten 模型的计算结果更为准确。

为了排除岩石基质渗吸对裂隙中水的渗流的影响，Gardner 等[82]对混凝土裂隙中的自发渗吸现象进行了研究，并结合理论模型进行讨论。Roels 和 Carmeliet[117]报道了利用 X 射线成像技术研究水在均质的硅酸钙板（calcium silicate plate）以及非均质的陶瓷砖（ceramic brick）两种建筑材料的基质孔隙和裂隙中的扩散现象。但射线根据样品内部各部分的密度差异进行成像，当样品内部含水量较少时，X 射线一般需要借助造影剂（如氯化铯和氯化钠）才能够对非饱和状态下岩土样品内部水分迁移及空间分布特征进行准确测定。Kanematsu 等[129]利用中子成像技术对钢筋混凝土裂隙中水分的扩散现象进行了研究。Cheng 等[86]报道了利用中子二维成像技术对贝雷砂岩单裂隙自发渗吸初期阶段进行的研究,发现不论是砂岩基质还是裂隙区域的润湿锋扩散距离均与时间平方根成正比,他们认为砂岩裂隙区域水分渗吸的驱动力不仅来自毛细管作用,还包括粗糙裂隙表面对水分扩散的促进作用,在他们的实验中所用到的贝雷砂岩具有较高的孔隙度(19%～25%)以及渗透率(50～500mD①)。

1.2.3 砂岩微观结构研究现状

砂岩中的空隙主要包括孔隙和裂隙,这些孔隙和裂隙是水、气、油等地质流体渗流的通道以及赋存的空间,因此砂岩孔隙和裂隙微观结构的准确量化描述对研究其中地质流体的输运行为有着特殊的意义。砂岩孔隙大小、连通性、几何形状及其空间分布称为其孔隙结构特征,是砂岩微观结构研究的主要内容,以压汞法为代表的毛细管压力曲线法、铸体薄片分析及扫描电镜,是砂岩孔隙结构研究中常用的传统实验手段。此外砂岩微观结构的研究还包括对裂隙形态的量化描述,如裂隙开度、粗糙度、角度等。

铸体薄片法是在真空状态下将染色树脂或液态胶注入岩石的孔隙中,然后将其打磨成薄片放在显微镜下观察,以此来对岩石的孔隙、喉道以及连通性进行有效描述的方法。与压汞法、X 射线 CT 成像、核磁共振等实验方法相比,铸体薄片具有对样品要求简单、测试速度快、成本低等优点,因此铸体薄片法在研究砂岩的孔隙结构方面得到了广泛应用。其中刘颜等[130]利用计点统计法和数字图像处理技术、拓扑学等方法对砂岩铸体薄片的孔隙结构参数进行测定,依托铸体薄片对砂岩孔隙结构信息进行深入挖掘,计算了平均孔隙半径、圆度、孔隙纵横比等参数。李润泽等[131]制作了孔隙结构不同的铸体薄片并利用多阈值分割算法得出孔隙骨架二值图,测定了多重分形维数与平均孔喉半径等参数。扫描电镜技术可以直观地观察砂岩表面的孔隙结构,蔡芃睿等[132]用扫描电镜和压汞法量化研究了江汉盆地砂岩样品的孔隙结构。陈传仁等[133]根据砂岩孔隙扫描电镜图像,结合分形理论对其孔隙结构特征进行研究。但铸体薄片与扫描电镜都只能针对样品某个二维断面进行观察。压汞法是通过对不润湿岩石的汞施加压力,使汞克服毛细管阻力进入岩石内部孔隙中,压汞法给出结果以毛细管压力曲线以及孔径大小分布曲线为主,可以利用进退汞曲线对砂岩孔隙结构的连通性以及对流体输运起关键作用的孔径大小进行评估,因此压汞法在传统油气储层开发和评价方面得到了广泛

---

① 1mD=0.986923×10^{-3}μm²。

的应用。压汞法可以分为恒压压汞法和恒速压汞法。恒压压汞法具有测试速度快，原理简单，易于操作等优点；恒速压汞法以极低的恒定速度向岩石内部注入汞，这样可以有效地区分孔隙和喉道，并分别测出孔隙和喉道结构参数[134]。蔡玥等[135]利用恒速压汞技术研究了低渗透砂岩储层孔隙结构特征，得出了孔隙和喉道大小及分布并发现喉道大小和分布的不同是特低、超低渗储层的主要差异所在。朱永贤等[136]通过恒压压汞和恒速压汞实验对砂岩储层孔喉的分选以及孔隙和喉道的发育情况分别进行了研究。Lai 和 Wang[137]、Zhang 等[138]均利用压汞法研究致密砂岩的孔隙结构，他们基于压汞数据计算了致密砂岩的分形维数，发现致密砂岩不同孔径范围的孔隙具有不同分形特点；且相对于大孔隙，致密砂岩的小孔隙分形特征更为明显。Lai 和 Wang[137]认为将砂岩孔隙简化成圆柱形、过高的工作压力以及样品中的微裂纹是导致测定的大孔隙范围内分形维数大于 3 的原因。但压汞法也有局限，如压汞法会对样品造成污染，无法对样品进行重复利用，在岩石孔隙三维形貌特征描述方面也存在欠缺。此外，压汞法能够测定的孔隙大小范围受限于最大进汞压力，恒速压汞实验耗时长，成本高昂，使得该技术在推广方面受到限制。

近年来致密气、煤层气等非常规资源开发以及致密砂岩中二氧化碳地质封存项目的需求使得低渗透率、低孔隙度的致密砂岩孔隙结构的表征受到很大关注。同时，以 X 射线 CT 成像技术、核磁共振技术为代表的无损检测手段在砂岩微观结构表征方面得到了大力发展。X 射线 CT 成像技术是使用 X 射线在不损伤岩石试件的情况下对岩石试件进行全方位扫描，然后利用扫描得到的图像对岩石试件微观结构进行重构的技术。基于 X 射线 CT 成像技术建立数字岩心并对岩石微观结构进行量化研究、开展计算流体力学等数值模拟计算成为渗流力学领域研究的重要方向。由欧洲地学家和工程师协会（European Association of Geoscientists and Engineers，EAGE）与国际岩心分析家协会（Society of Core Analyst，SCA）主办的数字岩石物理与应用国际研讨会以及中国石油大学（华东）主办的数字岩心分析技术国际研讨会均已成功举行数届，致力于推动数字岩心技术的发展与应用。国际上，英国帝国理工大学 Martin Blunt 团队在利用数字岩心技术研究多孔介质渗流问题方面做了很多系统和开创性的工作，包括建立和发展了孔隙网络模型（pore-scale network model）[139-143]。国内姚军教授、赵秀才博士等[144-147]对数字岩心技术进行了系统的研究。白斌等[148]利用微米、纳米 CT 成像技术，对致密砂岩微观孔隙结构进行多尺度表征，研究了在微米和纳米尺度下测定的孔隙大小及分布、连通性等方面的差异。尤源等[149]应用 X 射线 CT 成像技术、扫描电镜、自动矿物识别系统、微图像拼接等测试技术对鄂尔多斯盆地致密砂岩进行研究，获得了致密砂岩高精度孔隙结构数据，并建立了孔隙网络模型，实现了对致密砂岩微观孔隙结构的定量表征。刘学锋等[150]、关振良等[151]、李留仁等[152]均用到微焦点 CT 成像技术扫描建立数字岩心。朱洪林博士对近年来数字岩心技术及孔隙级数值模拟技术的发展和应用进行了详细的介绍。基于 Nano-CT、FIB-SEM 与 Micro-CT 对样品进行多尺度成像，并结合图像配准（image registration）技术对岩石孔隙结构进行跨尺度研究成为 X 射线成像技术在本领域的重要发展方向。

X 射线成像技术在岩石力学损伤行为研究中同样有着广泛的应用，杨更社教授等[153-155]在国内较早地利用 X 射线成像技术研究岩石损伤行为。赵阳升院士等利用 X 射线 CT 成像技术研究了温度应力作用下岩石的损伤行为[156, 157]以及渗流特性[158]。中国矿业大学（北京）研究人员搭建微焦点 CT 成像平台开展岩石力学实验研究，鞠杨等[159-161]利用 X 射线 CT 成像技术研究了岩石孔隙、裂隙结构特征及力学行为。赵毅鑫等[162, 163]利用微焦点 CT 及自主研发的原位加载装置对煤岩细观破裂机理开展研究。毛灵涛等[164]同样利用该成像平台，并结合数字体相关法对单轴压缩下红砂岩内部三维应变场进行了测量。关于 X 射线成像技术在地学领域应用的更加详细的报道可以参见 Cnudde 等的综述文章[165]。

核磁共振技术近年来被越来越多地应用于岩石、混凝土等多孔介质内水分分布及孔隙结构的技术。很多学者基于核磁共振实验的 T_2 谱和压汞数据来研究致密砂岩的微观孔隙结构。其中房涛等[166]以临清拗陷东部石炭系—二叠系致密砂岩气储层进行了研究。李爱芬等[167]推导得出孔隙半径和弛豫时间的关系公式，并结合压汞数据将致密砂岩的核磁共振 T_2 谱转换为孔径分布数据，并应用于鄂尔多斯盆地延长组致密储层的可动油分布以及可动流体喉道半径下限的研究中。代全齐等[168]基于核磁共振技术，结合压汞、扫描电镜等实验数据，对鄂尔多斯盆地合水区块延长组七段致密油砂岩储层孔隙结构进行分类评价。

随着岩土介质孔隙结构研究实验手段的发展，孔隙结构模型的研究在近年来同样取得了比较大的进展。其中除了经典的毛细管（束）模型外，数字岩心中的孔隙网络模型的应用使得基于真实岩石孔隙结构的数值计算更加方便快捷。此外，分形理论在砂岩孔隙结构量化描述方面也得到了越来越广泛的应用。分形理论认为一些岩土材料孔隙结构具有自相似的特征，如各种砂岩、泥页岩及碳酸盐岩在 0.2~50μm 的尺寸范围内具有良好的分形性质。用分形维数来表征岩石孔隙结构的复杂程度，分形维数越大，意味着岩石孔隙结构越复杂[169]。其中岩石分形维数又可以分为孔隙表面分形维数、孔隙体积分形维数及颗粒质量分形维数等，在利用不同的模型对岩石孔隙结构进行描述时要注意进行区分。马新仿等[170, 171]认为孔隙分形维数为 2~3，分形维数越小说明孔喉表面越光滑、孔隙结构均质性强，反之表明孔隙结构越复杂、孔径分布越不均匀。张曙光等[172]研究发现低渗致密砂岩孔隙结构的分形几何特征表现为：分形维数高，孔喉比大，并着重用孔隙结构特征来解释其物性特征。分形维数的测定途径比较多样，如可以拟合压汞法和核磁共振技术测定的累计孔隙体积分布数据进行测定，而最直观、易行且精度较高的方法是基于能够代表岩石孔隙结构的二维和三维图像，利用盒维数法对岩土介质的分形维数进行测定，其中二维和三维孔隙结构图像的获取可以利用上述提到的扫描电镜及 X 射线成像等技术。利用近年来发展的无损检测技术并结合分形等理论模型对岩石孔隙结构进行精确化的描述得到越来越多的关注，如谢淑云等借助高分辨率微纳米 X 射线 CT 成像技术，运用分形与多重分形理论研究了白云岩储层粒间孔、晶间孔、铸模孔特征[173]，以及碳酸盐岩储层不同类型、不同尺度的孔隙二维和三维分形与多重分形特征[174]。中国石油大学（北京）赖锦博士近期对致密砂岩储层孔隙结构表征的研究进展进行了详细回顾和总结[175]。在岩石裂隙微观结构表征方面，除了上述提到的 X 射线 CT 成像技术外，还有利用激光扫描仪对裂隙表面进行三维形貌扫描以研究裂隙表面粗糙度的报道[176]。

1.3　本书的主要内容

　　本书共 6 章。第 1 章为对本书主要内容的概述，简单介绍了砂岩非饱和渗流的研究目的及意义，并对基于砂岩非饱和渗流问题和微观结构表征的研究进展进行了归纳和总结。

　　第 2 章主要介绍了中子二维成像技术原理以及中子成像设施的基本情况，并介绍了中子图像处理和分析方法。

　　第 3 章主要介绍了多孔介质、裂隙非饱和渗流理论，包括自发渗吸吸水性系数模型、非饱和扩散函数模型和自发渗吸吸水质量模型。

　　第 4 章主要介绍了中子成像技术成功用于不同渗透率和孔隙结构的砂岩样品自发渗吸现象的研究中。本章提出了一种基于中子图像识别润湿锋位置的方法，并研究了润湿锋位置与渗吸时间平方根的关系，据此测定了低渗、中高渗非饱和砂岩的吸水性系数。并通过自发渗吸中子成像实验和吸水称重实验来研究三种中高渗砂岩样品的润湿锋扩散和吸水质量与时间之间的规律，并通过吸水性系数模型和吸水质量模型的预测，分析其影响因素。

　　第 5 章主要介绍了利用中子成像技术对不同渗透率的砂岩样品非饱和渗流过程中的水分动态扩散进行了可视化研究。为了使中子成像技术测定的砂岩样品内动态含水率分布数据更为可靠，本章根据所研究样品特点，基于修正的 Lambert-Beer 定律测定了适用于所研究的砂岩样品的水分衰减系数和中子散射及束线硬化纠正系数。并且分别利用 Matano 方法、Meyer-Warrick 非饱和扩散函数模型以及分形模型计算了砂岩样品的非饱和扩散函数。

　　第 6 章主要介绍了成功运用中子成像技术监测非饱和低渗、中高渗裂隙细砂岩样品的自发渗吸行为。借助中子成像高速成像模式，实验中成功捕捉到了渗吸初期水沿裂隙的快速传输现象，并测定了不同渗吸时刻粗糙和光滑裂隙及其两侧基质的润湿锋高度随渗吸时间的变化关系。依据润湿锋扩散的速度，将每个样品的整个吸水过程划分为若干阶段。基于润湿锋高度对渗吸时间的双对数图，并利用线性回归来估算粗糙裂隙渗吸时间指数。通过线性回归估算了裂隙粉砂岩样品中粗糙和光滑裂隙及其左右两侧基质的吸水性系数。

参 考 文 献

[1] 荣冠. 岩土介质非饱和渗流分析及工程应用研究[D]. 武汉：武汉大学，2005.
[2] 钟振. 裂隙非饱和渗流及摩擦滑动特性研究[D]. 杭州：浙江大学，2014.
[3] 顾大钊，张勇，曹志国. 我国煤炭开采水资源保护利用技术研究进展[J]. 煤炭科学技术，2016，44（1）：1-7.
[4] 钱鸣高，许家林，缪协兴. 煤矿绿色开采技术[J]. 中国矿业大学学报，2003，32（4）：343-348.
[5] 钱鸣高，缪协兴，许家林. 资源与环境协调（绿色）开采及其技术体系[J]. 采矿与安全工程学报，2006，23（1）：1-5.
[6] 顾大钊，张建民. 西部矿区现代煤炭开采对地下水赋存环境的影响[J]. 煤炭科学技术，2012，40（12）：114-117.
[7] 顾大钊. 能源"金三角"煤炭现代开采水资源及地表生态保护技术[J]. 中国工程科学，2013，15（4）：102-107.
[8] 顾大钊. 煤矿地下水库理论框架和技术体系[J]. 煤炭学报，2015，40（2）：239-246.
[9] 袁亮，姜耀东，王凯，等. 我国关闭/废弃矿井资源精准开发利用的科学思考[J]. 煤炭学报，2018，43（1）：14-20.
[10] 武强，李松营. 闭坑矿山的正负生态环境效应与对策[J]. 煤炭学报，2018，43（1）：21-32.
[11] 黄侃. 井下废弃空间安全处置工业垃圾研究[J]. 中国矿业，2000，（5）：70-72.
[12] 冯启言，张彦，孟庆俊. 煤矿区废水中溶解性有机质与铜的结合特性[J]. 中国环境科学，2013，33（8）：1433-1441.
[13] 樊智勇，周杨，刘晓宇，等. 胜利煤田东二号露天煤矿南帮红层滑坡机制分析[J]. 岩石力学与工程学报，2016，35（S2）：4063-4072.
[14] 焦姗，龙建辉，于慧丽. 山西煤矿区滑坡特征及分类[J]. 煤田地质与勘探，2017，45（3）：101-106.
[15] 朱洪林. 低渗砂岩储层孔隙结构表征及应用研究[D]. 成都：西南石油大学，2014.
[16] 游利军，康毅力. 油气储层岩石毛细管自吸研究进展[J]. 西南石油大学学报（自然科学版），2009，31（4）：112-116.
[17] 彭疆南，彭福银. 核能综合利用发展趋势[J]. 中国科技信息，2019，（2）：107-108.
[18] 陈小砖，李硕，任晓利，等. 中国核能利用现状及未来展望[J]. 能源与节能，2018，（8）：52-55.
[19] 蔡煜琦，张金带，李子颖，等. 中国铀矿资源特征及成矿规律概要[J]. 地质学报，2015，89（6）：1051-1069.
[20] 张金带，徐高中，林锦荣，等. 中国北方 6 种新的砂岩型铀矿对铀资源潜力的提示[J]. 中国地质，2010，37（5）：1434-1449.
[21] 陈亮，谭凯旋，刘江，等. 新疆某砂岩铀矿含矿层孔隙结构的分形特征[J]. 中山大学学报（自然科学版），2012，51（6）：139-144.
[22] 张飞凤，苏学斌，邢拥国，等. 地浸采铀新工艺综述[J]. 中国矿业，2012，21（增刊）：9-12.
[23] 杜雪明，曾晟，谭凯旋，等. 低渗透砂岩铀矿岩饱和与非饱和过程渗透变化规律的实验研究[J]. 矿业研究与开发，2013，33（4）：24-26.
[24] 刘金枝，吴爱祥，王贻明. 堆浸过程渗流动力学试验研究[J]. 矿冶工程，2009，29（1）：57-59.
[25] 庞康. 浅析砂岩型铀矿特征及其开采方法[J]. 地下水，2017，39（3）：226-229.
[26] 蔡贵龙. 超临界 CO_2 对砂岩铀矿铀浸出率的影响研究[D]. 衡阳：南华大学，2013.
[27] 吴爱祥，李希雯，尹升华，等. 矿堆非饱和渗流中的界面作用[J]. 北京科技大学学报，2013，35（7）：844-849.
[28] 刘红静. 511 矿床地浸采铀末期溶浸方法的研究[D]. 南昌：东华理工大学，2018.

[29] 王立成.建筑材料吸水过程中毛细管系数与吸水率关系的理论分析[J].水利学报,2009,40(9):1085-1090.
[30] 莫伟伟.水位涨落及降雨条件下库岸滑坡水岩作用机理及稳定性分析[D].武汉:长江科学院,2007.
[31] 张鹏,赵铁军,Wittmann F H,等.基于中子成像的水泥基材料毛细吸水动力学研究[J].水利学报,2011,42(1):81-87.
[32] 张鹏,赵铁军,Wittmann F H,等.开裂混凝土中水分侵入过程的可视化追踪及其特征分析[J].硅酸盐学报,2010,38(4):659-665.
[33] 王旭东,郭青林,李最雄,等.敦煌莫高窟洞窟围岩渗透特性研究[J].岩土力学,2010,31(10):3139-3144.
[34] Basavaraj M G, Gupta G S. New calibration technique for X-ray absorption studies in single and multiphase flows in packed bed[J]. ISIJ International, 2004, 44(1): 50-58.
[35] Chen Q, Gingras M K, Balcom B J. A magnetic resonance study of pore filling processes during spontaneous imbibition in Berea sandstone[J]. Journal of Chemical Physics, 2003, 119(18): 9609-9616.
[36] Perfect E, Cheng C L, Kang M, et al. Neutron imaging of hydrogen-rich fluids in geomaterials and engineered porous media: A review[J]. Earth-Science Reviews, 2014, 129(1): 120-135.
[37] 韩松柏,刘蕴韬,陈东风.中国先进研究堆中子散射大科学装置[J].科学通报,2015,60(22):2068-2078.
[38] 魏国海,韩松柏,王洪立,等.CARR堆X射线成像板间接中子照相方法研究进展[J].中国原子能科学研究院年报,2014:122.
[39] 韩松柏,武梅梅,贺林峰,等.中子照相自研进展[J].中国原子能科学研究院年报,2017:107.
[40] Li H, Wang S, Cao C, et al. Neutron imaging development at China academy of engineering physics (CAEP) [J]. Physics Procedia, 2017, 88: 154-161.
[41] Glass R J, Rajaram H, Nicholl M J, et al. The interaction of two fluid phases in fractured media[J]. Current Opinion in Colloid and Interface Science, 2001, 6(3): 223-235.
[42] Persoff P, Pruess K, Myer L. Two-phase flow visualization and relative permeability measurement in transparent replicas of rough-walled rock fractures[R]. Berkeley: Lawrence Berkeley National Laboratory, 1991.
[43] 蔡建超,郁伯铭.多孔介质自发渗吸研究进展[J].力学进展,2012,42(6):735-754.
[44] Bell J M, Cameron F K. The flow of liquids through capillary spaces[J]. Journal of Physical Chemistry, 1905, 10(8): 658-674.
[45] Green W, Ampt G. Studies on soil phyics, 1. The flow of air and water through soils[J]. Journal of Agricultural Science, 1911, 4(1): 1-24.
[46] Lucas R. Rate of capillary ascension of liquids[J]. Kolloid-Zeitschrift, 1918, 23(15): 15-22.
[47] Washburn E W. The dynamics of capillary flow[J]. Physical Review, 1921, 17(3): 273-283.
[48] Fries N, Dreyer M. An analytic solution of capillary rise restrained by gravity[J]. Journal of Colloid and Interface Science, 2008, 320(1): 259-263.
[49] Wheatcraft S W, Tyler S W. An explanation of scale-dependent dispersivity in heterogeneous aquifers using concepts of fractal geometry[J]. Water Resour Research, 1988, 24(4): 566-578.
[50] 郁伯铭.多孔介质输运性质的分形分析研究进展[J].力学进展,2003,33(3):333-346.
[51] Lundblad A, Bergman B. Determination of contact-angle in porous molten-carbonate fuel-cell electrodes[J]. Journal of the Electrochemical Society, 1997, 144(3): 984-987.
[52] Hammecker C, Mertz J D, Fischer C, et al. A geometrical model for numerical simulation of capillary imbibition in sedimentary rocks[J]. Transport in Porous Media, 1993, (12): 125-141.
[53] Hammecker C J D. Modelling the capillary imbibition kinetics in sedimentary rocks: Role of petrographical features[J]. Transport in Porous Media, 1994, (17): 285-303.

[54] Hammecker C, Barbiéro L, Boivin P, et al. A geometrical pore model for estimating the microscopical pore geometry of soil with infiltration measurements[J]. Transport in Porous Media, 2004, 54 (2): 193-219.

[55] Leventis A, Verganelakis D A, Halse M R, et al. Capillary imbibition and pore characterisation in cement pastes[J]. Transport in Porous Media, 2000, 39 (2): 143-157.

[56] Handy L L. Determination of effective capillary pressures for porous media from imbibition data[J]. AIME, 1960, 219 (5): 75-80.

[57] Cai J C, Perfect E, Cheng C L, et al. Generalized modeling of spontaneous imbibition based on hagen-poiseuille flow in tortuous capillaries with variably shaped apertures[J]. Langmuir, 2014, 30 (18): 5142-5151.

[58] Terzaghi K. Theoretical Soil Mechanics[M]. New York: Tiho Wiley, 1943.

[59] Lu N, Likos W J. Rate of capillary rise in soil[J]. Technical Notes, 2004, 6 (130): 646-650.

[60] Gao Z Y, Hu Q H. Investigating the effect of media pore-throat diameter on spontaneous imbibition [J]. Journal of Porous Media, 2016, 18 (12): 1231-1238.

[61] Beckett V L, Ching J, Wood V, et al. An analytical model for spontaneous imbibition in fractal porous media including gravity[J]. Colloids and Surfaces A Physicochemical and Engineering Aspects, 2012, 414 (46): 228-233.

[62] 朱维耀, 鞠岩, 赵明, 等. 低渗透裂缝性砂岩油藏多孔介质渗吸机理研究[J]. 石油学报, 2002, 23 (6): 56-59.

[63] 蔡建超. 基于分形理论的低渗油藏若干输运特性研究[D]. 武汉: 华中科技大学, 2010.

[64] Li K W, Horne R N. An analytical scaling method for spontaneous imbibition in gas/water/rock systems[J]. SPE Journal, 2004, 9 (3): 322-329.

[65] Ma S X, Morrow N R, Zhang X Y. Generalized scaling of spontaneous imbibition data for strongly water-wet systems[J]. Journal of Petroleum Science and Engineering, 1997, 18 (3): 165-178.

[66] Karoglou M, Moropoulou A, Giakoumaki A, et al. Capillary rise kinetics of some building materials[J]. Journal of Colloid and Interface Science, 2005, 284 (1): 260-264.

[67] Li K W, Zhao H Y. Fractal prediction model of spontaneous imbibition rate[J]. Transport in Porous Media, 2012, 91 (2): 363-376.

[68] 蔡建超, 胡祥云. 多孔介质分形理论与应用[M]. 北京: 科学出版社, 2015.

[69] Richards L A. Capillary conduction of liquids through porous mediums[J]. Physics, 1931, 1 (5): 318-333.

[70] 邵明安. 土壤物理学[M]. 北京: 高等教育出版社, 2006.

[71] Lu N, Likos W J. Unsaturated Soil Mechanics[M]. New York: John Wiley & Sons, Inc., 2004.

[72] van Genuchten M T V. A closed-form equation for predicting the hydraulic conductivity of unsaturated soils[J]. Soil Science Society of America Journal, 1980, 44 (44): 892-898.

[73] Brooks R H, Corey A T. Hydraulic properties of porous media[R]. Colorado: Colorado State University, 1964.

[74] Perrier E, Rieu M, Sposito G, et al. Models of the water retention curve for soils with a fractal pore size distribution[J]. Water Resources Research, 1996, 32 (10): 3025-3031.

[75] Tyler S W, Wheatcraft S W. Fractal processes in soil water retention[J]. Water Resources Research, 1990, 26 (5): 1047-1054.

[76] Perfect E. Modeling the primary drainage curve of prefractal porous media[J]. Vadose Zone Journal, 2005, 4 (4): 959-966.

[77] 徐永福, 黄寅春. 分形理论在研究非饱和土力学性质中的应用[J]. 岩土工程学报, 2006, 28 (5): 635-638.

[78] Xu Y F. Calculation of unsaturated hydraulic conductivity using a fractal model for the pore-size distribution[J]. Computers and Geotechnics, 2004, 31 (7): 549-557.

[79] Huang G H, Zhang R D, Huang Q Z. Modeling soil water retention curve with a fractal method[J]. Pedosphere, 2006, 16（2）: 137-146.

[80] Ghanbarian-Alavijeh B, Millán H, Huang G. A review of fractal, prefractal and pore-solid-fractal models for parameterizing the soil water retention curve[J]. Canadian Journal of Soil Science, 2011, 91（1）: 1-14.

[81] Belleghem B V, Montoya R, Dewanckele J, et al. Capillary water absorption in cracked and uncracked mortar-A comparison between experimental study and finite element analysis[J]. Construction and Building Materials, 2016, 110: 154-162.

[82] Gardner D, Jefferson A, Hoffman A. Investigation of capillary flow in discrete cracks in cementitious materials[J]. Cement and Concrete Research, 2012, 42（7）: 972-981.

[83] Zhang P, Wittmann F H, Zhao T J, et al. Visualization and quantification of water movement in porous cement-based materials by real time thermal neutron radiography: Theoretical analysis and experimental study[J]. Science China Technological Sciences, 2010, 53（5）: 1198-1207.

[84] Bao J W, Wang L C. Capillary imbibition of water in discrete planar cracks[J]. Construction and Building Materials, 2017, 146: 381-392.

[85] Roels S, Vandersteen K, Carmeliet J. Measuring and simulating moisture uptake in a fractured porous medium[J]. Advances in Water Resources, 2003, 26（3）: 237-246.

[86] Cheng C L, Perfect E, Donnelly B, et al. Rapid imbibition of water in fractures within unsaturated sedimentary rock[J]. Advances in Water Resources, 2015, 77: 82-89.

[87] Fourar M, Bories S, Lenormand R, et al. Two-phase flow in smooth and rough fractures: Measurement and correlation by porous-medium and pipe flow models[J]. Water Resources Research, 1993, 29（11）: 3699-3708.

[88] Nicholl M J, Glass R J, Wheatcraft S W. Gravity-driven infiltration instability in initially dry nonhorizontal fractures[J]. Water Resources Research, 2010, 30（9）: 2533-2546.

[89] Brown S, Caprihan A, Hardy R. Experimental observation of fluid flow channels in a single fracture[J]. Journal of Geophysical Research, 1998, B3（103）: 5125-5132.

[90] Su G W, Geller J T, Pruess K, et al. Experimental studies of water seepage and intermittent flow in unsaturated, rough-walled fractures[J]. Water Resources Research, 1999, 35（4）: 1019-1037.

[91] 孙役, 王恩志, 陈兴华. 降雨条件下的单裂隙非饱和渗流实验研究[J]. 清华大学学报（自然科学版）, 1999, 39（11）: 14-17.

[92] Chen C Y, Horne R N, Fourar M. Experimental study of liquid-gas flow structure effects on relative permeabilities in a fracture[J]. Water Resources Research, 2004, 40（8）: 474-480.

[93] Chen C Y, Horne R N. Two-phase flow in rough-walled fractures: Experiments and a flow structure model[J]. Water Resources Research, 2006, 42（3）: W03430.1-W03430.17.

[94] Hu Y J, Su B Y, Mao G H. An experimental approach for determining unsatitrated hydraulic properties of rock fractures[J]. Nordic Hydrology, 2004, 35（3）: 251-260.

[95] Karpyn Z T, Grader A S, Halleck P M. Visualization of fluid occupancy in a rough fracture using micro-tomography[J]. Journal of Colloid and Interface Science, 2007, 307（1）: 181-187.

[96] Karpyn Z T, Halleck P M, Grader A S. An experimental study of spontaneous imbibition in fractured sandstone with contrasting sedimentary layers[J]. Journal of Petroleum Science and Engineering, 2009, 67（1-2）: 48-56.

[97] 荣冠, 周创兵, 王恩志, 等. 岩石裂隙非饱和水力模型及其模拟计算[J]. 岩土工程学报, 2010, 32（10）: 1551-1556.

[98] 胡云进. 裂隙岩体非饱和渗流分析及其工程应用[M]. 杭州: 浙江大学出版社, 2009.

[99] 周创兵，叶自桐，韩冰. 岩石节理非饱和渗透特性初步研究[J]. 岩土工程学报，1998，20（6）：1-4.
[100] 李毅. 岩石裂隙的非饱和渗透特性及其演化规律研究[J]. 岩土力学，2016，37（8）：2254-2262.
[101] David C，Menéndez B，Mengus J M. X-ray imaging of water motion during capillary imbibition：Geometry and kinetics of water front in intact and damaged porous rocks[J]. Journal of Geophysical Research Solid Earth，2011，116（B3）：B03204.
[102] Pons A，David C，Fortin J，et al. X-ray imaging of water motion during capillary imbibition：A study on how compaction bands impact fluid flow in Bentheim sandstone[J]. Journal of Geophysical Research Solid Earth，2011，116（B3）：B03205.
[103] Abdel-Salam A，Chrysikopoulos C V. Unsaturated flow in a quasi-three-dimensional fractured medium with spatially variable aperture[J]. Water Resources Research，1996，32（6）：1531-1540.
[104] Hassanzadeh H，Pooladi-Darvish M. Effects of fracture boundary conditions on matrix-fracture transfer shape factor[J]. Transport in Porous Media，2006，64（1）：51-71.
[105] Hassanzadeh H，Pooladi-Darvish M，Atabay S. Shape factor in the drawdown solution for well testing of dual-porosity systems[J]. Advances in Water Resources，2009，32（11）：1652-1663.
[106] Rangel-German E R，Kovscek A R. Experimental and analytical study of multidimensional imbibition in fractured porous media[J]. Journal of Petroleum Science and Engineering，2002，36（1）：45-60.
[107] Gerke H H，Genuchten M T. Evaluation of a first-order water transfer term for variably saturated dual-porosity flow models[J]. Water Resources Research，1993，29（4）：1225-1238.
[108] van Heel A P，Boerrigter P M，van Dorp J. Thermal and hydraulic matrix-fracture interaction in dual permeability simulation[J]. Spe Reservoir Evaluation and Engineering，2008，4（11）：735-749.
[109] Salve R，Wang J S Y，Doughty C. Liquid-release tests in unsaturated fractured welded tuffs：I. Field investigations[J]. Journal of Hydrology，2002，256（1）：60-79.
[110] Sonnenborg T O，Butts M B，Jensen K H. Aqueous flow and transport in analog systems of fractures embedded in permeable matrix[J]. Water Resources Research，1999，35（3）：719-729.
[111] Rangelgerman E R，Kovscek A R. Matrix-fracture shape factors and multiphase-flow properties of fractured porous media[C]. Rio de Janeiro：SPE Latin American & Caribbean Petroleum Engineering Conference，2005.
[112] Teklu T W，Abass H H，Hanashmooni R，et al. Experimental investigation of acid imbibition on matrix and fractured carbonate rich shales[J]. Journal of Natural Gas Science and Engineering，2017，45：706-725.
[113] Zimmerman R W，Chen G，Hadgu T，et al. A numerical dual-porosity model with semianalytical treatment of fracture/matrix flow[J]. Water Resources Research，1993，29（7）：2127-2137.
[114] Houseworth J E. An analytical model for solute transport in unsaturated flow through a single fracture and porous rock matrix[J]. Water Resources Research，2006，42（1）：1-71.
[115] 孙树林，王利丰. 非饱和裂隙孔隙岩体持水曲线的预测研究[J]. 岩石力学与工程学报，2006，25（s2）：3830-3834.
[116] 钟振，胡云进，刘国华. 考虑裂隙-岩块间水交换的单裂隙非饱和渗流数值模拟[J]. 四川大学学报（工程科学版），2012，44（4）：51-56.
[117] Roels S，Carmeliet J. Analysis of moisture flow in porous materials using microfocus X-ray radiography[J]. International Journal of Heat and Mass Transfer，2006，49（25）：4762-4772.
[118] Deinert M R，Parlange J Y，Steenhuis T，et al. Measurement of fluid contents and wetting front profiles by real-time neutron radiography[J]. Journal of Hydrology，2004，290（3）：192-201.

[119] Leech C, Lockington D, Dux P. Unsaturated diffusivity functions for concrete derived from NMR images[J]. Materials and Structures, 2003, 36(6): 413-418.

[120] Gummerson R J, Hall C, Hoff W D, et al. Unsaturated water flow within porous materials observed by NMR imaging[J]. Nature, 1979, 281(5726): 56-57.

[121] Carpenter T A, Davies E S, Hall C, et al. Capillary water migration in rock: Process and material properties examined by NMR imaging[J]. Materials and Structures, 1993, 26(5): 286-292.

[122] Leech C A. Water movement in unsaturated concrete: Theory, experiments, models[D]. Queensland: The University of Queensland and Department of Civil Engineering, 2003.

[123] Nabawy B S, David C. X-Ray CT scanning imaging for the Nubia sandstone as a tool for characterizing its capillary properties[J]. Geosciences Journal, 2016, 20(5): 691-704.

[124] Alberghina M F, Barraco R, Brai M, et al. X-ray CT imaging as a scientific tool to study the capillary water absorption in sedimentary rocks used in cultural heritages[J]. Proceedings of SPIE-The International Society for Optical Engineering, 2009, 7391: 73910Y-1-73910Y-11.

[125] David C, Barnes C, Desrues M, et al. Ultrasonic monitoring of spontaneous imbibition experiments: Acoustic signature of fluid migration[J]. Journal of Geophysical Research Solid Earth, 2017, 122(7): 4931-4947.

[126] David C, Sarout J, Dautriat J, et al. Ultrasonic monitoring of spontaneous imbibition experiments: Precursory moisture diffusion effects ahead of water front[J]. Journal of Geophysical Research Solid Earth, 2017, 122(7): 4948-4962.

[127] 韩冰, 叶自桐, 周创兵. 单裂隙岩体非饱和临界状态渗流特性初步研究[J]. 水科学进展, 2000, 11(1): 1-7.

[128] 李康宏, 柴军瑞. 岩体单裂隙非饱和渗流毛管压力-饱和度关系研究[J]. 岩土力学, 2006, 27(8): 1253-1257.

[129] Kanematsu M, Maruyama I, Noguchi T, et al. Quantification of water penetration into concrete through cracks by neutron radiography[J]. Nuclear Inst and Methods in Physics Research A, 2009, 605(1): 154-158.

[130] 刘颜, 谢锐杰, 柴小颖, 等. 基于铸体薄片的致密砂岩储层孔隙微观参数定量提取技术[J]. 河南科学, 2017, 35(1): 134-138.

[131] 李润泽, 王长江, 李伟, 等. 基于铸体薄片的致密岩心孔隙结构多重分形特征研究[J]. 西安石油大学学报(自然科学版), 2016, 31(6): 66-71.

[132] 蔡芃睿, 王春连, 刘成林, 等. 运用扫描电镜和压汞法研究江汉盆地古新统—白垩系砂岩储层孔喉结构及定量参数特征[J]. 岩矿测试, 2017, 36(2): 146-155.

[133] 陈传仁, 王域辉, 廖淑华. 分形砂岩孔隙的扫描电镜半自动分析[J]. 江汉石油学院学报, 1994, 16(1): 13-18.

[134] 陈蒲礼, 王烁, 王丹, 等. 恒速压汞法与常规压汞法优越性比较[J]. 新疆地质, 2013, 31(S1): 139-141.

[135] 蔡玥, 李勇, 成良丙, 等. 鄂尔多斯盆地姬塬地区长8低渗透砂岩储层微观孔隙结构特征研究[J]. 新疆地质, 2015, 33(1): 107-111.

[136] 朱永贤, 孙卫, 于锋. 应用常规压汞和恒速压汞实验方法研究储层微观孔隙结构——以三塘湖油田牛圈湖区头屯河组为例[J]. 天然气地球科学, 2008, 19(4): 553-556.

[137] Lai J, Wang G W. Fractal analysis of tight gas sandstones using high-pressure mercury intrusion techniques[J]. Journal of Natural Gas Science and Engineering, 2015, 24: 185-196.

[138] Zhang X Y, Wu C F, Li T. Comparison analysis of fractal characteristics for tight sandstones using different calculation methods[J]. Journal of Geophysics and Engineering, 2016, 14(1): 120-131.

[139] Blunt M J, King P. Relative permeabilities from two- and three-dimensional pore-scale network modelling[J]. Transport in Porous Media, 1991, 6(4): 407-433.

[140] Blunt M J. Physically-based network modeling of multiphase flow in intermediate-wet porous media[J]. Journal of Petroleum Science and Engineering, 1998, 20 (3-4): 117-125.

[141] Blunt M J, Jackson M D, Piri M, et al. Detailed physics, predictive capabilities and macroscopic consequences for pore-network models of multiphase flow[J]. Advances in Water Resources, 2002, 25 (8-12): 1069-1089.

[142] Valvatne P H, Blunt M J. Predictive pore-scale modeling of two-phase flow in mixed wet media[J]. Water Resources Research, 2004, 40 (7): 187.

[143] Raeini A Q, Blunt M J, Bijeljic B. Direct simulations of two-phase flow on micro-CT images of porous media and upscaling of pore-scale forces[J]. Advances in Water Resources, 2014, 74: 116-126.

[144] 姚军, 赵秀才. 数字岩心及孔隙级渗流模拟理论[M]. 北京: 石油工业出版社, 2010.

[145] 姚军, 赵秀才, 衣艳静, 等. 数字岩心技术现状及展望[J]. 油气地质与采收率, 2005, 12 (6): 52-54.

[146] 赵秀才, 姚军. 数字岩心建模及其准确性评价[J]. 西安石油大学学报 (自然科学版), 2007, 22 (2): 16-20.

[147] 赵秀才. 数字岩心及孔隙网络模型重构方法研究[D]. 青岛: 中国石油大学 (华东), 2009.

[148] 白斌, 朱如凯, 吴松涛, 等. 利用多尺度 CT 成像表征致密砂岩微观孔喉结构[J]. 石油勘探与开发, 2013, 40 (3): 329-333.

[149] 尤源, 牛小兵, 冯胜斌, 等. 鄂尔多斯盆地延长组长 7 致密油储层微观孔隙特征研究[J]. 中国石油大学学报 (自然科学版), 2014, 38 (6): 18-23.

[150] 刘学锋. 基于数字岩心的岩石声电特性微观数值模拟研究[D]. 青岛: 中国石油大学 (华东), 2010.

[151] 关振良, 谢丛姣, 董虎, 等. 多孔介质微观孔隙结构三维成像技术[J]. 地质科技情报, 2009, 28 (2): 115-121.

[152] 李留仁, 赵艳艳, 李忠兴, 等. 多孔介质微观孔隙结构分形特征及分形系数的意义[J]. 中国石油大学学报 (自然科学版), 2004, 28 (3): 105-107.

[153] 杨更社, 谢定义. 煤岩体损伤特性的 CT 检测[J]. 力学与实践, 1996, 18 (2): 19-20.

[154] 杨更社, 谢定义, 张长庆, 等. 岩石单轴受力 CT 识别损伤本构关系的探讨[J]. 岩土力学, 1997 (2): 29-34.

[155] 杨更社, 谢定义, 张长庆, 等. 岩石损伤扩展力学特性的 CT 分析[J]. 岩石力学与工程学报, 1999, 18 (3): 250.

[156] 赵阳升, 孟巧荣, 康天合, 等. 显微 CT 试验技术与花岗岩热破裂特征的细观研究[J]. 岩石力学与工程学报, 2008, 27 (1): 28-34.

[157] 康志勤, 赵阳升, 孟巧荣, 等. 油页岩热破裂规律显微 CT 实验研究[J]. 地球物理学报, 2009, 52 (3): 842-848.

[158] 康志勤, 王玮, 赵阳升, 等. 基于显微 CT 技术的不同温度下油页岩孔隙结构三维逾渗规律研究[J]. 岩石力学与工程学报, 2014, 33 (9): 1837-1842.

[159] 鞠杨, 杨永明, 宋振铎, 等. 岩石孔隙结构的统计模型[J]. 中国科学, 2008, 38 (7): 1026-1041.

[160] 杨永明, 鞠杨, 陈佳亮, 等. 三轴应力下致密砂岩的裂纹发育特征与能量机制[J]. 岩石力学与工程学报, 2014, 33 (4): 691-698.

[161] 鞠杨, 杨永明, 毛彦喆, 等. 孔隙介质中应力波传播机制的实验研究[J]. 中国科学, 2009, 39 (5): 904-918.

[162] 赵弘, 赵毅鑫. 基于虚拟仪器的工业 CT 无线自动加载测试系统[J]. 仪器仪表学报, 2012, 33 (8): 1753-1757.

[163] 赵毅鑫, 赵高峰, 姜耀东, 等. 基于微焦点 CT 的煤岩细观破裂机理研究[M]. 北京: 科学出版社, 2013.

[164] 毛灵涛, 袁则循, 连秀云, 等. 基于 CT 数字体相关法测量红砂岩单轴压缩内部三维应变场[J]. 岩石力学与工程学报, 2015, 34 (1): 21-30.

[165] Cnudde V, Boone M N. High-resolution X-ray computed tomography in geosciences: A review of the current technology and applications[J]. Earth-Science Reviews, 2013, 123 (4): 1-17.

[166] 房涛, 张立宽, 刘乃贵, 等. 核磁共振技术定量表征致密砂岩气储层孔隙结构——以临清坳陷东部石炭系—二叠系致密砂岩储层为例[J]. 石油学报, 2017, 38 (8): 902-915.

[167] 李爱芬，任晓霞，王桂娟，等. 核磁共振研究致密砂岩孔隙结构的方法及应用[J]. 中国石油大学学报（自然科学版），2015，39（6）：92-98.

[168] 代全齐，罗群，张晨，等. 基于核磁共振新参数的致密油砂岩储层孔隙结构特征——以鄂尔多斯盆地延长组7段为例[J]. 石油学报，2016，37（7）：887-897.

[169] 郁伯铭，徐鹏，邹明清，等. 分形多孔介质输运物理[M]. 北京：科学出版社，2014.

[170] 马新仿，张士诚，郎兆新. 分形理论在岩石孔隙结构研究中的应用[J]. 岩石力学与工程学报，2003，22（z1）：2164-2167.

[171] 马新仿，张士诚，郎兆新. 储层岩石孔隙结构的分形研究[J]. 中国矿业，2003，12（9）：46-48.

[172] 张曙光，石京平，刘庆菊，等. 低渗致密砂岩气藏岩石的孔隙结构与物性特征[J]. 新疆地质，2004，22（4）：438-441.

[173] 张天付，谢淑云，鲍征宇，等. 基于高分辨率CT的孔隙型白云岩储层孔隙系统分形与多重分形研究[J]. 地质科技情报，2016，35（6）：55-62.

[174] 谢淑云，何治亮，钱一雄，等. 基于岩石CT图像的碳酸盐岩三维孔隙组构的多重分形特征研究[J]. 地质学刊，2015，39（1）：46-54.

[175] Lai J, Wang G W, Wang Z Y, et al. A review on pore structure characterization in tight sandstones[J]. Earth-Science Reviews, 2018, 177: 436-457.

[176] 杨金保，冯夏庭，潘鹏志. 考虑应力历史的岩石单裂隙渗流特性试验研究[J]. 岩土力学，2013，34（6）：1629-1635.

第 2 章 中子成像技术应用及图像分析

中子成像技术利用中子与原子核的相互作用成像，广泛地应用于航天航空、化工冶金、核工业、建筑、生物科学等领域的科学研究中[1]。中子成像过程中，中子射线束穿过被检验物体，在强度上产生衰减变化；中子图像通过不同部分的衰减特征，反映被检物体内部结构或缺陷情况。由于中子不带电，它能轻易穿透物质的电子层与原子核发生反应，其衰减系数大小取决于原子核与中子发生的核反应。根据这一特性，中子射线能够轻易穿透很多金属材料，但是对于一些轻质元素的衰减反而较大（如水、油等富含氢元素的流体）[2]，使中子成像技术在探测岩石介质内部含氢流体的运移方面有着其他无损检测技术无法比拟的优势。但由于中子成像所需要的中子源造价高、安全与环保要求严格，在很大程度上限制了中子成像技术的推广与应用。本章主要介绍中子成像研究应用及中子成像原理和图像分析方法。

2.1 中子成像技术在岩石渗流研究中的应用现状

2.1.1 二维中子成像在研究岩石介质内水动态分布特征的应用

目前，利用中子成像观测岩石中水或其他流体运动主要针对建筑材料或油气储层岩石中的渗流特征分析。如 Jasti 和 Fogler[3]记录了在贝雷砂岩岩心上进行的淹没实验中由于混相示踪脉冲引起的流体分布变化；Beer 和 Middleton[4]介绍了岩石中水分运动的中子成像应用。Solymar 等[5]对北海的海绿石砂岩进行了油水不混溶置换实验。Middleton 等[6]使用动态中子成像研究了水自发吸入充满气体的砂岩样品中，并将观察数据拟合为具有恒定扩散参数的简单扩散方程。Beer 和 Middleton[4]对砂岩进行了水驱油成像实验，使用重水（D_2O）代替 H_2O，以增强两个流体之间的可检测的中子强度对比度。Kang 等[7]利用中子成像技术估计了自发渗吸过程中贝雷砂岩的吸水规律和水分的非饱和扩散行为。El-Abd 等[8]用实时中子成像技术对黏土砖中水分的非饱和渗流现象的研究，并基于测定的中子图像测定了黏土砖的非饱和扩散函数。Hassanein 等[9]利用中子成像技术对 20%的 NaCl 溶液自发渗吸到初始干燥岩石样品的动态过程进行成像，但由于散射效应导致水分含量被低估，在蒙特卡罗模拟点散射函数的修正之后，将润湿前沿位置绘制为时间平方根的函数，斜率为吸水率。Polsky 等[10]应用中子成像研究了地热系统的适用性，并观察到花岗岩中裂隙内的气-水界面。获得了相对较高的保真度流动细节，包括界面的曲率。Hall[11]研究了损伤砂岩的自发渗吸行为，并基于中子图像提取了自发渗吸过程中的润湿锋及渗流速度场。从中子射线图像分析中可以看出，在致密剪切带内水流速度较快，这种行为归因于较高的毛细管作用力与损伤相关，如增加的微裂纹密度，如图2.1所示。利用中子二维成像技术对贝雷砂岩单裂隙自发渗吸初期阶段进行的研究，发现不论是砂岩基质还是裂隙区域的润湿锋扩散距离均与时间平方根成正比，同时认为砂岩裂隙区域水分渗吸的驱动力不仅来自毛细管作用，还包括粗糙裂隙表面对水分扩散的促进作用。

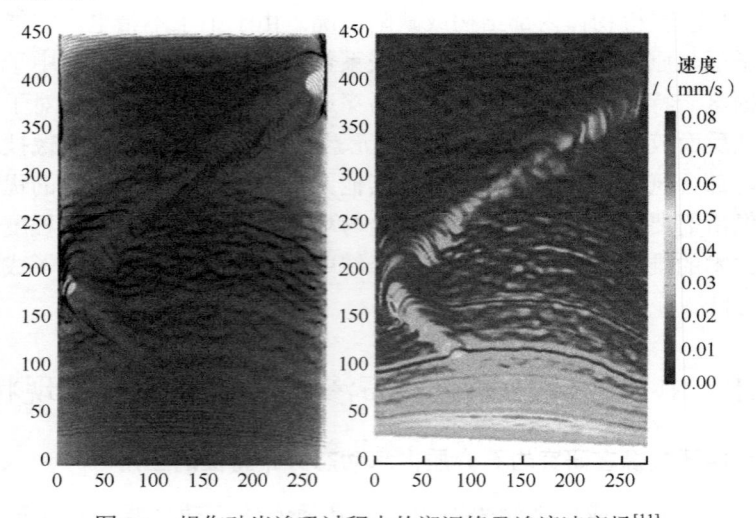

图 2.1 损伤砂岩渗吸过程中的润湿锋及渗流速度场[11]

2.1.2 三维中子成像在研究岩石介质内水动态分布特征的应用

随着探测器等设备的改进，中子成像技术在时间和空间分辨率方面都得到了很大的发展。中子三维成像技术逐渐被用于岩石类多孔介质内部水分及其他富含氢元素物质的成像研究中。在非饱和渗流中岩石内水分分布是动态变化的，需要较高的成像速度（每秒数十帧）才能得到高质量的三维图像，因此对中子通量有着较高的要求。Dierick等[12]利用法国Institut Laue-Langevin（ILL）研究所58MW核反应堆配备的中子成像谱仪对岩石渗吸过程中的水分动态分布进行了三维成像。Kim等[13, 14]将石英砂和不同重量的水（或重水）进行混合并压实，利用中子成像设备对压实后的石英砂中的水（或重水）的分布情况进行三维成像，并将三维中子图像与基于X射线微焦点CT成像技术获取的图像进行对比，从孔隙尺度上揭示了颗粒形貌及排列方式对样品内水分分布的影响。Boone等[15]将X射线CT成像与中子成像技术相结合，分别对真空和室内状态下石灰岩样品进行成像研究，通过提取水在孔隙中的三维分布图来揭示岩石样品孔隙结构特征。Cnudde 等[16]进一步探讨了高速三维中子成像在多孔岩石中由于毛细管作用定量吸收水分的有效性。Masschaele 等[17]和 Dierick 等[12]应用三维中子成像对水和其他流体进入石灰岩和砂岩样品进行三维成像，显示了防水剂、固化剂及汽油的毛细管吸入作用，以及水迁移对多孔岩石的影响，如图 2.2 所示。Tudiscoa 等[18]探索了中子三维成像技术在岩石力学方面的应用，他们利用三维数字体相关法对砂岩受载后的三维应变场进行了量化描述，并与 X 射线 CT 成像技术的结果进行了对比分析，结果证实中子成像技术能够对砂岩样品损伤形态进行精细描述。

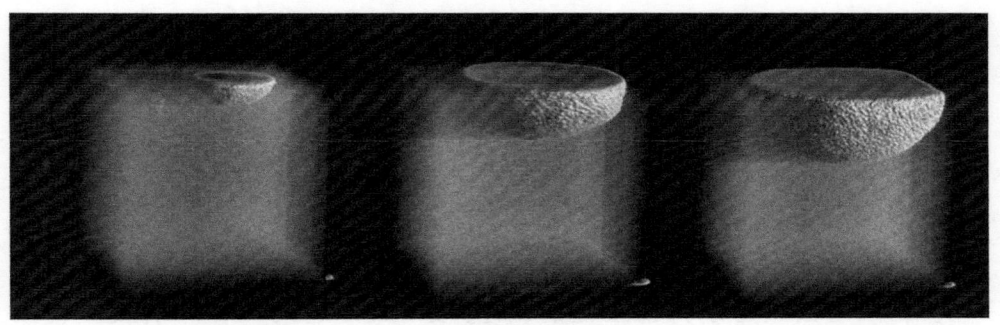

(a) 第一次润湿20s后　　　　(b) 第二次润湿30s后　　　　(c) 3min后

图 2.2　三维中子成像润湿后的多孔石灰石[14]

综上所述，利用二维中子成像研究岩石介质内孔隙（裂隙）中水的动态分布特征，均将问题简化为一维非饱和渗流问题。且多为单一的中子成像研究，结合岩石介质真实三维孔隙（裂隙）结构特征精细化研究孔隙（裂隙）中水的动态分布特征并不多见，考虑岩石损伤演化效应研究孔隙（裂隙）中水的动态分布特征研究比较少；三维中子成像技术在原位研究岩石损伤演化过程中非饱和渗流方面有着广阔的应用空间。结合岩石介质真实孔隙（裂隙）三维结构特征，同时考虑载荷作用下岩石孔隙（裂隙）结构动态演化效应研究孔隙（裂隙）中水的动态分布特征并不多见。岩石介质孔隙（裂隙）结构动态演化效应下岩石介质非饱和渗流特性及机理尚不清楚，针对岩石介质孔隙（裂隙）结构动态演化效应下非饱和渗流时效模型研究仍是空白。随着相关图像处理技术的发展，将中子成像技术和 X 射线成像技术结合起来并充分发挥各自优势对岩石介质孔隙（裂隙）结构动态演化过程中非饱和渗流问题进行研究成为未来相关技术应用的趋势。目前，我国已建有中国原子能科学研究院中国先进研究堆（CARR）[19-21]、中国绵阳研究堆（CMRR）[22]和中国散裂中子源（CSNS），并依托研究反应堆提供了冷中子成像谱仪等先进的中子成像设备为相关实验研究提供优质的科研平台。但目前国内中子成像技术的应用还处于起步阶段，中子束流时间非常有限，并没有将中子成像技术广泛地用于岩石介质非饱和渗流现象的研究。

2.2 中子成像技术原理及系统结构

2.2.1 中子成像技术原理

中子成像是利用中子束穿过物体时强度上的衰减变化，对被测物体进行透视成像，获取内部结构信息。中子射线入射目标样品后，中子与样品内部的原子核发生散射与核反应等相互作用，透射中子的强度和空间会发生明显的变化，利用特定的设备和技术将透射中子注量率的空间分布显示并记录，从而获得目标样品的空间分布、密度变化、裂隙孔隙等缺陷[23]。一般而言，在不考虑中子散射和中子束线硬化的影响下，中子射线穿过水的衰减规律可由经典的Lambert-Beer定律表示[24]：

$$T = T_0 \cdot e^{-E \cdot W} \tag{2.1}$$

式中，T_0为中子射线入射强度；T为中子射线透射强度；E为水的衰减系数，mm^{-1}；W为沿着中子射线透射方向被穿透的水的厚度，mm。将式（2.1）两侧进行对数处理可得：

$$W \cdot E = -\ln(T/T_0) \tag{2.2}$$

2.2.2 中子成像系统结构

中子成像系统主要包括中子源、准直器和探测器成像系统（包括中子转换屏和相机），如图2.3所示。

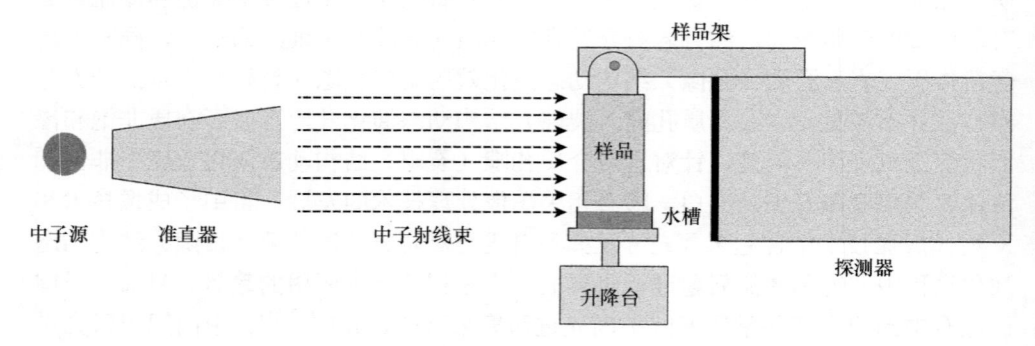

图 2.3 中子成像系统示意图

中子源可分为四种类型，分别为反应堆中子源、加速器中子源、同位素中子源和中子管中子源。这四类中子源的特点及差异见表2.1。准直器可分为圆管型、多束圆管型（平板型）及发散型，其主要作用是将发散的中子束线进行准直和调整形成较为平行的中子束流，并将其引导照射目标样品。探测系统包括中子转换屏和探测器两个部分，其中中子转换屏附有高吸收截面元素，中子射在中子转换屏上后，两者进行作用而释放伽马射线等可被探测器直接记录的射线。探测器多采用 CCD（Charge Coupled Device）和 CMOS（Complementary Metal Oxide Semiconductor）相机对图像进行记录，通过其自带的光电增强系统得到较好的分辨率，可以实现实时照相。

表 2.1 不同种类中子源之间的差异及特点[23]

分类	成像注量率 /[n/(cm²·s)]	分辨能力	曝光时间	运行情况	投资比	移动情况
反应堆中子源	$10^5 \sim 10^8$	极好	短	稳定	高投资	不可移动
加速器中子源	$10^3 \sim 10^6$	中等	中	可继续运行	中等投资	可移动
同位素中子源	$10^1 \sim 10^4$	差～中	长	稳定	低投资	可移动
中子管中子源	$10^2 \sim 10^5$	中等	中	较稳定	中等投资	可移动

2.3 中子成像设施

2.3.1 中国工程物理研究院反应堆

2013 年，中国工程物理研究院核物理与化学研究所完成国内首台冷中子数字/层析照相装置带核调试，如图 2.4 所示。进行实验时的冷中子照相装置的主要指标如下：

（1）准直比：80～13000 可调；

（2）镉比：>200；

（3）n/γ：$>5\times 10^8 \text{cm}^{-2}\text{s}^{-1}\text{Sv}^{-1}\text{h}$；

（4）导管出口中子注量率：$2\times 10^8 \text{n}/(\text{cm}^2 \cdot \text{s})$；

（5）最高数字成像速度：约 0.5f/s（2s/张）；

（6）数字成像最高空间分辨率：100μm；

（7）胶片成像最高空间分辨率：10μm。

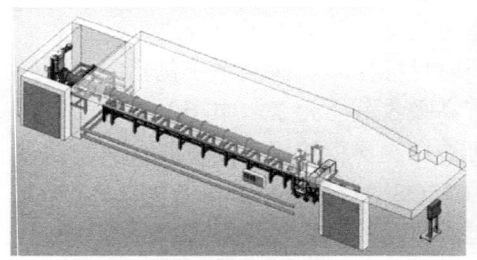

（a）冷中子照相平台示意图　　（b）样品搭载台示意图　　（c）成像系统示意图

图 2.4　中子成像装置[25]

2.3.2　中国原子能科学研究院中国先进研究堆

中国先进研究堆（CARR）（图 2.5），其满负荷最高功率为 60MW[19]，重水反射层最高未扰热中子注量率可达 $8\times10^{14}\text{n}/(\text{cm}^2\cdot\text{s})$，进行实验时的主要技术参数如下：

（1）准直比：85；

（2）实验台中子束流通量：$1.03\times10^7\text{n}/(\text{cm}^2\cdot\text{s})$；

（3）中子束流波长范围：0.8～10Å；

（4）最高数字成像速度：10f/s（0.1s/张）；

（5）数字成像最高空间分辨率：130μm。

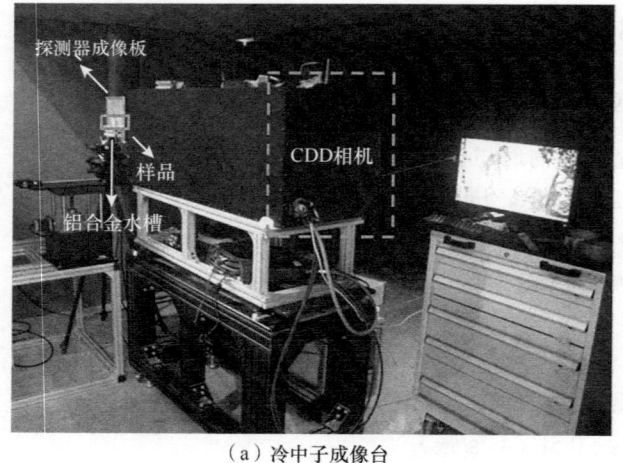

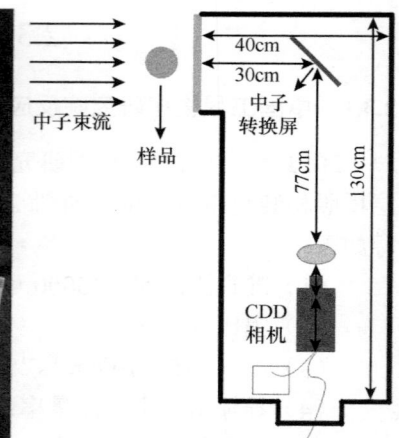

（a）冷中子成像台　　　　　　　　　（b）图像采集示意图

图 2.5　中国先进研究堆[16]

相比于上一中子成像平台，这里的测试平台成像分辨率更高，更因搭载有 CDD 高速相机，获取图像的频率高达 10f/s，适用于研究裂隙砂岩的快速吸水，对开展本书实验创造了良好的设备基础。

2.4　中子图像处理分析

中国原子能科学研究院中国先进研究堆和亥姆霍兹材料与能源研究中心的冷中子成像实验测试平台，定量测量砂岩样品中含水量动态分布情况是基于净水透射中子图像进行的。由此可知，精确的中子图像处理过程和分析方法起决定性作用。本节以砂岩样品渗吸实验过程中获得的中子图像为例，阐释中子提出处理分析过程。中子成像获得的原始图像包含砂岩样品、实验装置、环境（噪声）等，为了准确测量砂岩样品中含水量动态分布情况，需要去除水之外的其他因素的影响，以得到净水透射中子图像。中子二维成像实验中获取的中子图像可分为三类：

（1）暗场图像（Dark-Field reference image）$I_{(DF)}$：无中子束流照射且不放置实验装置与砂岩样品时的中子图像；

（2）干燥图像（Dry reference image）$I_{(Dry)}$：有中子束流照射且放置了实验装置与砂岩样品，未进行水的渗流时干燥样品的中子图像；

（3）润湿图像（Wet reference image）$I_{(Wet)}$：有中子束流照射且放置了实验装置与砂岩样品，样品进行渗流时一系列的动态吸水图像。

将以上所述同一反应堆功率下获取的三类图像导入 ImageJ 软件，根据式（2.3）数学运算，以去除探测器背景噪声、束线波动、束线，探测器非均质性，砂岩样品和铝箔胶带对图像的影响[7, 26]，获得净水透射中子图像。

$$I_w = \frac{I_{(Wet)} - I_{(DF)}}{I_{(Dry)} - I_{(DF)}} \tag{2.3}$$

已有的研究表明[26]，随着透射对象中水的厚度增加，中子散射和中子束线硬化的影响逐渐加剧，经典的 Lambert-Beer 定律不再适用于描述中子射线穿过均质目标对象时的衰减规律。为了纠正中子散射和中子束线硬化的影响，可以在经典的 Lambert-Beer 定律中引入纠正系数 G（mm^{-2}）[26]：

$$E = E_0 + G \cdot W \tag{2.4}$$

式中，E_0 为考虑中子散射和束线硬化影响后的水的衰减系数，mm^{-1}。将式（2.4）代入式（2.2）可得：

$$-\ln T_w = G \cdot W^2 + E_0 \cdot W \tag{2.5}$$

式中，$T_w = T/T_0$，表示中子透射率，可基于中子净水透射图像测定。根据式（2.5）线性回归分析可得到距离探测器某一位置上水的衰减系数 E_0 和对应的纠正系数 G。根据式（2.5）可得沿着中子射线透射方向被穿透的水的厚度 W 的表达式：

$$W = -\frac{E_0}{2G} - \sqrt{\left(\frac{E_0}{2G}\right)^2 - \frac{\ln T_w}{G}} \tag{2.6}$$

若均质透射目标对象为砂岩，则自发渗吸后砂岩中的体积含水率 θ_n 可表示为

$$\theta_n = \frac{W}{h} = -\frac{E_0}{2Gh} - \frac{1}{h}\sqrt{\left(\frac{E_0}{2G}\right)^2 - \frac{\ln T_w}{G}} \tag{2.7}$$

式中，h 为沿着中子射线透射方向的砂岩样品厚度。

根据净水透射率 T_w，如果对不同已知水厚区域的净水透射率 T_w 进行测定，便可根据式（2.5）线性回归分析得到水的衰减系数和中子散射及中子束线硬化纠正系数。将渗吸实验中基于砂岩样品中子图像测定的净水透射率 T_w 以及水的衰减系数和中子散射及中子束线硬化纠正系数分别代入式（2.6）和式（2.7）便可计算砂岩样品内沿着中子射线方向的水厚度及体积含水率。

2.5 中子散射及束线硬化影响评估与纠正

本节将介绍水分标定实验原理对中子散射及束线硬化的影响进行评估和纠正。水分标定实验中所使用的长方体铝制标定容器如图 2.6 所示，其外观尺寸为 40mm×110mm，垂直于束线透射方向的容器内置空间的截面为 20mm×100mm，加工精度为±0.01mm。在容器充满水的情况下，容器最底部台阶对应水的厚度为 0.5mm，沿着高度方向每 5mm 水的厚度均匀增加 0.5mm，因此利用该标定容器一次性可测定 20 个不同水厚对应的净水透射率数据，其中最顶部台阶对应的水的厚度为 10mm。

在水分标定实验前，对该容器进行反复清洗、干燥。水分标定实验流程包括：

（1）获取明场和暗场图像各三张。

（2）对未注入水的干燥标定容器进行成像，其中标定容器距探测器的距离（L_{SDD}）分别设定为 1cm、5cm、10cm、15cm 及 20cm，每个位置获取中子图像三张。

（3）将注满水后的标定容器置于步骤（2）中描述的五个样品位置进行成像，每个位置同样获取三张图像。上述各步骤中获取的每张中子图像的曝光时间为 40s。

在上述实验中，之所以在每个位置获取三张同类型图像是为了在归一化过程中能够利用对同一位置成像的强度进行中值运算（median projection），减少 γ 射线等噪声的影响。因为三张同类型图像的同一像素点都受到噪声影响的可能性比较小[16]。

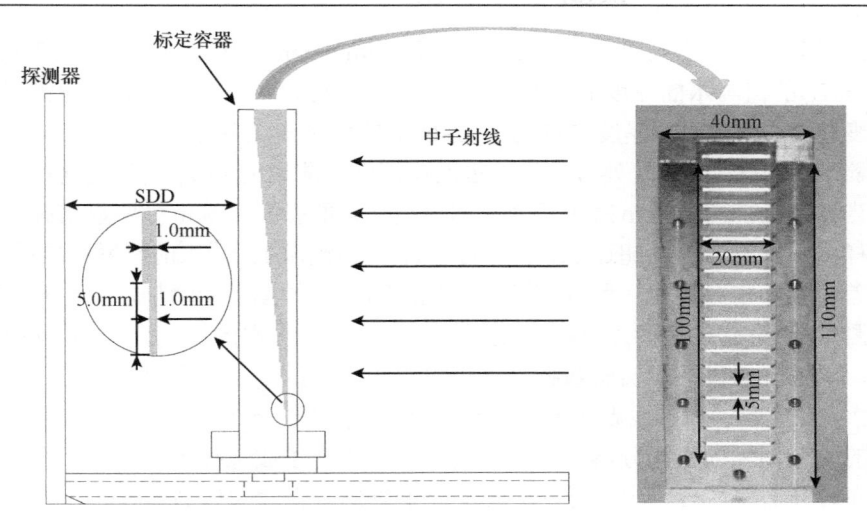

第 2 章　中子成像技术应用及图像分析

图 2.6　中子成像标定实验及铝制标定容器图

按照 2.4 节介绍的图像处理方法获得距探测器 1cm、5cm、10cm、15cm、20cm 五个样品位置的标定容器净水透射图像如图 2.7 所示。为了减轻边界效应的影响，在不同水厚台阶中心选定了如图 2.7 中矩形框所示的 14.22mm×2.19mm 大小的兴趣区（ROI），并分别测定了 19 个台阶 ROI 内净水透射率 T_w 的平均值，进一步计算出 $-\ln T_w$ 的值。将计算的 $-\ln T_w$ 值与相应的水的厚度绘制于图 2.8 中。由于标定容器最顶部台阶区域受到边界效应的影响，在计算过程中忽略了该区域的值。

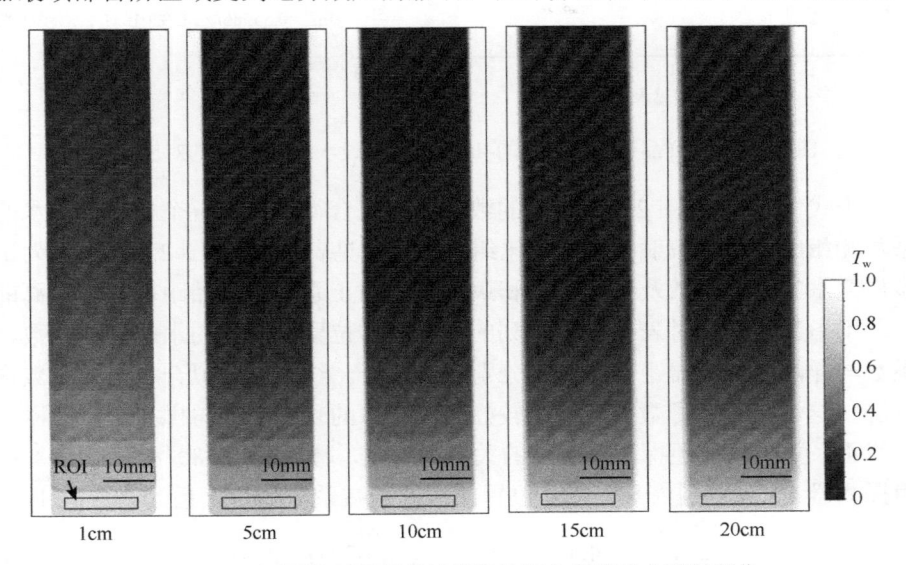

图 2.7　距探测器不同距离处获取的标定容器净水透射图像

图中展示 20 个台阶的水的厚度自下而上依次从 0.5mm 增加到 10mm，其中相邻台阶对应的水的厚度相差为 0.5mm

距探测器五个不同距离（即 L_{SDD} 等于 1cm、5cm、10cm、15cm、20cm）测定的 $-\ln T_w$ 的值与水的厚度的关系如图 2.8 所示。可以发现：当样品距探测器距离 L_{SDD} 变化时，相同水的厚度区域测定的 $-\ln T_w$ 的值也随之变化。特别是当样品由距探测器 5cm 处移至 1cm 处时，相同水的厚度区域测定的 $-\ln T_w$ 的值变化最大，这说明当样品距探测器 1cm 时中子散射和束线硬化的影响比 5cm 处明显增强。然而，一旦样品距探测器距离超过 5cm，不同样品位置测得的相同水的厚度区域的 $-\ln T_w$ 值的差异并不十分明显。此外还可以发现：随着水的厚度的增加，距探测器不同距离测定的 $-\ln T_w$ 的值的差别越来越明显，这种现象在水的厚度大于 6mm 时更加突出。因此，通过上述实验数据分析可以总结如下结论：距探测器越近、水的厚度越大，中子散射和束线硬化的影响越明显。但根据图 2.7，距探测器距离越远时，获取的中子图像的空间分辨率越差。因此当利用中子成像技术研究岩土介质内水分分布时，需要综合考虑各方面的影响因素以确定合适的样品位置。

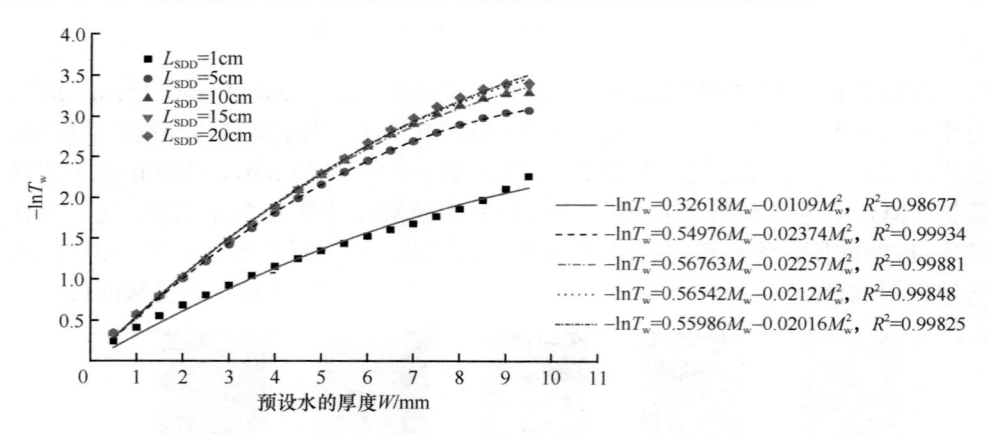

图 2.8 不同样品位置处测定的 $-\ln T_w$ 值与预设水的厚度 W 的对应关系

基于式（2.5），对图 2.8 中列出的数据进行拟合得到上述五个样品位置水的衰减系数和相应的中子散射和束线硬化纠正系数，见表 2.2。如图 2.9 所示，为了进一步研究水的衰减系数及中子散射和束线硬化纠正系数与样品距探测器距离的关系，利用指数型函数对表 2.2 中所列的不同样品位置处测定的水的衰减系数、纠正系数与样品距探测器距离的关系分别进行拟合。结果显示拟合相关性系数均大于 0.85，这说明指数函数模型可以较好地描述水的衰减系数与样品距探测器距离以及纠正系数与样品距探测器距离的关系。因此，基于式（2.8）和式（2.9）可以对距探测器 20cm 范围内其他样品位置的水的衰减系数和纠正系数进行估计。

$$\Sigma_w = -0.4807 \cdot \exp(-L_{SDD}/1.4241) + 0.5644 \qquad (2.8)$$

$$B = 0.4704 \cdot \exp(-L_{SDD}/0.2664) - 0.0219 \qquad (2.9)$$

表 2.2　基于式（2.4）和图 2.9 中所示数据得到距探测器不同位置处水的衰减系数及其相应的纠正系数

L_{SDD}/cm	Σ_w/mm^{-1}	B/mm^{-2}	R^2
1	0.32618	−0.0109	0.98677
5	0.54976	−0.02374	0.99934
10	0.56763	−0.02257	0.99881
15	0.56542	−0.02120	0.99848
20	0.55986	−0.02016	0.99825

(a) 不同样品位置测定的水的衰减系数

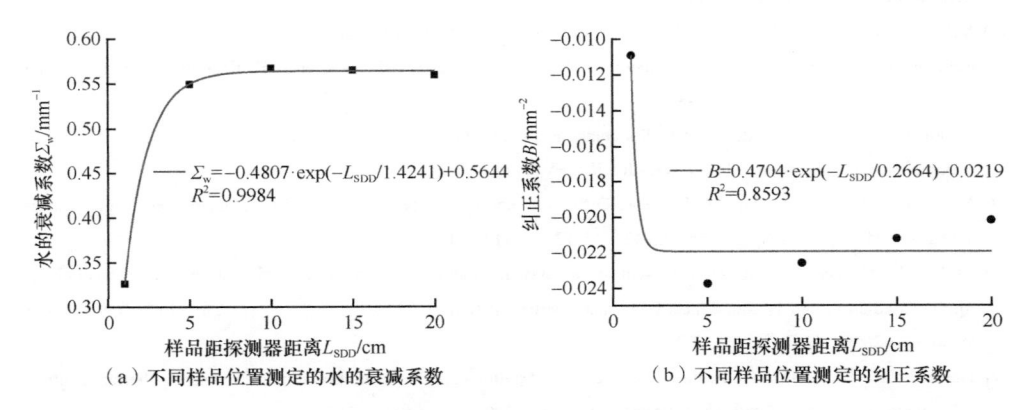

(b) 不同样品位置测定的纠正系数

图 2.9　利用指数型函数拟合水的衰减系数、纠正系数与样品距探测器距离 L_{SDD} 的关系

2.6　本章小结

本章主要介绍了中子二维成像技术（neutron radiography）的成像原理以及中国原子能科学研究院冷中子成像设施的基本情况，并介绍了中子图像处理和分析方法。此外，本章介绍了针对中国先进研究堆（CARR）冷中子成像设施进行的首次水分标定实验结果，该结果包括距探测器五个不同距离的样品位置处的水的衰减系数和纠正系数，同时评估了水的厚度和样品距探测器距离变化时，中子散射和束线硬化的影响程度的变化情况。结果表明：当样品距探测器越近、样品中被中子透射的水的厚度越大时，中子散射和束线硬化的影响越严重。当样品由距探测器 1cm 处移至距探测器 5cm 处时，中子散射和束线硬化的影响将大大减弱，但相应的成像质量也下降明显。为了进一步研究水的衰减系数及中子散射和束线硬化纠正系数与样品位置的关系，本章利用指数型函数对测定的水的衰减系数、中子散射和束线硬化纠正系数与样品距探测器距离的关系进行拟合，得到了较好的效果。本章水分标定实验中获取的水的衰减系数和纠正系数将被用于后续章节中砂岩非饱和渗流中子图像的量化分析。

参 考 文 献

[1] Abd A E, Milczarek J J. Neutron radiography study of water absorption in porous building materials: Anomalous diffusion analysis[J]. Journal of Physics D: Applied Physics, 2004, 37: 2305-2313.

[2] 郭之虞, 裴宇阳, 唐国有. 中子照相技术及其应用[J]. 新技术应用, 2004, 5（12）: 17-22.

[3] Jasti J K, Fogler H S. Application of neutron radiography to image flow phenomena in porous media[J]. Aiche Journal, 1992, 38（4）: 481-488.

[4] Beer F C D, Middleton M F. Neutron radiography imaging, porosity and permeability in porous rocks[J]. South African Journal of Geology, 2001, 109（4）: 541-550.

[5] Solymar M, Lehmann E, Vontobel P, et al. Relating variations in water saturation of a sandstone sample to pore geometry by neutron tomography and image analysis of thin sections[J]. Bulletin of Engineering Geology and the Environment, 2003, 62（1）: 85-88.

[6] Middleton M, Li K W, de Beer F. Spontaneous imbibition studies of australian reservoir rocks with neutron radiography[C]. California: SPE Western Regional Meeting, 2005.

[7] Kang M S, Perfect E, Cheng C L, et al. Diffusivity and sorptivity of berea sandstone determined using neutron radiography[J]. Vadose Zone Journal, 2013, 12（3）: 1712-1717.

[8] El-Abd A, Czachor A, Milczarek J. Neutron radiography determination of water diffusivity in fired clay brick[J]. Applied Radiation and Isotopes Including Data Instrumentation and Methods for Use in Agriculture Industry and Medicine, 2009, 67（4）: 556-559.

[9] Hassanein R, Meyer H O, Carminati A, et al. Investigation of water imbibition in porous stone by thermal neutron radiography[J]. Journal of Physics D: Applied Physics, 2006, 39（19）: 4284.

[10] Polsky Y, Anovitz L M, Bingham P, et al. Application of neutron imaging to investigate flow through fractures for EGS[J]. Thirty-Eighth Workshop on Geothermal Reservoir Engineering Stanford University, California, 2013, 1-9.

[11] Hall S A. Characterization of fluid flow in a shear band in porous rock using neutron radiography[J]. Geophysical Research Letters, 2013, 40（11）: 2613-2618.

[12] Dierick M, Vlassenbroeck J, Masschaele B, et al. High-speed neutron tomography of dynamic processes[J]. Nuclear Instruments and Methods in Physics Research, 2005, 542（1-3）: 296-301.

[13] Kim F H, Penumadu D, Hussey D S. Water distribution variation in partially saturated granular materials using neutron imaging[J]. Journal of Geotechnical and Geoenvironmental Engineering, 2012, 138（2）: 147-154.

[14] Kim F H, Penumadu D, Gregor J, et al. High-resolution neutron and X-ray imaging of granular materials[J]. Journal of Geotechnical and Geoenvironmental Engineering, 2013, 139（5）: 715-723.

[15] Boone M A, Kock T D, Bultreys T, et al. 3D mapping of water in oolithic limestone at atmospheric and vacuum saturation using X-ray micro-CT differential imaging[J]. Materials Characterization, 2014, 97: 150-160.

[16] Cnudde V, Dierick M, Vlassenbroeck J, et al. High-speed neutron radiography for monitoring the water absorption by capillarity in porous materials[J]. Nuclear Inst and Methods in Physics Research B, 2008, 266（1）: 155-163.

[17] Masschaele B, Dierick M, Hoorebeke L V, et al. The use of neutrons and monochromatic X-rays for non-destructive testing in geological materials[J]. Environmental Geology, 2004, 46（3-4）: 486-492.

[18] Tudisco E, Hall S A, Charalampidou E M, et al. Full-field measurements of strain localisation in sandstone by neutron tomography and 3D-volumetric digital image correlation[J]. Physics Procedia, 2015, 69: 509-515.

[19] 韩松柏，刘蕴韬，陈东风. 中国先进研究堆中子散射大科学装置[J]. 科学通报，2015，60（22）：2068-2078.
[20] 魏国海，韩松柏，王洪立，等. CARR 堆 X 射线成像板间接中子照相方法研究进展[J]. 中国原子能科学研究院年报，2014：122-123.
[21] 韩松柏，武梅梅，贺林峰，等. 中子照相自研进展[J]. 中国原子能科学研究院年报，2016，（00）：107.
[22] Li H，Wang S，Cao C，et al. Neutron imaging development at China academy of engineering physics（CAEP）[J]. Physics Procedia，2017，88：154-161.
[23] 郭广平，陈启芳，邬冠华. 中子照相技术及其在无损检测中的应用研究[J]. 失效分析与预防，2014，9（6）：388-393.
[24] Perfect E，Cheng C L，Kang M，et al. Neutron imaging of hydrogen-rich fluids in geomaterials and engineered porous media：A review[J]. Earth-Science Reviews，2014，129（1）：120-135.
[25] 唐科，霍合勇，李航，等. 冷中子照相装置及初步实验[A]. 中国电子学会、中国核学会核电子学与核探测技术分会. 第十七届全国核电子学与核探测技术学术年会论文集[C].中国电子学会、中国核学会核电子学与核探测技术分会：中国电子学会核电子学与核探测技术分会，2014：7.
[26] Kang M，Bilheux H Z，Voisin S，et al. Water calibration measurements for neutron radiography：Application to water content quantification in porous media [J]. Nuclear Instruments and Methods in Physics Research，2013，708（44）：24-31.

第3章 砂岩基质非饱和渗流模型

3.1 吸水性系数模型

水在多孔介质中自发渗吸的研究可以追溯到20世纪初。Lucas[1]和Washburn[2]研究了单根毛细管中自发渗吸现象的影响因素，将经典的Hagen-Poiseuille（H-P）方程应用于描述毛细管内弯液面的层流，并利用Young-Laplace（Y-L）方程计算毛细管压力[3]，Lucas-Washburn（L-W）方程成为研究多孔介质自发渗吸问题的基础。天然岩土介质孔隙结构复杂且不同样品间的差异性大，L-W方程计算结果有时不能较好地匹配实验数据。因此，必须发展新的模型来表征多孔岩土介质复杂的孔隙结构并量化分析岩土介质孔隙结构与其自发渗吸特性之间的关系。目前从岩土介质孔隙结构出发，对其自发渗吸现象的研究可大致分为三类：第一类是通过将岩土介质孔隙结构简化为毛细管（束），并引入迂曲度和孔隙形状修正因子等参数修正经典的L-W方程[4-7]；第二类是基于岩土介质孔隙结构的分形特征，通过分形理论建立岩土介质自发渗吸的吸水性系数模型[8-10]；第三类是利用周期格子或网络（periodic lattice or network）表征岩土介质孔隙结构，进而研究岩土介质内的自发渗吸现象[11-13]。

3.1.1 吸水性系数毛细管束模型

目前已建立了数个经典理论模型用于描述毛细管中不可压缩牛顿流体的层流[3]。经典的H-P方程给出了圆形毛细管中的不可压缩流体的流率 q 的表达式：

$$q = \frac{\pi}{128} \cdot \frac{\lambda^4 \Delta P}{\mu L} \tag{3.1}$$

式中，λ 为毛细管直径；L 为毛细管长度；ΔP 为沿毛细管的压力差；μ 为水的动力（绝对）黏度系数。

Y-L方程给出了式（3.1）中圆形毛细管中压力差 ΔP 的表达式：

$$\Delta P = \frac{4 \cdot \sigma \cdot \cos\theta}{\lambda} \tag{3.2}$$

式中，$\sigma = 0.0728\text{N/m}$，为气-水交面的表面张力；$\theta$ 为水和固体界面接触角，在固体能够完全被水润湿的情况下，一般取作0。

因此,在重力的影响可以被忽略的情况下,结合式(3.1)和式(3.2),圆柱形毛细管中的流率 q 可由下式计算:

$$q = \frac{\pi}{128} \cdot \frac{\lambda^4}{\mu \cdot L} \cdot \frac{4 \cdot \sigma \cdot \cos\theta}{\lambda} \tag{3.3}$$

Cai 等[5]通过将毛细管自发渗吸过程中的多孔介质孔隙结构简化为互相不连通的毛细管束,得出了计算特定时间多孔介质中润湿液体渗吸量的普适性模型。该模型通过引入迂曲度和孔隙形状修正因子,对式(3.1)~式(3.3)进行了修正:在忽略重力影响的情况下,自发渗吸过程中弯曲毛细管束中润湿相的入渗速度由下式给出:

$$v_f = \frac{\omega^3 \cdot \lambda \cdot \sigma \cdot \cos\theta}{8\mu} \cdot \frac{1}{L_f} \tag{3.4}$$

式中,L_f 为弯曲毛细管的长度;ω 为孔隙形状修正因子,用于表征孔隙形状的不规则性,其中 $\omega=1$ 表示毛细管的横截面为圆形,当毛细管为正方形和等边三角形时,ω 的取值分别为 1.094 和 1.18[14]。

此外,毛细管的平均迂曲度定义为 $\bar{\tau} = L_f / L_e$,L_e 为润湿相液体(水)高度[5]。弯曲毛细管中液体的流动速度 v_f 可基于直毛细管中液体的流动速度 v_s 计算,即 $v_f = \tau \cdot v_s$。如果将上述毛细管中润湿相的流动情况拓展到毛细管束中,则平均流速 $\bar{v}_f = \tau \cdot \bar{v}_s$,其中,$\bar{v}_f$ 为弯曲毛细管束中润湿相液体的平均自发渗吸速度,$\bar{v}_s$ 为直毛细管束中润湿相液体的平均自发渗吸速度,因此参数 $\bar{v}_s$ 的值可按下式进行计算:

$$\bar{v}_s = \frac{\bar{v}_f}{\tau} = \frac{dL_e}{dt} = \frac{\omega^3 \cdot \lambda_e \cdot \sigma \cdot \cos\theta}{8 \cdot \mu \cdot \tau^2} \cdot \frac{1}{L_e} \tag{3.5}$$

式中,λ_e 为毛细管束直径的代表值;τ 为毛细管的迂曲度;t 为自发渗吸时间。通过对式(3.5)右边式子从 $t=0$ 时刻 $L_e=0$ 到 t 时刻润湿高度 L_e 积分,可得:

$$L_e = \sqrt{\frac{\omega^3 \cdot \lambda_e \cdot \sigma \cdot \cos\theta}{4 \cdot \mu \cdot \tau^2}} \cdot \sqrt{t} \tag{3.6}$$

润湿高度和渗吸时间平方根间一般存在线性关系,且线性系数被定义为吸水性系数(Sorptivity,S)[15]。基于式(3.6),吸水性系数 S 的表达式为

$$S = \sqrt{\frac{\omega^3 \cdot \lambda_e \cdot \sigma \cdot \cos\alpha}{4 \cdot \mu \cdot \tau^2}} \tag{3.7}$$

3.1.2 吸水性系数分形模型

1. 孔隙分形维数

Katz 和 Thompson[16]通过实验研究发现，在 3~4 个数量级范围内，砂岩孔隙的大小和空间分布具有自相似性，它们的分布特征可以用分形维数来定量表示。

根据分形几何理论，在分形多孔介质中，直径大于尺度 λ 的孔隙累计数目 N 满足以下标度律关系[17]：

$$N(\varepsilon \geq \lambda) = \left(\frac{\lambda_{\max}}{\lambda}\right)^{D_p} \tag{3.8}$$

式中，ε 为直径长度尺寸；λ 和 $\lambda_{\max}$ 分别为孔隙直径和最大孔隙直径；D_p 为孔隙分形维数，在二维平面中，$1<D_p<2$，在三维空间中，$2<D_p<3$。

因此，若将 λ 取得最小孔隙直径 $\lambda_{\min}$，则全部孔隙数目可由式（3.8）获得：

$$N(\varepsilon \geq \lambda_{\min}) = \left(\frac{\lambda_{\max}}{\lambda_{\min}}\right)^{D_p} \tag{3.9}$$

基于式（3.8）和式（3.9），Yu 和 Li[17]通过推理和验证，得到了关于孔隙度 φ 和孔隙分形维数 D_p 之间的关系：

$$\varphi = \left(\frac{\lambda_{\min}}{\lambda_{\max}}\right)^{d-D_p} \tag{3.10}$$

式中，d 为欧几里得维数，在二维平面中，$d=2$，在三维空间中，$d=3$。

因此，由式（3.10），便可基于孔隙度 φ 求得孔隙分形维数 D_p，即

$$D_p = d - \frac{\ln \varphi}{\ln(\lambda_{\min}/\lambda_{\max})} \tag{3.11}$$

2. 迂曲度分形维数

迂曲度 τ 通常被定义为

$$\tau = \frac{L_f}{L} \tag{3.12}$$

式中，L_f 和 L 分别为弯曲毛细管的实际长度和特征长度。由式（3.12）可以看出，迂曲度 $\tau \geq 1$。

Wheatcraft 和 Tyler[18]通过研究发现，在多孔介质中，弯曲毛细管的实际长度 L_f 和特征长度 L 具有如下分形尺度关系：

$$L_f = \lambda_{min}^{1-D_t} L^{D_t} \tag{3.13}$$

因此，

$$\tau = \frac{L_f}{L} = \left(\frac{L}{\lambda_{min}}\right)^{D_t-1} \tag{3.14}$$

式中，D_t 为多孔介质的迂曲度分形维数。

Yu 和 Cheng[19]通过类比分析认为，直径 λ 的迂曲毛细管也具有分形尺度关系：$L_f(\lambda) = L^{D_t} \lambda^{1-D_t}$，然后进一步将式（3.14）修改为

$$\tau = \frac{L_f(\lambda)}{L} = \left(\frac{L}{\lambda}\right)^{D_t-1} \tag{3.15}$$

于是，对于由多组毛细管组成的多孔介质来说，其平均迂曲度 $\bar{\tau}$ 为

$$\bar{\tau} = \left(\frac{L}{\bar{\lambda}}\right)^{D_t-1} \tag{3.16}$$

式中，$\bar{\lambda}$ 为平均毛细管直径。

因此，多孔介质的迂曲度分形维数 D_t 的表达式为

$$D_t = 1 + \frac{\ln \bar{\tau}}{\ln \dfrac{L}{\bar{\lambda}}} \tag{3.17}$$

Yu 和 Li[20]给出了一种计算平均迂曲度的表达式：

$$\bar{\tau} = \frac{1}{2}\left[1 + \frac{1}{2}\sqrt{1-\varphi} + \sqrt{1-\varphi}\,\frac{\sqrt{\left(\dfrac{1}{\sqrt{1-\varphi}}-1\right)^2 + \dfrac{1}{4}}}{1-\sqrt{1-\varphi}}\right] \tag{3.18}$$

另外，Xu 和 Yu[21]推导出了关于 $L/\bar{\lambda}$ 的表达式：

$$\frac{L}{\bar{\lambda}} = \frac{D_p - 1}{D_p^{1/2}}\left[\frac{1-\varphi}{\varphi}\frac{\pi}{4(2-D_p)}\right]^{1/2}\frac{\lambda_{max}}{\lambda_{min}} \tag{3.19}$$

将式（3.18）和式（3.19）代入式（3.17）便可求得多孔介质的迂曲度分形维数 D_t。

3. 分形模型

吸水性是多孔介质材料的一种特有性质，是描述其通过毛细管力吸收水和传输水能力的一种有效方式[22]。目前，在自吸理论的研究方面已经获得了很大的进展，并建立了很多经典的自发渗吸模型。Cai 等[10]在前人研究的基础上，应用分形几何理论，建立了自发渗吸高度 L 与时间 t 的分形模型。

式（3.1）给出了渗吸流体流率 q 的计算公式，通过对式（3.1）进行积分，得到渗吸介质中总的渗吸率 Q：

$$Q = -\int_{\lambda_\mathrm{min}}^{\lambda_\mathrm{max}} q\mathrm{d}N = \frac{\sigma\cos\theta}{32\mu}\left[\frac{\pi\lambda_\mathrm{max}^{2+D_\mathrm{t}}D_\mathrm{p}(1-\beta^{2+D_\mathrm{t}-D_\mathrm{p}})}{2+D_\mathrm{t}-D_\mathrm{p}}\right]\frac{1}{L^{D_\mathrm{t}}} \quad (3.20)$$

其中，$\mathrm{d}N = -D_\mathrm{p}\lambda_\mathrm{max}^{D_\mathrm{p}}\lambda^{-(D_\mathrm{p}+1)}\mathrm{d}\lambda$，$\beta = \lambda_\mathrm{min}/\lambda_\mathrm{max}$。根据已有的一些文章研究，在多孔介质中，最小的孔隙直径要比最大的孔隙直径小两个数量级[10, 21]，即 $\beta \leqslant 10^{-2}$。

则在多孔介质中，渗吸流体前缘的平均渗吸速率 $\overline{v'}$ 为

$$\overline{v'} = \frac{Q}{A_\mathrm{p}} = \frac{\sigma\cos\theta}{8\mu}\left[\frac{(2-D_\mathrm{p})(1-\beta^{2+D_\mathrm{t}-D_\mathrm{p}})}{(2+D_\mathrm{t}-D_\mathrm{p})(1-\varphi)}\right]\left(\frac{\lambda_\mathrm{max}^{D_\mathrm{t}}}{L^{D_\mathrm{t}}}\right) \quad (3.21)$$

式中，A_p 为介质渗吸平面总的孔隙面积，在 Yu[23]的文章中，给出了其具体的分形表达式：

$$A_\mathrm{p} = \frac{\pi\lambda_\mathrm{max}^2 D_\mathrm{p}}{4(2-D_\mathrm{p})}(1-\varphi)$$

对于单根迂曲毛细管，渗吸流体在毛细管中的实际流速 v' 为

$$v' = \frac{\mathrm{d}L_\mathrm{f}}{\mathrm{d}t} = D_\mathrm{t}L^{D_\mathrm{t}-1}\lambda^{1-D_\mathrm{t}}\frac{\mathrm{d}L}{\mathrm{d}t} = D_\mathrm{t}L^{D_\mathrm{t}-1}\lambda^{1-D_\mathrm{t}}v \quad (3.22)$$

式中，v 为毛细管中的垂直渗吸速率。

对式（3.22）从最小孔径到最大孔径进行积分，则可得到多孔介质中渗吸流体的平均实际流速 $\overline{v'}$[24]：

第 3 章 砂岩基质非饱和渗流模型

$$\overline{v'} = \left(\frac{D_t D_p L^{D_t-1} \lambda_{\min}^{1-D_t}}{D_t + D_p - 1} \right) v \quad (3.23)$$

将式（3.21）代入式（3.23）中，则有

$$v = \frac{dL}{dt} = \frac{(D_t + D_p - 1)(2 - D_p)}{D_t D_p (2 + D_t - D_p)} \left(\frac{\beta^{D_t-1} - \beta^{2D_t - D_p + 1}}{1 - \varphi} \right) \left(\frac{\sigma \cos \theta}{8\mu} \right) \left(\frac{\lambda_{\max}^{2D_t-1}}{L^{2D_t-1}} \right) \quad (3.24)$$

然后对式（3.24）进行积分，则可以得到渗吸高度 L 与时间 t 之间的函数关系：

$$L = St^{\frac{1}{2D_t}} \quad (3.25)$$

式中，S 为渗吸高度 L 与时间 $t^{1/(2D_t)}$ 之间的系数，表示吸水性系数（sorptivity），其表达式为

$$S = \left[\frac{(D_t + D_p - 1)(2 - D_p)}{D_p (2 + D_t - D_p)} \left(\frac{\beta^{D_t-1} - \beta^{2D_t - D_p + 1}}{1 - \varphi} \right) \left(\frac{\sigma \cos \theta}{4\mu} \right) \lambda_{\max}^{2D_t-1} \right]^{\frac{1}{2D_t}} \quad (3.26)$$

式中，最大毛细管径 $\lambda_{\max}$ 的数值可由式（3.27）进行计算[25]：

$$\lambda_{\max} = \sqrt{32\tau K \frac{4 - D_p}{2 - D_p} \frac{1 - \varphi}{\varphi}} \quad (3.27)$$

从式（3.25）可以看出，渗吸高度 L 与时间 t 之间满足的关系为 $L \sim t^{1/(2D_t)}$，这与 Lucas-Washburn 所建立的经典模型中所描述的渗吸行为规律 $L \sim t^{1/2}$ 并不相同。另外，Küntz 等[26]、Lockington 和 Parlange[27]、El-Abd 和 Milczarek[28]也通过实验研究发现水在多孔介质中的渗吸高度对时间指数的关系并不等于 0.5，他们将这一现象称为反常扩散（anomalous diffusion）或反常渗吸（anomalous absorption），但是他们并没有对这一现象产生的原因进行理论解释。在 Cai 运用分形理论所推导出来的式（3.25）中，这一原因则得到了解释，渗吸高度对时间的指数不等于 0.5 是毛细管存在迂曲度所导致的，其数值可由迂曲度分形维数进行计算。当所有的毛细管均为直毛细管时（$D_t=1$），则渗吸高度对时间的指数等于 0.5。

3.2 非饱和扩散函数模型

非饱和扩散系数是岩石、土壤、混凝土等多孔介质非饱和渗流理论框架中重要的参数，如前所述，该参数被定义为非饱和导水系数（unsaturated conductivity）

和比水容量（specific moisture capacity）之间的比值，是含水率或基质吸力的函数[29]。非饱和扩散函数可以通过水平入渗法直接测定[30]，也可以在离心法或者多孔陶瓷板等排水实验中测定的非饱和导水函数和水分特征曲线的基础上计算得到[14]。近年来，分形理论被越来越多地应用于岩土类介质非饱和渗流的研究中，包括评估水分特征曲线、非饱和导水函数以及非饱和扩散函数[31-33]。本书首先介绍了非饱和扩散函数的基本理论，然后总结了两种基于测定多孔介质非饱和渗流过程中的动态含水率分布数据计算非饱和扩散函数的方法，最后根据水分特征曲线和非饱和导水函数分形模型完善了非饱和扩散函数分形模型表达式。

3.2.1 基于 Matano 方法的非饱和扩散系数计算

以体积含水率为自变量的非饱和扩散函数已被广泛用于描述诸如一维自发渗吸的非饱和渗流现象中[27, 28, 34-44]，其中较为经典的模型建立在毛细管力主导下水分渗吸进入圆柱形多孔介质的情况中：如果忽略重力的影响，毛细管力驱动的一维非饱和渗流的控制方程即 Richards 方程按如下表示[3, 36]：

$$\frac{\partial \theta_n}{\partial t} = \frac{\partial}{\partial x}\left(D(\theta_n)\frac{\partial \theta_n}{\partial x}\right) \qquad (3.28)$$

式中，θ_n 为体积含水率，表示多孔介质中水的体积与试件体积的比值；t 为时间；x 为润湿锋扩散方向的坐标轴；$D(\theta_n)$ 为非饱和扩散函数。一般通过引入玻尔兹曼（Boltzmann）变量 $\eta = x \cdot t^{-0.5}$ 将式(3.28)由偏微分方程转换为常微分方程。如果试件的初始含水率为零，饱和含水率记作 θ_s。在给定边界条件 $\theta_n(x, 0)=0$ 和 $\theta_n(0, t)=\theta_s$ 的情况下，根据玻尔兹曼变换，式(3.28)可被写作如下的常微分方程形式：

$$-\frac{\eta}{2}\cdot\left(\frac{d\theta_n}{d\eta}\right) = \frac{d}{d\eta}\left(D(\theta_n)\frac{d\theta_n}{d\eta}\right) \qquad (3.29)$$

基于 Matano 方法，非饱和扩散函数的值可按下式进行计算：

$$D(\theta_n) = -\frac{1}{2}\cdot\left(\frac{d\eta}{d\theta_n}\right)\cdot\int_0^{\theta_n}\eta d\theta' \qquad (3.30)$$

基于玻尔兹曼变换得到的 θ_n-η 关系曲线，分别计算不同含水率（θ_n）处的二者的积分和差分值，可得到不同含水率处的非饱和扩散函数值[37-39]。

3.2.2 广义菲克定律的非饱和扩散系数模型

扩散系数是一个纯粹依赖于含水量的物理参数。因此，它被用作研究非饱和多孔介质中动态渗吸过程的有效理论方法[28,40,41]。为了消除时间对扩散系数的影响，引入菲克指数。假设重力可以忽略，流动过程简化为一维的。广义菲克定律可以表示为[28]

$$Q = -D(\theta_n)\frac{\nabla \theta_n}{|\nabla \theta_n|}|\nabla \theta_n|^{\gamma_1} \tag{3.31}$$

式中，$\nabla \theta_n$ 为归一化体积含水率梯度；γ_1 为菲克指数。利用连续性方程，将式（3.31）转化为含水率的广义扩散方程为

$$\frac{\partial \theta_n}{\partial t} = \nabla\left(D(\theta_n)\frac{\nabla \theta_n}{|\nabla \theta_n|}|\nabla \theta_n|^{\gamma_1}\right) \tag{3.32}$$

根据边界条件 $\theta_n(L,0) = \theta_i$ 和 $\theta_n(0,t) = 1$，结合非玻尔兹曼变换，式（3.32）可简化为常微分方程：

$$\alpha\eta\frac{d\theta_n}{d\eta} = -t^{1-\alpha(1+\gamma_1)}\frac{d}{d\eta}\left(D(\theta_n)\text{sgn}\left(\frac{d\theta_n}{d\eta}\right)\left|\frac{d\theta_n}{d\eta}\right|^{\gamma_1}\right) \tag{3.33}$$

扩散函数可由式（3.33）推导得出：

$$D(\theta_n,t) = -\alpha t^{\alpha(1+\gamma_1)-1}\left(\frac{d\eta}{d\theta_n}\right)^{\gamma_1}\int_{\theta_i}^{\theta_n}\eta d\theta_n \tag{3.34}$$

式（3.34）是一个依赖归一化体积含水量和时间的函数，为消除扩散率对时间的依赖性，可将菲克指数与时间指数的关系表示为

$$\gamma_1 = \frac{1}{\alpha} - 1 \tag{3.35}$$

将式（3.35）代入式（3.34），得到扩散函数可表示为

$$D(\theta_n) = -\alpha\left(\frac{d\eta}{d\theta_n}\right)^{(1/\alpha-1)}\int_{\theta_i}^{\theta_n}\eta d\theta_n \tag{3.36}$$

通过计算 θ_n-η 剖面的导数和体积含水量特定值下的积分项，可以估算出扩散率 $D(\theta_n)$ 的值。

3.2.3 非饱和扩散函数 Lockington-Parlange 模型

根据 Lockington[42]和 Parlange 等[43]的研究，扩散函数 $D(\theta_n)$ 可以认为是归一

化体积含水率 θ_n 和时间 t 的函数：

$$D(\theta_n) = 2\alpha t^{2\alpha-1}\delta(\theta_n) \qquad (3.37)$$

式中，$\delta(\theta_n)$ 为水力扩散系数，mm^2/s，是归一化体积含水率 θ_n 的独立函数。将润湿前沿位置 L 与时间 t 的关系表示如下：

$$L = St^\alpha \qquad (3.38)$$

式中，S 为吸水性系数，$mm/s^{1/2}$，Lockington 将其定义为

$$S^2 = \int_0^1 (1+\theta_n)\delta(\theta_n)d\theta_n \qquad (3.39)$$

Parlange 等[43]和 Campbell[44]提出了幂律扩散方程，认为 $\delta(\theta_n)$ 和 θ_n 服从幂率关系：

$$\delta(\theta_n) = D_0 \theta_n^k \qquad (3.40)$$

将式（3.40）代入式（3.39）中可得参数 D_0，表示为

$$D_0 = \frac{S^2(k+1)(k+2)}{2k+3} \qquad (3.41)$$

Lockington[42]认为，参数 k 适用于非固定介质，建议取 $k=6$。当时间指数 α 为 0.50 时，扩散函数与时间无关。

3.2.4 非饱和扩散函数 Meyer-Warrick 模型

Meyer 和 Warrick[34]给出了一种基于玻尔兹曼变换数据计算非饱和扩散函数的解析方法。在忽略重力影响并假定多孔介质内初始含水率为零的情况下，Meyer 和 Warrick[34]给出了体积含水率与归一化的玻尔兹曼变量 η 的关系：

$$\frac{\theta_n}{\theta_s} = \frac{1-\bar{\eta}}{1-A\cdot\bar{\eta}} \qquad (3.42)$$

式中，A 为形状因子；$\bar{\eta} = \eta/\eta_i$，η_i 为在 $\theta_n=0$ 处参数 η 的值。

此外，Meyer 和 Warrick[34]进一步给出了含有饱和含水率 θ_s、形状因子 A 以及 η_i 平均值的非饱和扩散函数表达式，如下：

$$D(\theta_n) = -\frac{1}{2}\left[\frac{A_3 - A_1 \cdot A_2}{(A_3 - A_2 \cdot \theta_n)^2}\right] \cdot f(0, \theta_n) \qquad (3.43)$$

$$f(0,\theta_\text{n}) = -\frac{\theta_\text{n}}{A_2} + [(A_1 \cdot A_2 - A_3)/A_2^2]\ln\left[\frac{(A_3/A_2 - \theta_\text{n})}{(A_3/A_2)}\right] \tag{3.44}$$

式中，$A_1 = \theta_\text{s}$，$A_2 = A/\eta_\text{i}$，$A_3 = \theta_\text{s}/\eta_\text{i}$，因此 A_1 和 A_2 可基于 θ_s 与 λ_i 以及拟合得到的参数 A 的值进行计算得到。

3.2.5 非饱和扩散函数分形模型

除了上述基于实时测定的非饱和渗流过程中多孔介质内动态含水率分布数据计算非饱和扩散函数的方法，非饱和扩散函数还可以通过水分特征曲线和非饱和导水函数间接确定[29]。以往的研究表明，多孔介质中的非饱和渗流现象与其孔隙结构密切相关，已有文献报道了通过分析多孔介质孔隙结构进而预测其水分特征曲线以及非饱和导水函数、非饱和扩散函数的研究[33, 45-47]。其中分形理论被证实在该领域有着广阔的应用空间，且已被广泛应用于多孔介质渗流问题的研究中[10, 48-51]。其中，Xu[31]基于分形理论提出了一种描述非饱和土水分特征曲线的模型：

$$\frac{\theta_\text{n} - \theta_\text{r}}{\theta_\text{s} - \theta_\text{r}} = \left(\frac{\psi}{\psi_\text{e}}\right)^{\delta} \tag{3.45}$$

式中，$\delta = D_\text{p} - 3$；ψ 为基质吸力，m；ψ_e 为进气值，m；θ_r 为残余含水率。通常残余含水率被定义为多孔介质排水过程中被颗粒表面束缚而不能自由移动的水的含量。

其中式（3.45）中的进气值 ψ_e 可按如下公式进行确定：

$$\psi_\text{e} = \frac{4\sigma \cdot \cos\theta}{d_\text{M}} \tag{3.46}$$

式中，$\sigma = 0.0728\text{N/m}$，为气水交界面的表面张力；$d_\text{M}$ 为确定进气值的最大连通孔喉直径，可通过压汞实验测定的毛细管压力曲线进行估算。

根据非饱和扩散函数的定义，非饱和扩散函数可由式（3.47）计算[1]：

$$D(\theta_\text{n}) = K_\text{s} \cdot K_\text{r} \cdot \left|\frac{\text{d}\psi}{\text{d}\theta_\text{n}}\right| \tag{3.47}$$

式中，K_s 为饱和导水系数，m/s；K_r 为非饱和导水函数。

其中非饱和导水函数的分形模型由 Xu[31] 按照下式给出：

$$K_\text{r} = \left(\frac{\psi}{\psi_\text{e}}\right)^{3D_\text{p} - 11} \tag{3.48}$$

基于式（3.45）可以得出：

$$\frac{\mathrm{d}\psi}{\mathrm{d}\theta_\mathrm{n}} = \frac{\psi_\mathrm{e}^{D_\mathrm{p}-3}}{\psi^{D_\mathrm{p}-4}} \cdot \frac{1}{D_\mathrm{p}-3} \cdot \frac{1}{\theta_\mathrm{s}-\theta_\mathrm{r}} \tag{3.49}$$

岩土介质孔隙体积三维分形维数一般在 2～3 之间取值，因此 $|D_\mathrm{p}-3|$ 等于 $3-D_\mathrm{p}$。通过联立式（3.45）以及式（3.47）～式（3.49）可以得到：

$$D(\theta_\mathrm{n}) = \frac{K_\mathrm{s} \cdot \psi_\mathrm{e}}{(3-D_\mathrm{p}) \cdot (\theta_\mathrm{s}-\theta_\mathrm{r})} \cdot \left(\frac{\theta_\mathrm{n}-\theta_\mathrm{r}}{\theta_\mathrm{s}-\theta_\mathrm{r}}\right)^{\xi/\delta} \tag{3.50}$$

其中，$\xi = 2D_\mathrm{p} - 7$。

3.3 吸水性系数和毛细管系数的关系

毛细管系数（C）在本书被定义为多孔介质一维自发渗吸过程中，单位样品底面积的吸水体积与吸水时间平方根的比值。毛细管系数可以定量描述多孔介质累计渗吸体积增长的速度，一般可以通过称重法进行测定。但是该参数并不能像吸水性系数一样量化描述不同吸水时刻润湿锋的位置；而润湿锋扩散位置对于描述水分在多孔介质中的扩散程度是非常重要的，吸水性系数的准确测定一般需要无损检测技术。因此，通过研究毛细管系数和吸水性系数间的数学关系便可以通过称重法对吸水性系数进行计算。本节介绍了已有文献中针对混凝土样品给出的二者间的数学关系模型。

对于诸如岩石、土壤和混凝土之类的多孔介质而言，指数型和幂函数型是较为常见的两种非饱和扩散函数形式，其中根据多孔介质一维渗吸数据得出的幂函数型非饱和扩散函数可以表示为[52, 53]

$$D(\theta_\mathrm{n}) = D_0 \cdot \left(\frac{\theta_\mathrm{n}-\theta_\mathrm{i}}{\theta_\mathrm{s}-\theta_\mathrm{i}}\right)^m \tag{3.51}$$

式中，D_0 和 m 为常量，与多孔介质的孔隙结构有关；θ_i 为样品内初始含水率；θ_s 为饱和含水率，一般指一维渗吸过程中供水界面处样品的含水率即毛细管饱和含水率。根据以往学者针对混凝土一维渗吸的研究[53]，在样品初始含水率为零的情况下，毛细管系数 C 和吸水性系数 S 的关系可以表达为

$$\theta_\mathrm{s} = (2+m) \cdot \left[\sqrt{\frac{2m^2+7m+4}{m(3+2m)}} - 1\right] \cdot \frac{C}{S} \tag{3.52}$$

3.4 自发渗吸吸水质量模型

3.4.1 吸水质量毛细管模型

多孔介质在自发渗吸过程中，随着自吸时间增加，吸入其中的水体积不断增加，质量也不断增加。Cai 和 Yu[54]通过对毛细管渗吸行为的研究，建立了多孔介质自吸质量与时间之间的动力学关系。对于不可压缩牛顿流体，在层流状态下，忽略空气阻力和流体的重力，可以得到[2]：

$$\frac{\mathrm{d}L_\mathrm{f}}{\mathrm{d}t} = \frac{\lambda\sigma\cos\theta}{8\mu L_\mathrm{f}} \tag{3.53}$$

则得到渗吸高度与时间的关系：

$$L = \frac{1}{2\tau}\sqrt{\frac{\lambda\sigma\cos\theta}{\mu}t} \tag{3.54}$$

在单根毛细管或单孔中，累计吸入水的质量可以得到：

$$m = \frac{\pi\rho\lambda^2}{8}\sqrt{\frac{\lambda\sigma\cos\theta}{\mu}t} \tag{3.55}$$

要计算全部吸入多孔介质中水的质量，必须将所有毛细管或孔隙考虑在内，因此全部渗吸质量便可表示为

$$M = \sum_{i=1}^{n} n_i \frac{\pi\rho\lambda_i^2}{8}\sqrt{\frac{\lambda_i\sigma\cos\theta}{\mu}t} \tag{3.56}$$

式中，λ_i 为不同位置的毛细管径。

在以往的理论研究和模型推导[21]中，大都以体积孔隙度 φ 和面孔隙度 φ_2 相等为假设前提。Cai 和 Yu[54]在推导中发现体积孔隙度 φ 和面孔隙度 φ_2 并不相等，二者相除为迂曲度 τ，具体表达式如下：

$$\varphi = \tau\varphi_2 \tag{3.57}$$

式（3.57）表明，体积孔隙度 φ 一般情况下比面孔隙度 φ_2 要大（$\tau \geqslant 1$），只有当所有的毛细管为直毛细管时，体积孔隙度 φ 与面孔隙度 φ_2 才相等。

因此，式（3.56）可进一步推导为

$$M = \frac{\varphi_2 A\rho}{2}\sqrt{\frac{\overline{\lambda}\sigma\cos\theta}{\mu}t} = \frac{\varphi A\rho}{2\tau}\sqrt{\frac{\overline{\lambda}\sigma\cos\theta}{\mu}t} \tag{3.58}$$

式中，A 为介质渗吸平面的面积。

Xu 和 Yu[21]给出了平均毛细管径 $\bar{\lambda}$ 的计算方法：

$$\bar{\lambda} = \frac{D_p \lambda_{\max}}{D_p - 1}(\beta - \beta^{D_p}) \tag{3.59}$$

3.4.2 吸水质量分形模型

Cai 等[10]通过前面的分形基础理论并结合吸水动力学理论，得到了吸水质量的分形计算方法，如下：

$$M = A\varphi\rho \int_{\lambda_{\min}}^{\lambda_{\max}} L_f D_p \lambda_{\min}^{D_p} \lambda^{-(D_p+1)} dL = A\varphi\rho \left(\frac{D_p L^{D_t} \lambda_{\min}^{1-D_t}}{D_t + D_p - 1} \right) \tag{3.60}$$

式（3.60）两边分别对时间进行求导，可得[10]：

$$\frac{dM}{dt} = A\varphi\rho \left(\frac{D_p L^{D_t-1} \lambda_{\min}^{1-D_t}}{D_t + D_p - 1} \right) \frac{dL}{dt} \tag{3.61}$$

通过式（3.60）和式（3.61）得[10]

$$\frac{dM}{dt} = \frac{(A\varphi\rho)^2 D_p (2-D_p)}{(2+D_t-D_p)(D_t+D_p-1)} \left(\frac{\sigma \cos\theta}{8\mu} \right) \left(\frac{\beta^{1-D_t} - \beta^{3-D_p}}{1-\varphi} \right) \frac{\lambda_{\max}}{M} \tag{3.62}$$

对式（3.62）进行积分，则可得到吸水质量 M 与时间 t 的关系[10]：

$$M = A\varphi\rho \left[\frac{D_p(2-D_p)}{(2+D_t-D_p)(D_t+D_p-1)} \left(\frac{\sigma \cos\theta}{4\mu} \right) \left(\frac{\beta^{1-D_t} - \beta^{3-D_p}}{1-\varphi} \right) \lambda_{\max} \right]^{1/2} t^{1/2} \tag{3.63}$$

由式（3.58）和式（3.63）可以看出，不论是吸水质量毛细管模型还是吸水质量分形模型，在忽略流体重力影响的条件下，多孔介质中累计吸水质量 M 都与时间的平方根 $t^{1/2}$ 呈现出线性关系，结合吸水性系数不同模型的不同结果分析，说明多孔介质中累计吸水质量 M 对时间 t 的幂指数并不受孔隙和迂曲度分形行为的影响，吸水质量 M 与时间 t 的关系具有相对稳定性。

3.5 本 章 小 结

本章介绍了多孔介质非饱和渗流模型，包括自发渗吸吸水性系数模型、非饱和扩散函数模型和自发渗吸吸水质量模型，同时也介绍了吸水性系数与毛细管系数的关系。自发渗吸吸水性系数模型中主要介绍了吸水性系数毛细管束模型和吸水性系数分形模型的发展和推导过程；非饱和扩散函数模型主要介绍了 Matano 模型、广义菲克定律、Lockington-Parlange 模型、Meyer-Warrick 模型和非饱和扩散函数的分形模型。此外，考虑渗吸时间指数进一步发展了分形毛细管系数模型，建立了考虑渗吸时间指数的不同孔隙结构的砂岩的吸水性系数计算模型。

参 考 文 献

[1] Lucas R. Rate of capillary ascension of liquids[J]. Kolloid-Zeitschrift，1918，23（15）：15-22.

[2] Washburn E W. The dynamics of capillary flow[J]. Physical Review，1921，17（3）：273-283.

[3] Hall C，Hoff W D. Water Transport in Brick，Stone and Concrete[M]. 2nd ed. London：Spon Press，2012.

[4] Benavente D，Lock P，Cura M Á G D, et al. Predicting the capillary imbibition of porous rocks from microstructure[J]. Transport in Porous Media，2002，49（1）：59-76.

[5] Cai J C，Perfect E，Cheng C L, et al. Generalized modeling of spontaneous imbibition based on Hagen-Poiseuille flow in tortuous capillaries with variably shaped apertures[J]. Langmuir the Acs Journal of Surfaces and Colloids，2014，30（18）：5142-5151.

[6] Hammecker C，Barbiéro L，Boivin P, et al. A geometrical pore model for estimating the microscopical pore geometry of soil with infiltration measurements[J]. Transport in Porous Media，2004，54（2）：193-219.

[7] Kao C S，Hunt J R. Prediction of wetting front movement during one-dimensional infiltration into soils[J]. Water Resources Research，1996，32（1）：55-64.

[8] 郁伯铭，徐鹏，邹明清，等. 分形多孔介质输运物理[M]. 北京：科学出版社，2014.

[9] Li K W，Zhao H Y. Fractal prediction model of spontaneous imbibition rate[J]. Transport in Porous Media，2012，91（2）：363-376.

[10] Cai J C，Yu B M，Zou M Q, et al. Fractal characterization of spontaneous co-current imbibition in porous media[J]. Energy and Fuels，2010，24（3）：1860-1867.

[11] Leventis A，Verganelakis D A，Halse M R, et al. Capillary imbibition and pore characterisation in cement pastes[J]. Transport in Porous Media，2000，39（2）：143-157.

[12] Dullien F A L，El-Sayed M S，Batra V K. Rate of capillary rise in porous media with nonuniform pores[J]. Journal of Colloid and Interface Science，1977，60（3）：497-506.

[13] Joekarniasar V，Prodanovic M，Wildenschild D, et al. Network model investigation of interfacial area，capillary pressure and saturation relationships in granular porous media[J]. Water Resources Research，2010，17（6）：370-374.

[14] Pickard W F. The ascent of sap in plants[J]. Progress in Biophysics and Molecular Biology，1981，37（3379）：181-229.

[15] Philip R J. The theory of infiltration：4. Sorptivity and algebraic infiltration equations[J]. Soil Science，1957，84（3）：257-264.

[16] Katz A J，Thompson A H. Fractal sandstone pores：Implications for conductivity and pore formation[J]. Physical Review Letters，1985，54（12）：1325-1328.

[17] Yu B M，Li J H. Some fractal characters of porous media[J]. Fractals-Complex Geometry Patterns and Scaling in Nature and Society，2001，9（3）：365-372.

[18] Wheatcraft S W, Tyler S W. An explanation of scale-dependent dispersivity in heterogeneous aquifers using concepts of fractal geometry[J]. Water Resources Research, 1988, 24 (4): 566-578.

[19] Yu B M, Cheng P. A fractal permeability model for bi-dispersed porous media[J]. International Journal of Heat and Mass Transfer, 2002, 45 (14): 2983-2993.

[20] Yu B M, Li J H. A fractal model for the transverse thermal dispersion conductivity in porous media[J]. Chinese Physics Letters, 2004, 21 (1): 117-120.

[21] Xu P, Yu B M. Developing a new form of permeability and Kozeny-Carman constant for homogeneous porous media by means of fractal geometry[J]. Advances in Water Resources, 2008, 31 (1): 74-81.

[22] Taha M M R, El-Dieb A S, Shrive N G. Sorptivity: A reliable measurement for surface absorption of masonry brick units[J]. Materials and Structures, 2001, 34 (7): 438-445.

[23] Yu B M. Analysis of flow in fractal porous media[J]. Applied Mechanics Reviews, 2008, 61 (5): 1239-1249.

[24] Yu B M, Cai J C, Zou M Q. On the physical properties of apparent two-phase fractal porous media[J]. Vadose Zone Journal, 2009, 8 (1): 177-186.

[25] Cai J C, Yu B M. Prediction of maximum pore size of porous media based on fractal geometry[J]. Fractals-complex Geometry Patterns and Scaling in Nature and Society, 2010, 18 (4): 1000512.

[26] Küntz M, Lavallée P. Experimental evidence and theoretical analysis of anomalous diffusion during water infiltration in porous building materials[J]. Journal of Physics D: Applied Physics, 2001, 34 (16): 2547.

[27] Lockington D A, Parlange J Y. Anomalous water absorption in porous materials[J]. Journal of Physics D: Applied Physics, 2003, 36 (6): 760-767.

[28] El-Abd A, Milczarek J J. Neutron radiography study of water absorption in porous building materials: Anomalous diffusion analysis[J]. Journal of Physics D: Applied Physics, 2004, 37 (16): 2305-2313.

[29] Lu N, Likos W J. Unsaturated Soil Mechanics[M]. New Jersey: John Wiley & Sons, Inc., 2004.

[30] Bruce R R, Klute A. The measurement of soil moisture diffusivity[J]. Soil Science Society of America Journal, 1956, 20 (4): 458-462.

[31] Xu Y F. Calculation of unsaturated hydraulic conductivity using a fractal model for the pore-size distribution[J]. Computers and Geotechnics, 2004, 31 (7): 549-557.

[32] Giménez D, Perfect E, Rawls W J, et al. Fractal models for predicting soil hydraulic properties: A review[J]. Engineering Geology, 1997, 48 (3-4): 161-183.

[33] Shepard J S. Using a fractal model to compute the hydraulic conductivity function[J]. Soil Science Society of America Journal, 1993, 57 (2): 300-306.

[34] Meyer J J, Warrick A W. Analytical expression for soil water diffusivity derived from horizontal infiltration experiments[J]. Soil Science Society of America Journal, 1990, 54 (6): 1547-1552.

[35] El-Abd A E, Abdel-Monem A M, Kansouh W A. Experimental determination of moisture distributions in fired clay brick using a 252 Cf source: A neutron transmission study[J]. Appl Radiat Isot, 2013, 74 (1): 78-85.

[36] Richards L A. Capillary conduction of liquids through porous mediums[J]. Physics, 1931, 1 (5): 318-333.

[37] Carpenter T A, Davies E S, Hall C, et al. Capillary water migration in rock: Process and material properties examined by NMR imaging[J]. Materials and Structures, 1993, 26 (5): 286-292.

[38] Matano C. On the relations between the diffusion-coefficients and concentrations of solid metals (the nickel-copper system)[J]. Japanese Journal of Physics, 1933, 8: 109-113.

[39] Pel L. Moisture transport in porous building materials[D]. Eindhoven: Technische Universiteit Eindhoven, 1995.

[40] Kang M, Perfect E, Cheng C L, et al. Diffusivity and sorptivity of berea sandstone determined using neutron radiography[J]. Vadose Zone Journal, 2013, 12 (3): 1-8.

[41] Espejo A, Giráldez J V, Vanderlinden K, et al. A method for estimating soil water diffusivity from moisture profiles and its application across an experimental catchment[J]. Journal of Hydrology, 2014, 516: 161-168.

[42] Lockington D A. Estimating the sorptivity for a wide range of diffusivity dependence on water content[J]. Transport in Porous Media, 1993, 10 (1): 95-101.

[43] Parlange M B, Prasad S N, Parlange J Y, et al. Extension of the Heaslet-Alksne Technique to arbitrary soil water diffusivities[J]. Water Resources Research, 1992, 28 (10): 2793-2797.

[44] Campbell G S. A simple method for determining unsaturated conductivity from moisture retention data[J]. Soil Science, 1974, 117 (6): 311-314.

[45] 蔡建超, 胡祥云. 多孔介质分形理论与应用[M]. 北京: 科学出版社, 2015.

[46] Tyler S W, Wheatcraft S W. Fractal processes in soil water retention[J]. Water Resources Research, 1990, 26 (5): 1047-1054.

[47] Perfect E. Modeling the primary drainage curve of prefractal porous media[J]. Vadose Zone Journal, 2005, 4 (4): 959-966.

[48] Li K W, Horne R N. Fractal modeling of capillary pressure curves for The Geysers rocks[J]. Geothermics, 2006, 35 (2): 198-207.

[49] Li K W. Generalized capillary pressure and relative permeability model inferred from fractal characterization of porous media[C]. Texas: The SPE Annual Technical Conference and Exhibition, 2004.

[50] 覃生高. 储层孔隙分布及流体渗流特征的分形描述与应用[D]. 大庆: 大庆石油学院, 2010.

[51] Xu P, Qiu S X, Yu B M, et al. Prediction of relative permeability in unsaturated porous media with a fractal approach[J]. International Journal of Heat and Mass Transfer, 2013, 64 (3): 829-837.

[52] 王立成. 建筑材料吸水过程中毛细管系数与吸水率关系的理论分析[J]. 水利学报, 2009, 40 (9): 1085-1090.

[53] Leech C A. Water movement in unsaturated concrete: Theory, experiments, models[D]. Queensland: The University of Queensland Department of Civil Engineering, 2003.

[54] Cai J C, Yu B M. A discussion of the effect of tortuosity on the capillary imbibition in porous media[J]. Transport in Porous Media, 2011, 89 (2): 251-263.

第 4 章 基于中子成像的砂岩基质吸水性系数研究

4.1 基于润湿锋位置演化特征的低渗砂岩吸水性系数研究

低渗砂岩中的非饱和渗流问题与采矿工程中矿井地下水库安全与维护、非常规能源开发等诸多能源与环境问题密切相关。由于低渗砂岩微观结构复杂且流体输运特性对含水饱和度的变化敏感，因此对于该问题的研究仍然充满挑战。近年来以 X 射线成像为代表的无损检测技术在时间和空间分辨率方面得到了较大的改善，为量化研究砂岩孔隙结构特征及其对水分输运规律的影响创造了良好的实验条件。中子对水的衰减程度要远大于岩土基质矿物成分，使得中子成像技术在实时量化研究岩土介质内含水分布，特别是在研究低孔隙度、低渗透率砂岩中水分的缓慢渗流现象方面有着其他实验手段不可比拟的优势。本节分析了砂岩中水分的自发渗吸现象，结合第 3 章中介绍的理论模型将低渗砂岩自发渗吸过程中润湿锋扩散速度与其孔隙结构特征联系起来。其中，通过高分辨 X 射线 CT 成像技术以及压汞法对所研究的两类低渗砂岩样品的孔隙结构进行精确表征。本节还将介绍一种基于中子图像识别润湿锋位置的方法，通过研究不同渗吸时刻润湿锋位置来测定毛细管系数。基于上述实验结果，本节利用第 3 章介绍的吸水性系数毛细管束模型和分形模型量化分析了砂岩孔隙度、迂曲度等孔隙结构特征参数对其吸水性系数的影响。此外，基于吸水性系数分形模型，本节计算了所研究的两类低渗砂岩的最大毛细管直径，并将该值与基于 X 射线 CT 成像技术测定的最大孔隙直径进行了比较，明确了该模型的适用岩性。

4.1.1 低渗砂岩样品描述

为了对比分析不同孔隙结构砂岩的渗吸特性，本章选取了均质的细砂岩和非均质的粗砂岩为研究对象。其中，细砂岩是一种陆源碎屑岩，取自云南省武定县，而粗砂岩取自山西省新绛县。所研究的砂岩样品实物如图 4.1 所示，其中圆柱形细砂岩样品记为 X1，圆柱形粗砂岩样品记为 C1。相比表面平滑致密的细砂岩样品，粗砂岩样品的表面比较粗糙，有肉眼可见的孔隙。为了确保砂岩自发渗吸中子成像实验的精度，所用砂岩样品经过精细加工，样品表面起伏不超过 0.5mm。渗吸实验中圆柱形砂岩样品的侧面用锡纸胶带进行包裹以尽量减轻样品表面渗流以及实验过程中的水分蒸发对实验结果的影响。在自发渗吸实验前，将砂岩样品置于烘干箱中在 105℃下进行持续烘干 24h 至样品恒重。依据 Hall 和 Hoff[1]的研究，该干燥过程可能对样品内的黏土结构造成影响，但不会影响最终测定的吸水性系数。

图 4.1 自发渗吸实验中所研究的两类砂岩样品实物图

C1 为粗砂岩样品，X1 为细砂岩样品

由于砂岩中的黏土矿物会对其中水的渗流造成影响，本书利用 X 射线衍射（XRD）技术测定了所研究的两类低渗砂岩的矿物组分。表 4.1 给出了砂岩样品 X1 和 C1 的几何尺寸以及 X 射线衍射技术测定的矿物组分。其中粗砂岩黏土矿物的含量为 5.5%，细砂岩黏土矿物的含量为 9.5%。根据上述实验结果：所研究砂岩中没有富含氢元素的有机质矿物，在自发渗吸过程中中子图像透射率的改变可完全归因于样品内含水量的变化，因此中子成像技术适用于研究这两类低渗砂岩的自发渗吸过程。

表 4.1 细砂岩样品 X1、粗砂岩样品 C1 样品尺寸及矿物组成

样品	直径/mm	长度/mm	矿物成分/%		黏土矿物含量/%	黏土矿物成分/%			
			石英	钾长石		蛭石	伊利石	高岭石	绿泥石
X1	25.12	50.03	60.3	30.2	9.5	—	100	—	—
C1	25.02	50.14	94.5	—	5.5	55	5	35	5

利用高压压汞法测定的细砂岩和粗砂岩的孔径分布如图 4.2 所示，其中 $dV_m/dlgd$ 为累计进汞量与孔隙直径对数之间的微分。压汞实验是在清华大学能源与动力工程系实验室完成的，所用的设备型号为 AutoPore IV 9500。根据压汞实验结果：细砂岩的孔隙度为 15.2%，且大部分孔径集中在 1～5μm 的范围；粗砂岩的孔隙度为 7.9%，约为细砂岩的一半，而粗砂岩的孔径分布为双峰型。

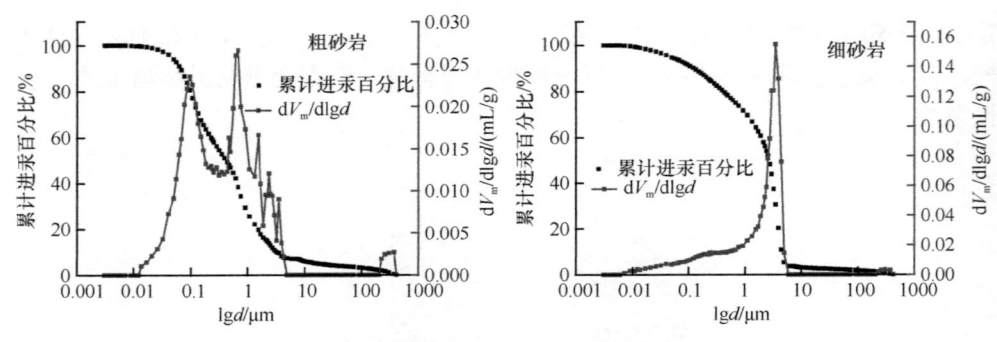

图 4.2　压汞实验中测定的累计进汞曲线及孔径分布曲线

在自发渗吸实验后，对细砂岩样品 X1 和粗砂岩样品 C1 进行液相渗透率测试。表 4.2 列出了两种砂岩样品渗透率测试实验中的实验条件和测试结果，实验结果表明粗砂岩样品 C1 的渗透率约为细砂岩样品 X1 的 5.5 倍。为了进一步精细表征所研究的细砂岩和粗砂岩的孔隙结构特征，接下来利用高分辨 X 射线 CT 成像技术对这两类砂岩样品进行扫描并重构其三维孔隙结构。

表 4.2　细砂岩样品 X1 及粗砂岩样品 C1 渗透率测试数据

样品	围压/MPa	测定面积/cm²	动力黏度/cP	流量/(mL/min)	渗透压/MPa	渗透率/mD	温度/℃	雷诺数
X1	3	4.727	0.859	0.50	1.906	0.401	28.2	1.026
C1	3	4.906	0.864	0.50	0.339	2.21	27.9	0.983

注：1cP=10^{-3}Pa·s。

4.1.2　低渗砂岩孔隙结构的 X 射线 CT 成像研究

岩石孔隙的大小、分布、连通性与几何形状等孔隙结构特征对其中的水的渗流有着决定性影响。高分辨 X 射线 CT 成像技术有助于更准确地表征低渗砂岩的微观孔隙结构。本书利用天津三英精密仪器公司生产的 X 射线三维显微镜 nanoVoxel-3502E（图 4.3）对所研究砂岩样品进行三维成像，该设备的最高空间分辨率为 0.5μm³/voxel。

细砂岩和粗砂岩样品 X 射线 CT 成像实验如图 4.4（a）和（c）所示。利用 X 射线对砂岩样品进行 CT 成像时，要根据所要求的空间分辨率来设计样品的大小。考虑到细砂岩和粗砂岩不同的孔隙结构特点，结合压汞法得到的样品孔径大小分布情况，分别钻取直径为 1.5mm 细砂岩样品以及直径为 4.6mm 粗砂岩样品用于 X 射线 CT 成像。细砂岩样品 X 射线 CT 成像实验中采用的探测器为 4 倍镜头的 16 位 CCD 探测器，像素矩阵为 2048×2048，扫描电压为 90kV，电流为~20μA。粗砂岩样品 CT 成像实验中采用的则是平板探测器，像素矩阵为 1152×1152，扫描电压为 110kV，电流为 22μA。

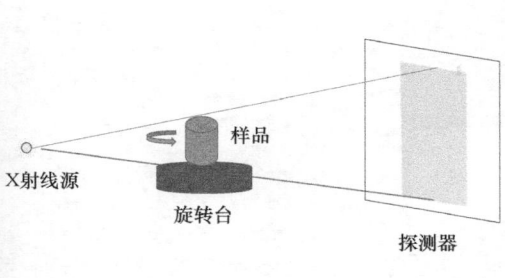

第 4 章 基于中子成像的砂岩基质吸水性系数研究

（a）X 射线三维显微镜 nanoVoxel-3502E 实物图　　（b）X 射线 CT 成像示意图

图 4.3　砂岩样品 X 射线 CT 成像实验

本书利用三维图像分析和处理软件 Avizo（Thermo Fisher Scientific & FEI Co., USA）来重建和分析所研究砂岩样品的三维微观结构。图 4.4（b）和（d）分别展示了三维重建后的细砂岩和粗砂岩样品微观结构的二维切片图，其中细砂岩的体素大小（voxel size）为 1μm^3/voxel，粗砂岩的体素大小为 3.92μm^3/voxel。如图 4.5，为了便于分割砂岩孔隙体积，从重建的粗砂岩和细砂岩数据体中分别截取大小为 630×630×630 体素和 700×700×700 体素的兴趣体（volume of interest）做进一步孔隙体积分割以及其他数据的计算。

在利用 X 射线 CT 图像对砂岩孔隙结构进行提取的过程中，一般通过二值化的方法对其孔隙和基质进行分割，而适当阈值的选取无疑是准确分割孔隙结构的关键。为了确定所研究的两类砂岩的最佳分割阈值，本书分析了不同阈值情况下砂岩样品孔隙体积分数和迂曲度的变化，见表 4.3。同时，利用 Avizo Auto Thresholding 模块（Thermo Fisher Scientific & FEI, Avizo User's Guide, 2013, https://www.fei.com/software/avizo-3d-user-guide.pdf）对所研究的数据体的建议阈

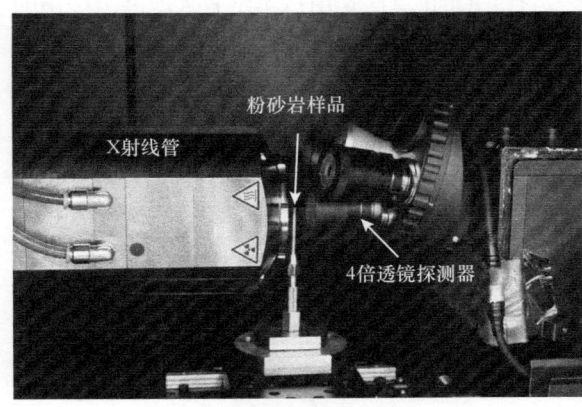

（a）细砂岩X射线CT成像　　　　　　（b）细砂岩CT切片

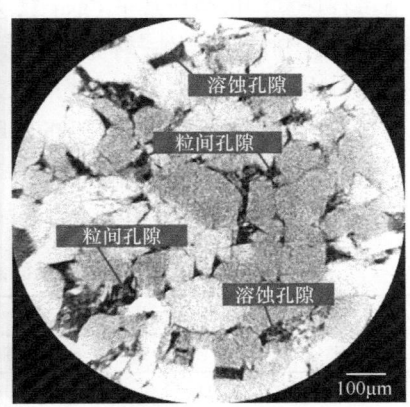

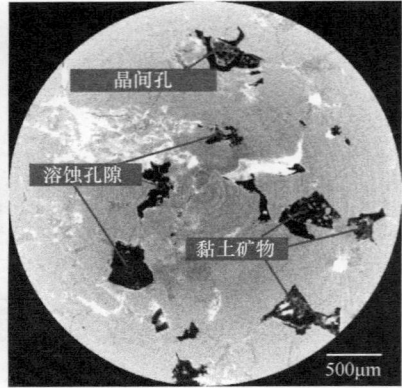

（c）粗砂岩X射线CT成像　　　　　（d）粗砂岩CT切片

图 4.4　X 射线 CT 成像系统以及砂岩样品典型二维切片图像

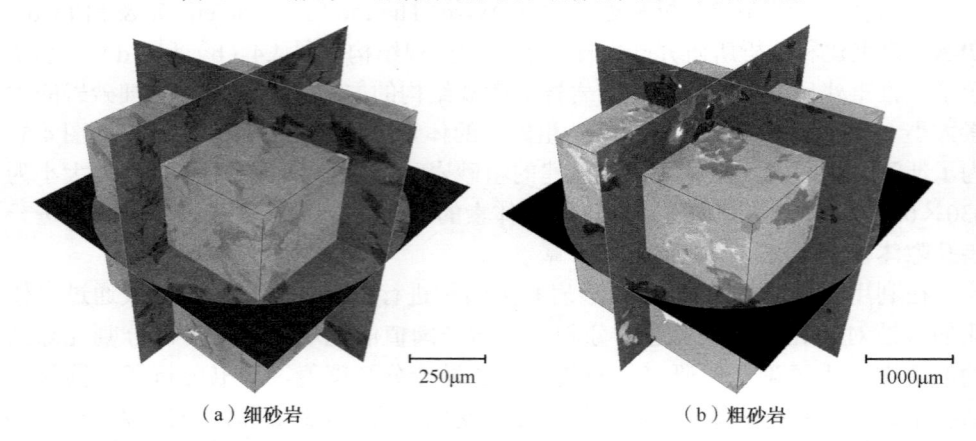

（a）细砂岩　　　　　　　　　（b）粗砂岩

图 4.5　基于 X 射线 CT 图像重建的砂岩样品微观结构数据及截取的兴趣体

值进行计算，该模块基于 Otsu 算法[2]运行。Otsu 算法是由日本学者大津展之提出的计算最佳分割阈值的一种方法，该算法根据图像的灰度分布将图像分成目标和背景两部分来计算类间方差，当类间方差最大时即意味着错分概率最小[2]，该方法在分析岩石 CT 图像方面得到了广泛的应用[3-6]。最终，通过对比利用 Avizo Auto Thresholding 模块给出的建议阈值计算的孔隙体积分数和基于压汞法测定的孔隙度，分别选定 54 和 27 作为分割细砂岩和粗砂岩样品孔隙结构的最佳阈值，如图 4.6 所示。

表 4.3　基于 CT 图像不同阈值计算的两种砂岩孔隙体积分数和迂曲度

细砂岩			粗砂岩		
阈值	孔隙体积分数	迂曲度	阈值	孔隙体积分数	迂曲度
21	0.0052	10.0817	13	0.0127	10.2677
22	0.00678	8.85729	14	0.01944	7.21301

续表

\multicolumn{3}{c	}{细砂岩}	\multicolumn{3}{c}{粗砂岩}
阈值	孔隙体积分数	迂曲度	阈值	孔隙体积分数	迂曲度
23	0.00873	7.80619	15	0.02609	5.53862
24	0.01111	7.10245	16	0.03178	4.60887
25	0.01394	6.32792	17	0.0366	4.25879
26	0.01722	6.05599	18	0.04087	4.02893
27	0.02094	5.6314	19	0.04478	3.84584
28	0.02506	5.22295	20	0.04838	3.69279
29	0.02954	4.89063	21	0.05174	3.58723
30	0.0343	4.64157	22	0.05489	3.49301
31	0.03927	4.42031	23	0.05785	3.42438
32	0.04434	4.16155	24	0.06067	3.36552
33	0.04948	3.9376	25	0.06348	3.31258
34	0.05463	3.81615	26	0.06666	3.2578
35	0.05971	3.65618	27	0.07164	3.18666
36	0.06472	3.4965	28	0.08502	2.89456
37	0.06963	3.38214	29	0.10774	2.60778
38	0.07444	3.27206	30	0.15628	2.15749
39	0.07912	3.18799			
40	0.0837	3.09265			
41	0.08819	3.00924			
42	0.09262	2.93601			
43	0.09699	2.89139			
44	0.101338	2.85097			
45	0.105677	2.79409			
46	0.110034	2.7328			
47	0.114434	2.69331			
48	0.118942	2.65682			
49	0.12353	2.61235			
50	0.128289	2.56785			
51	0.133277	2.52465			
52	0.138585	2.47642			
53	0.144339	2.43594			
54	0.150738	2.37442			

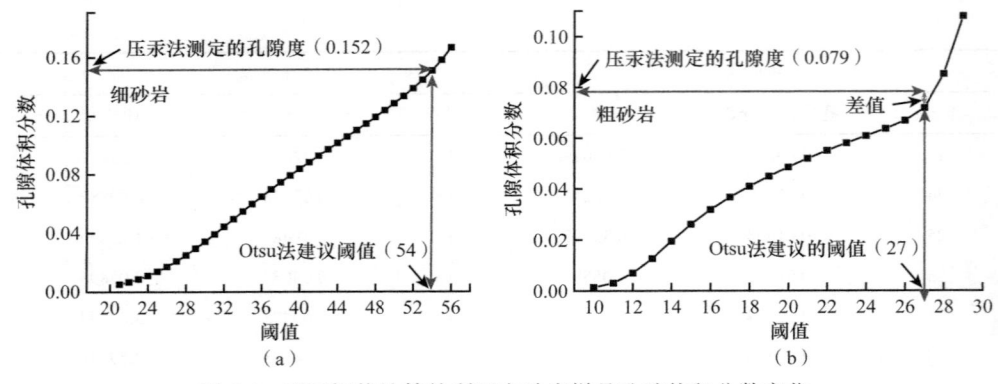

图 4.6　不同阈值计算的所研究砂岩样品孔隙体积分数变化

　　在所选定的最佳阈值下进行图像分割后得到的细砂岩和粗砂岩孔隙结构的二维和三维图像如图 4.7（b）、(e) 和图 4.8（b）、(e) 所示。接下来，基于分割出的砂岩样品孔隙结构数据，计算所研究砂岩样品的孔隙体积分数、三维孔隙体积分形维数和迂曲度。其中，砂岩样品的三维孔隙体积分数在 Avizo Quantification 模块中进行计算；孔隙迂曲度在 Avizo Centroid Path Tortuosity 模块中进行计算。最后基于分割出孔隙结构数据，利用基于分水岭算法的 Avizo Separate Objects 模块生成 Label Field，如图 4.7（c）、(f) 和图 4.8（c）、(f) 所示。通过对代表不

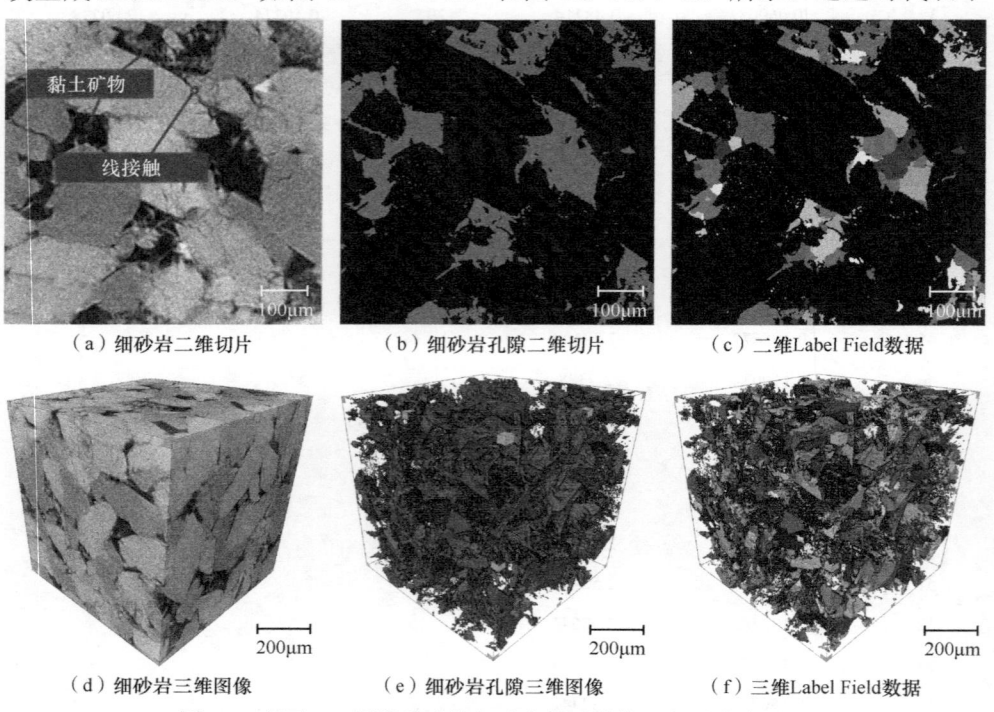

（a）细砂岩二维切片　　（b）细砂岩孔隙二维切片　　（c）二维Label Field数据

（d）细砂岩三维图像　　（e）细砂岩孔隙三维图像　　（f）三维Label Field数据

图 4.7　基于 CT 图像重建的细砂岩微观结构（文后附彩图）

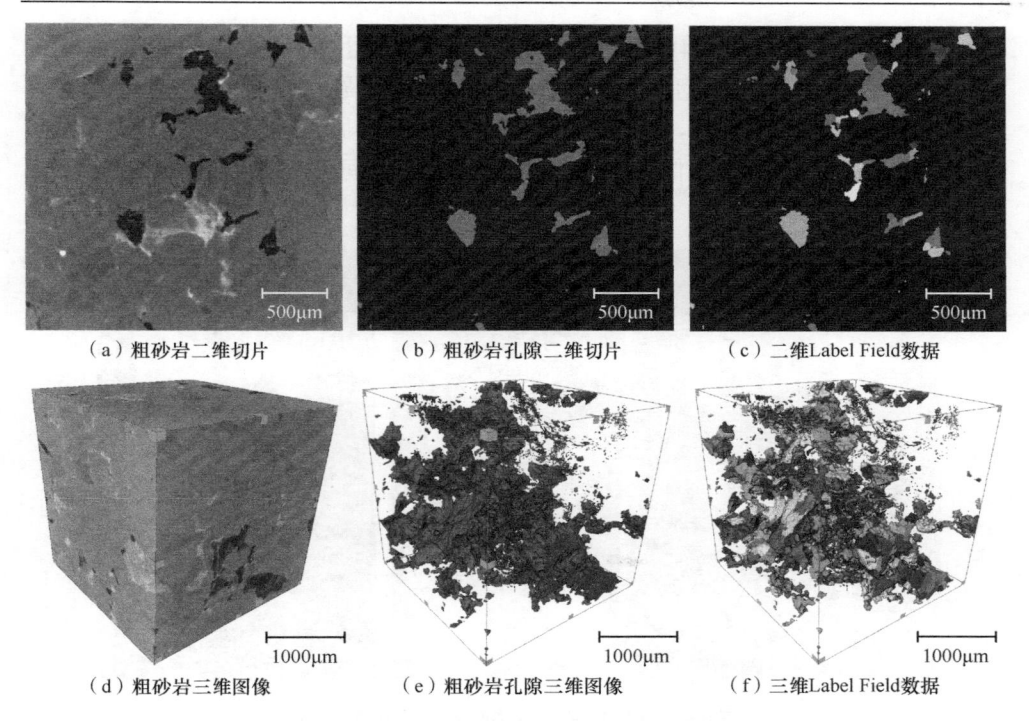

(a) 粗砂岩二维切片　　(b) 粗砂岩孔隙二维切片　　(c) 二维 Label Field 数据

(d) 粗砂岩三维图像　　(e) 粗砂岩孔隙三维图像　　(f) 三维 Label Field 数据

图 4.8　基于 CT 图像重建的粗砂岩微观结构（文后附彩图）

同孔隙的体素进行标记进而计算不同孔隙的体积、等效孔径、孔隙形状修正因子等信息。基于 Label Field 数据，利用 Avizo Label Analysis 模块得到了细砂岩和粗砂岩样品的最大等效孔隙直径。

4.1.3　低渗砂岩渗吸中子成像实验及图像分析

本节介绍了利用中国先进研究堆冷中子成像设施开展的低渗砂岩渗吸实验情况，以及相关的中子图像处理方法。其中低渗砂岩渗吸中子成像实验步骤包括：①分别获取 10 张明场图像、10 张暗场图像；②将样品固定在闪烁屏（scintillator）前方，如图 4.9 所示，获取 10 张干燥砂岩样品中子图像；③开启射线并保持图像获取模式，将样品下方固定于升降台上的铝制供水槽缓缓升起，使样品下方约 5mm 浸润在深度约为 1cm 的水中，将该时刻记作吸水的初始时刻，并连续获取砂岩渗吸过程的中子图像。

细砂岩样品 X1 在渗吸过程中获取的中子原始图像的时间间隔为 13.7s，其中曝光时间为 12s，其余 1.7s 用于图像的读出和存储，而粗砂岩样品每张图像的曝光时间为 2s。对于细砂岩样品，共获取了 161 张吸水过程中的中子图像，最终润湿锋的高度约 25mm。考虑到细砂岩吸水较慢，最终从 161 张图像中选取了 54 张图像做进一步处理，以便监测不同吸水时刻润湿锋的位置；对于选取的 54 张图像，相邻图像的时间间隔约为 41s。对于粗砂岩样品 C1，由于获取的粗砂岩吸水过程中的原始中子图像的时间间隔较短，仅为 2s，因此，最终从 4545 张原始图像中选取了 55 张做进一步处理，用于追踪润湿锋的位置，并进一步计算吸水性系数。选取的粗砂岩样品 55 张图像中的前 20 张图像的时间间隔为 40s，后 35 张图像的时间间隔为 200s。

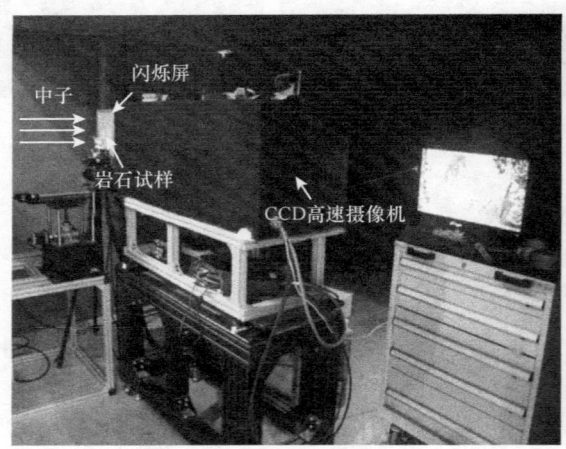

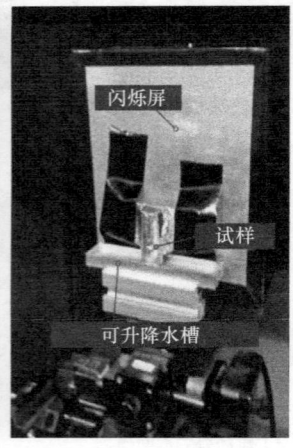

图 4.9　砂岩样品自发渗吸中子成像实验图

将选定的图像导入 ImageJ 软件中进行处理和分析，ImageJ 软件为美国国家卫生研究院开发的功能丰富的开源图像处理和分析软件，该软件内包含了全球用户开发的功能丰富的插件。按照在第 2 章第 2.1 节中介绍的中子图像处理原理和流程，首先利用明场和暗场图像对干燥样品和吸水样品中子图像分别进行归一化处理；接下来，用归一化后的吸水样品中子图像除以归一化后的干燥样品中子图像以获取净水透射图像（net water transmission images），如图 4.10 所示，其中（a）～（e）为细砂岩样品，（f）～（j）为粗砂岩样品，相应的吸水时刻见图像下方标注。在净水透射图像中，干燥砂岩样品和铝箔胶带对中子射线衰减的贡献被排除掉，图像上每个像素点上对应的灰度值即为净水透射率 T_w。

下面将介绍通过净水透射图像识别润湿锋位置的方法。根据式（2.2），净水透射图像上的透射率 T_w 的值越小意味着该处的含水量越大。如图 4.11 所示，在细砂岩样品 X1 的净水透射图像上选取面积为 25mm×48.36mm 的感兴趣区域，并利用面积为 $4mm^2$ 单元格子组成的网络标记 12 根等间距垂直测线，用于测定不同吸水时刻沿着各垂直测线的净水透射率剖面（net water transmission profiles）。图 4.11（a）展示了测定的细砂岩样品 X1 吸水过程中 18min 27s 时沿着#7 测线的润湿锋位置；在该时刻，沿着#7 测线的净水透射率剖面如图 4.11（b）所示，不难发现，净水透射率沿着水的自发渗吸方向增加，当透射率的值一旦超过设定的干湿交界面（润湿锋位置）净水透射率阈值，该处对应的纵坐标即被识别为润湿锋的位置。其中样品干湿区域出现不同的透射率是因为渗吸过程中样品内水分的动态分布变化引起的。理论上来讲，对于理想的净水透射图像而言，样品干燥区域的透射率应该为 1，而样品被水润湿区域的透射率则小于 1，因此在理想的状态下 1 是确定干湿交界面的最佳阈值；然而，环境噪声对获取的中子图像质量的影响不可完全避免。为了尽量减轻这类噪声对识别干湿交界面的干扰，本章节通过选取 1 附近的不同值作为阈值，对比分析不同阈值对测定的润湿锋位置的影响，最终确定 0.95 作为识别细砂岩样品 X1 中润湿锋位置的阈值，1.00 作为识别粗砂岩样品 C1 渗吸过程中润湿锋位置的阈值。在砂岩渗吸过程中，一旦测线上沿水

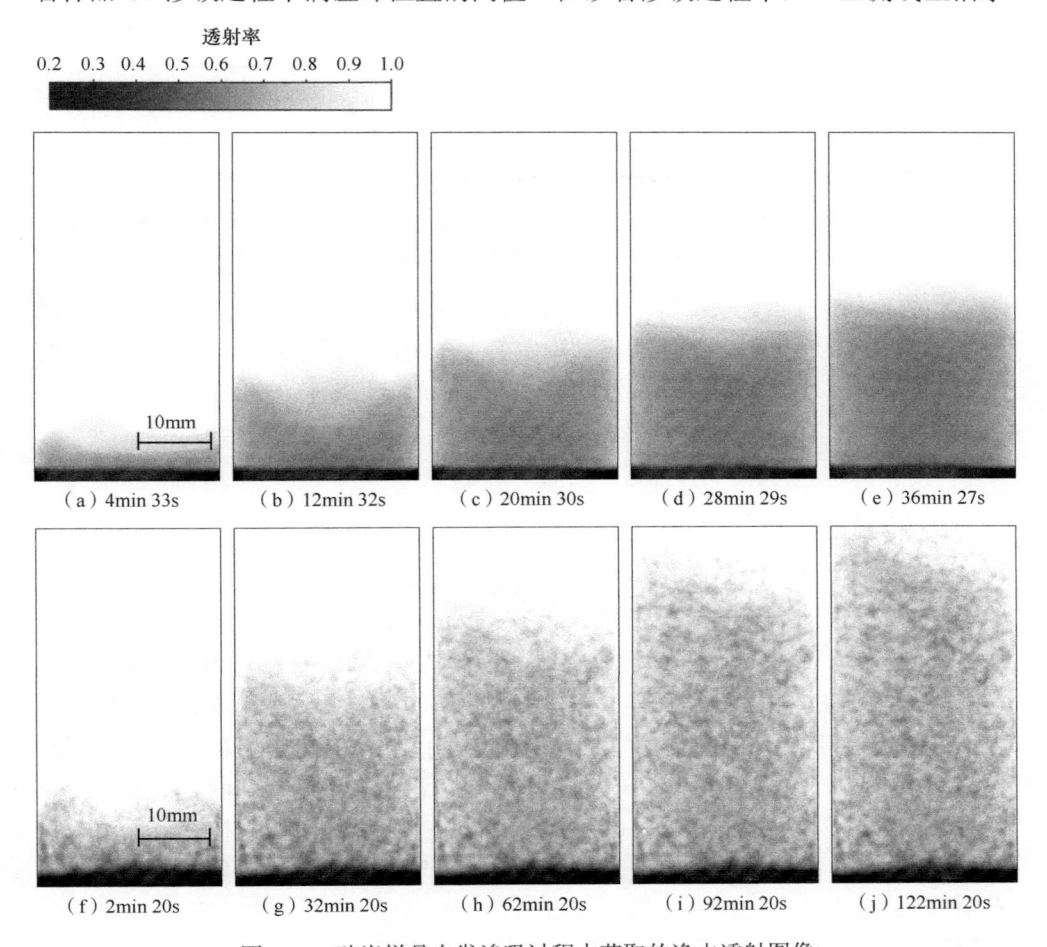

图 4.10 砂岩样品自发渗吸过程中获取的净水透射图像

（a）～（e）不同吸水时刻获取的细砂岩样品 X1 中子图像；（f）～（j）不同吸水时刻获取的粗砂岩样品 C1 中子图像

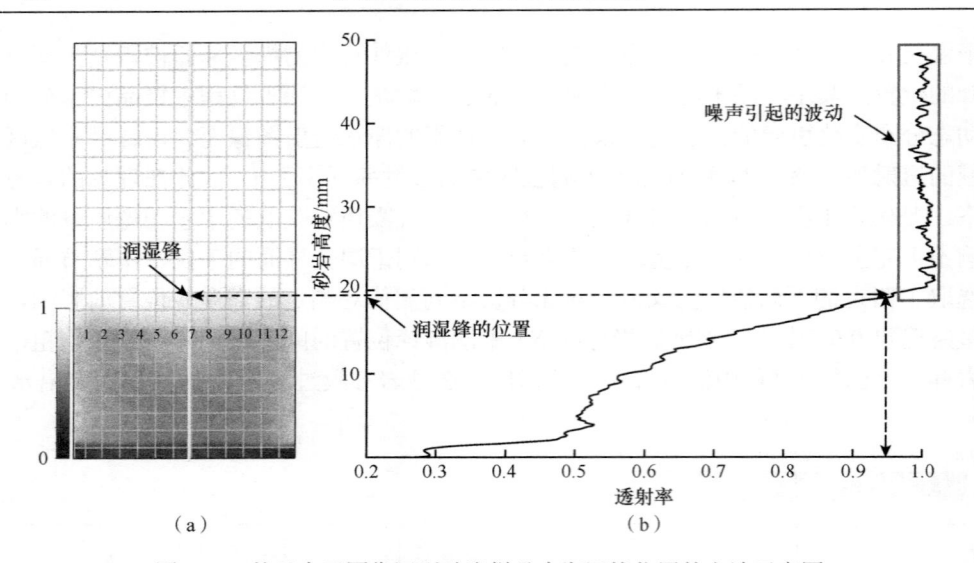

图 4.11 基于中子图像识别砂岩样品内润湿锋位置的方法示意图
（a）吸水时刻为 18min 27s 时获取的细砂岩样品 X1 的净水透射图像以及用于监测动态透射率的 12 条垂直测线；
（b）沿着 Line7 测线[（a）图中的亮度较高的垂直线]测定的透射率分布

的扩散方向的透射率大于或等于设定阈值，说明该处恰好未被水分润湿，从而将该处确定为润湿锋位置。上述阈值的确定参考了对应样品干燥区域透射率的平均值，并且通过手动测定润湿锋位置的方式验证了所选取阈值的准确性。

4.1.4 结果与讨论

1. 润湿锋位置测定及演化

作为一个无量纲的参量，邦德数（Bond number，Bo）可被用来评估重力对砂岩自发渗吸过程的影响[7]，邦德数的表达式为 $Bo = \rho \cdot g \cdot k_w / \sigma$。其中，水的密度 ρ 为 1000kg/m³；20℃时，空气和水的界面张力 σ 为 0.0728N/m；重力加速度 g=9.8m/s²；k_w 表示岩石的水相绝对渗透率，所研究砂岩样品水相绝对渗透率值见表 4.2。通过计算可得，细砂岩样品邦德数的值为 5.33×10^{-11}，而粗砂岩样品邦德数的值为 2.94×10^{-10}。上述两个值都远小于 1，说明在所研究的两类低渗砂岩样品自发渗吸过程中重力的影响可以被忽略。在宏观上，均质砂岩自发吸水过程中水分呈活塞式扩散，从中子图像上也未发现任何明显的优先流现象，因此本章研究的低渗砂岩中的自发渗吸行为可被简化为一维水分扩散问题进行研究。但考虑到所研究的砂岩样品可能存在的非均质结构，如前所述，仍在每个样品图像上设置 12 条不同的垂直测线测定不同吸水时刻的润湿锋位置。对于所研究低渗砂岩样品 X1 和 C1，6 组典型的润湿锋位置和渗吸时间平方根数据绘制于图 4.12 中。

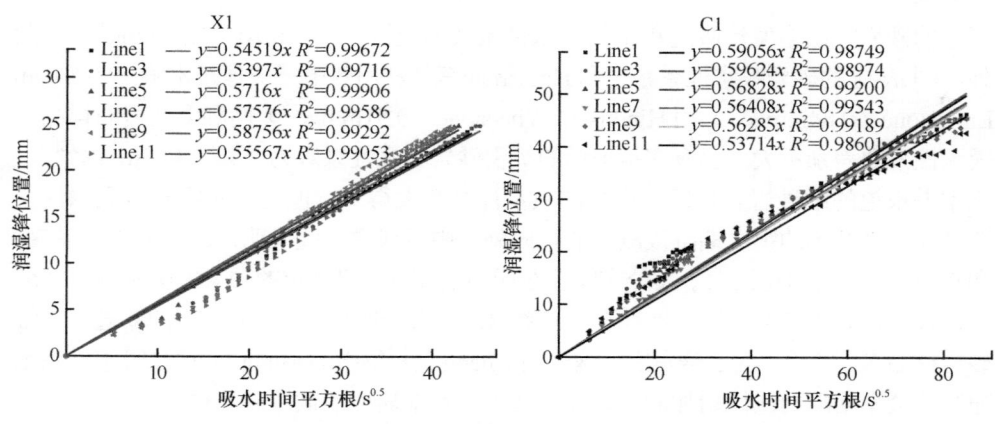

第 4 章 基于中子成像的砂岩基质吸水性系数研究

图 4.12 砂岩样品中 6 条测线测定的润湿锋位置与吸水时间平方根间的关系

直观上，两种砂岩样品渗吸过程中润湿锋位置和渗吸时间平方根间存在着明显的线性关系；于是利用线性函数对图 4.12 中的数据进行拟合，分别得到两个样品 12 个不同的吸水性系数，如表 4.4 所示。对于两个砂岩样品，线性拟合函数的相关性系数的均值均大于 0.99，说明润湿锋位置和自发渗吸时间平方根之间存在较强的线性关系。

表 4.4 细砂岩样品 X1 和粗砂岩样品 C1 的吸水性系数（S）和相关性系数（R^2）

测线	S(X1)/(mm/s$^{0.5}$)	R^2	S(C1)/(mm/s$^{0.5}$)	R^2
Line1	0.54519	0.99672	0.59056	0.98749
Line2	0.54924	0.99784	0.60493	0.98599
Line3	0.53970	0.99716	0.59624	0.98974
Line4	0.55256	0.99923	0.58112	0.98809
Line5	0.57160	0.99906	0.56828	0.99200
Line6	0.57749	0.99787	0.57130	0.99238
Line7	0.57576	0.99586	0.56408	0.99543
Line8	0.58079	0.99449	0.57127	0.99335
Line9	0.58756	0.99292	0.56285	0.99189
Line10	0.57309	0.99224	0.53056	0.99044
Line11	0.55567	0.99053	0.53714	0.98601
Line12	0.56516	0.99602	0.52205	0.98455
均值	0.56430	0.99596	0.56730	0.99068

此外，将不同吸水时刻，不同测线上监测的润湿锋位置绘制在图 4.13 中。在忽略了测定的每个样品的 12 个吸水性系数中的最大值和最小值后，计算得到细砂岩样品 X1 吸水性系数的平均值为 0.5643mm/s$^{0.5}$，粗砂岩样品 C1 吸水性系数的平均值为 0.5673mm/s$^{0.5}$。所测得的两类低渗砂岩样品的吸水性系数与 Hammecker 和 Jeannette[8]

测定的砂岩样品自发渗吸过程中的吸水性系数的范围一致（0.10~1.72mm/s$^{0.5}$）。此外，本书测定的砂岩吸水性系数也和 Hassanein 等[9]利用热中子成像技术测定的 Salem Limestone（0.84mm/s$^{0.5}$）和 Hindustan Whetstone（0.51mm/s$^{0.5}$）两种多孔岩石样品的吸水性系数差别不大。已有文献报道的贝雷砂岩吸水性系数为 2.90~4.55mm/s$^{0.5}$[7]，比本书报道的细砂岩和粗砂岩样品的吸水性系数大得多，但上述贝雷砂岩吸水性系数是在渗吸开始的很早期阶段测定的。此外，中子成像实验表明：尽管砂岩样品 X1 和 C1 的孔隙度和孔径大小及分布间存在明显的差异，但测定的二者的吸水性系数值非常接近，如表4.4所示。此前的渗透率测试结果表明粗砂岩样品 C1 的渗透率是细砂岩样品 X1 渗透率的 5 倍左右，这表明 Cheng 等[7]得出的不同砂岩样品吸水性系数随着渗透率增加而线性增加的结论并不适用于本章研究的低渗砂岩样品。

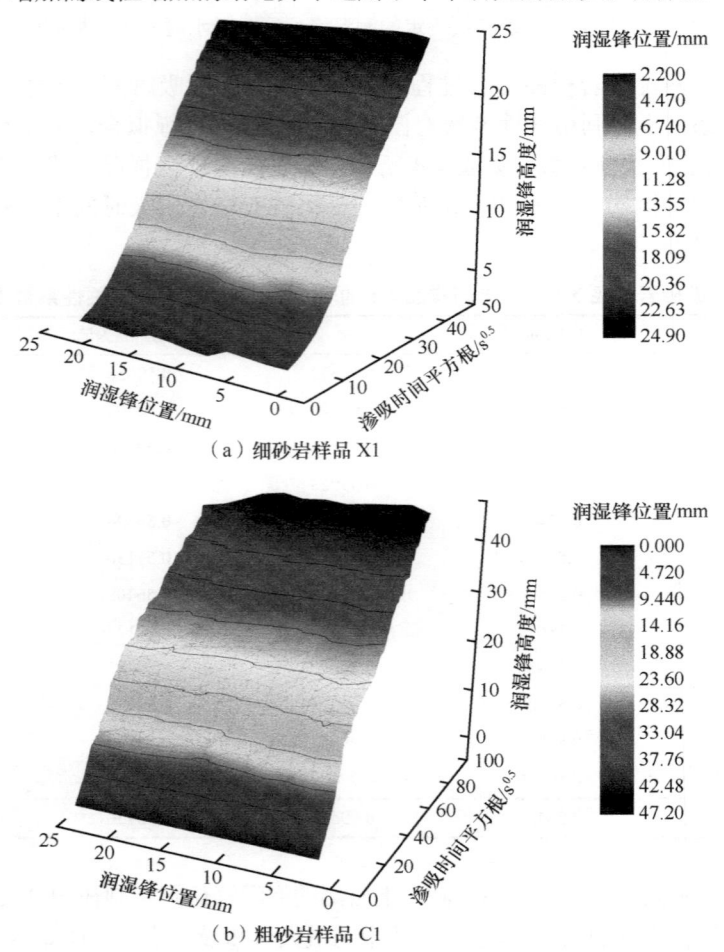

(a) 细砂岩样品 X1

(b) 粗砂岩样品 C1

图4.13 所研究低渗砂岩样品中沿着横向不同位置的测线监测的润湿锋位置与渗吸时间平方根数据
时间的单位为 s，色彩条用于表示润湿锋位置

2. 低渗砂岩孔隙结构对吸水性系数的影响

水在多孔岩石中的输运特性很大程度上受到孔隙度、孔径大小及分布等岩石孔隙结构的影响[1]。本节将探讨砂岩孔隙结构对其吸水性系数的影响。基于式（2.7），从岩石的孔隙结构表征出发可以预测细砂岩样品 X1 和粗砂岩样品 C1 的理论吸水性系数 S_p。表 4.5 列出了依据上述模型计算的细砂岩样品 X1 和粗砂岩样品 C1 最小理论吸水性系数及采用的各参数值。其中，代表性孔径 λ_e 的值根据压汞法测定的平均孔隙直径估计，迂曲度 τ 的值基于图 4.7（e）和图 4.8（e）所示的孔隙结构数据测定。下面针对所研究的两类低渗砂岩样品结果进行讨论。

表 4.5 用于计算吸水性系数的参数值及相关计算结果

样品	$\mu/[(N \cdot s)/m^2]$	τ	$\sigma/(N/m)$	θ	$\lambda_e/\mu m$	$S/(mm/s^{0.5})$	$S_{p,min}/(mm/s^{0.5})$
X1	0.001	2.3744	0.0728	0	0.2458	0.5643	0.89078
C1	0.001	3.1867	0.0728	0	0.1589	0.5673	0.53365

1）细砂岩样品 X1

基于式（3.6），细砂岩样品 X1 的理论吸水性系数可表达为 $S_p = 0.89078\sqrt{\omega^3}$。因为岩石孔隙形状修正因子 $\omega \geq 1$，则细砂岩样品理论吸水性系数 $S_p \geq 0.89078$。因此，根据式（3.6）计算的细砂岩样品 X1 的最小理论吸水性系数是根据细砂岩样品 X1 自发渗吸中子成像实验中测定的吸水性系数的 1.5 倍。这说明利用式（3.6）计算理论细砂岩样品吸水性系数时采用的基于压汞法测定的平均孔隙直径比模型中代表性毛细管直径偏大或者计算中采用的迂曲度的值偏小。如图 4.4 所示，细砂岩孔隙内有明显的填充物（黏土矿物和石英颗粒），这些填充物的存在不仅减小了有效渗流孔径的大小，而且增加了渗流路径的迂曲度。此外，伊利石是细砂岩黏土矿物的主要成分，而伊利石有遇水膨胀的特性，这将造成渗流通道的堵塞。细砂岩的上述微观结构特点可能造成实际测定的吸水性系数比基于式（3.6）计算的理论吸水性系数值偏低。自发渗吸过程中，砂岩的含水饱和度一般只有压汞法或 X 射线 CT 图像测定的干样品孔隙度的 50%～60%，因此利用本节基于 CT 数据测定的迂曲度可能比实际渗流路径的迂曲度偏小。总之，细砂岩复杂的孔隙结构导致了对模型中毛细管直径的低估或者迂曲度的高估，从而导致计算的吸水性系数偏低。

2）粗砂岩样品 C1

同样，基于式（3.6），粗砂岩样品 C1 的理论吸水性系数可表达为 $S_p = 0.53365\sqrt{\omega^3}$，从而粗砂岩样品的理论吸水性系数 $S_p \geq 0.53365$。因此，前述中子成像实验中测定的吸水性系数是预测的最小理论吸水性系数的 1.06 倍。相较于细砂岩样品而言，当代表性毛细管直径用压汞法测定的平均孔隙直径代替且孔隙形状修正因子取作 1 时，式（3.6）可以给出更接近于实测吸水性系数值的理论吸水性系数。如表 4.5 所示，粗砂岩样品的理论最小吸水性系数 $S_{p,min}$、中子成像实验测定的吸水性系数分别是细砂岩样品相应值的约 40% 和约 0.53%。然而，粗砂岩的孔隙度仅为 7.16%，接近细砂岩样品孔隙度的一半。已有的研究表明：在沉积岩的孔隙度低于 10% 的情况下，岩石中孔喉的收缩、闭合会大大降低岩石孔隙的连通性[10-12]。图 4.8（e）中展示的结果同样证实了粗砂岩的低连通性。而较低的连通性很可能造成较高的迂曲度，从而导致粗砂岩较低的吸水性系数。因此，孔隙大小、黏土矿物及孔隙连通性控制着低渗砂岩自发渗吸过程中的毛细管直径及渗流路径的迂曲度，从而进一步决定了吸水性系数的大小。

3. 低渗砂岩最大毛细管直径研究

砂岩的孔隙大小对其渗透率、吸水性系数等水力输运参数有着至关重要的影响，而以往的研究表明岩石的最大毛细管直径可以通过吸水性系数进行评估[13]。本节中基于前述第 3 章 3.1 节的式（3.12），以及表 4.5 和表 4.6 中列出的参数计算了所研究的细砂岩样品 X1 和粗砂岩样品 C1 的最大毛细管孔径。需要说明的是，本节计算的最大毛细管孔径可以分为两类：一类是基于中子成像实验测定的吸水性系数 S 计算的最大毛细管直径 λ_{max1}；另一类是基于最小理论吸水性系数 $S_{p,min}$ 计算的最大毛细管直径 λ_{max2}。

考虑到所研究的细砂岩和粗砂岩孔隙连通性均较差，且孔径大小分布范围较大，此处假定最大毛细管直径 λ_{max} 和最小毛细管直径 λ_{min} 之间的比值为 1000。则利用式（3.12）评估这两类低渗砂岩的最大毛细管直径时，参数 β 的值取 0.001。这一取值和 Feng 等[14]的研究中建议的 β 取值范围（$10^{-4} \sim 10^{-2}$）相一致。如表 4.6 所示，基于中子成像测定的吸水性系数 S 而计算的细砂岩样品 X1 和粗砂岩样品 C1 的最大毛细管直径 λ_{max1} 的值非常接近，分别约为 133μm 和 144μm。然而，对于细砂岩样品 X1 和粗砂岩样品 C1，基于最小理论吸水性系数 $S_{p,min}$ 计算的最大毛细管直径 λ_{max2} 分别约为 180μm 和 138μm，即细砂岩的最大毛细管直径 λ_{max2} 的值比粗砂岩的最大毛细管直径 λ_{max2} 的值约大 30%。此外，基于前述 X 射线 CT 图像得到的低渗样品的孔隙结构数据，本章利用 Avizo Label Analysis 模块中依据分水岭算法分割得到的 Label Field 数据体测定了这两类低渗砂岩样品的最大孔隙直径 λ_{max-ct}。该最大孔隙直径是所谓最大等效孔隙直径，即通过计算与单个孔隙体积相等的球形直径得到。通过分析 X 射线 CT 图像数据可知，细砂岩和粗砂岩样品最大的孔隙体积分别为 $8.82 \times 10^5 \mu m^3$ 和 $2.03 \times 10^7 \mu m^3$，由此得到细砂岩和粗砂岩样品最大等效孔隙直径 $\lambda_{max,ct}$ 的值分别约为 119μm 和 338μm。对于细砂岩样品，最

大等效孔隙直径 $\lambda_{max,ct}$ 的值和基于中子成像技术测定的吸水性系数 S 而计算得到的最大毛细管直径 λ_{max1} 的值非常接近。然而，对于粗砂岩样品，$\lambda_{max,ct}$ 的值却比 λ_{max1} 要大得多。这主要是粗砂岩样品中大孔隙的低连通性造成的[10]。

表 4.6 砂岩样品最大毛细管直径 λ_{max1}、λ_{max2} 计算和 $\lambda_{max,ct}$ 测定结果

样品	D_f	φ	β	$\lambda_{max1}/\mu m$	$\lambda_{max2}/\mu m$	$\lambda_{max,ct}/\mu m$
X1	2.4036	0.1507	10^{-3}	132.8250	180.0778	119.0045
C1	2.1903	0.0716	10^{-3}	143.9318	138.1823	338.446

由于自然状态下砂岩的孔隙形貌比较复杂，在利用 X 射线 CT 图像数据计算最大等效孔隙直径 λ_{max-ct} 的过程中，将所有孔隙直接简化为球形难免会引起误差。为了评估将所研究的低渗砂岩孔隙简化为球形带来的误差，本书利用基于分水岭算法分割得到的砂岩孔隙数据体，计算了所研究砂岩样品孔隙的球度分布。通常，对于一个完美的球形，其球度为 1，而其他形状的球度小于 1。比如，立方体的球度约为 0.806[15]。本章节利用 Avizo Label Analysis 模块，基于图 4.7（f）和图 4.8（f）中所示的数据体对所研究砂岩样品的孔隙球度进行评估，结果如图 4.14 所示。对于细砂岩样品，孔隙球度值的约 70%位于 0.8~1.0 区间，而粗砂岩样品只有约 58%的孔隙球度位于该区间。这表明，将所有孔隙简化为球形计算最大等效孔径 λ_{max-ct} 的方式将会对粗砂岩样品数据的评估带来较大的误差。因此，基于测定的吸水性系数 S 计算得到的最大毛细管直径 λ_{max1} 应当是连通孔隙中的最大值，因为吸水性系数 S 是在自发渗吸实验中测定的，而连通孔隙主导了这一过程中水分的渗流。

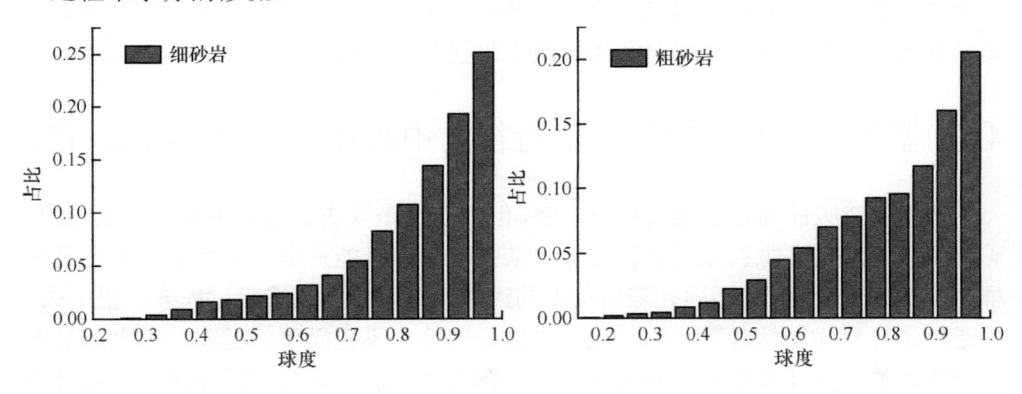

图 4.14 基于图 4.7（f）和图 4.8（f）提取的两种砂岩孔隙结构数据对其球度进行评估

4.1.5 结论

在本节，中子二维成像技术被成功用于两类不同渗透率和孔隙结构的低渗砂

岩样品自发渗吸现象的研究中。本节提出了一种基于中子图像识别润湿锋位置的方法，并研究了润湿锋位置与渗吸时间平方根的关系，据此测定了细砂岩样品和粗砂岩样品的吸水性系数。

实验结果表明：在一维自发渗吸过程中，细砂岩和粗砂岩样品中润湿锋位置和渗吸时间平方根间存在明显的线性关系，即吸水性系数是定值。这说明在低渗砂岩自发渗吸初期，毛细管力相对于重力而言占据了主导地位。此外，实验结果表明：细砂岩和粗砂岩样品的吸水性系数比此前文献中报道的贝雷砂岩基质吸水过程中测定的吸水性系数要小得多。尽管高分辨 X 射线 CT 图像、压汞实验和 X 射线衍射实验结果均表明细砂岩和粗砂岩样品在微观结构和矿物组分方面存在显著差异，但中子成像实验测定的这两类低渗砂岩的吸水性系数差别很小。本节利用多种实验手段对细砂岩和粗砂岩样品的孔隙结构进行充分精确表征，并结合第 3 章报道的理论模型实现了对低渗砂岩自发渗吸过程的量化分析，结果表明：低渗砂岩的迂曲度、孔径大小、孔隙形状、孔隙连通性等孔隙结构特征对其吸水性系数有着显著的影响。低渗砂岩中的黏土矿物也会对水在孔隙中的渗流造成重要影响，导致其吸水性系数较低。黏土矿物和水的相互作用会使水在低渗砂岩中的渗流通道变得更加复杂，表现为更高的迂曲度以及更小的毛细管直径。因此，为了更精准地描述低渗砂岩中的自发渗吸现象，有必要在 H-P 和 Y-L 方程中引入孔隙形状修正因子和迂曲度来进一步修正传统的 L-W 方程。

此外，本节基于分形模型对低渗砂岩最大毛细管直径进行了研究。通过对比分形模型计算的最大毛细管直径和基于高分辨 X 射线 CT 成像技术测定的最大孔隙直径发现：第 3 章报道的多孔介质最大毛细管直径预测分形模型更适用于孔径分布较为集中的均质砂岩即细砂岩。本节研究充分表明中子二维成像技术是用于实时量化研究多孔岩土介质自发渗吸现象的强有力手段。

4.2 基于砂岩吸水质量演化特征的中高渗砂岩吸水特征研究

砂岩的渗吸能力强弱虽受环境影响，但主要还是取决于砂岩本身的孔隙结构、矿物成分组成、孔隙裂隙发育程度等。依托中国原子能科学研究院中国先进研究堆中子照相平台，三种不同孔隙结构不同渗透率砂岩的自发渗吸过程被拍摄下来，并通过进行兴趣区域裁剪、归一化、中值处理等一系列操作，提取出净水透射中子图像内的水分迁移信息。本节基于中子图像判别润湿锋位置的方法，然后将润湿锋位置数据与渗吸时间数据结合起来绘制出"润湿锋位置-渗吸时间"散点图，并进一步处理散点图，得到三种中高渗砂岩的吸水性系数。除此之外，本节使用高精度天平对三种砂岩进行了常规吸水称重实验，绘制出吸水质量与渗吸时间的散点图，探究砂岩的吸水质量与时间的关系。基于以上实验结果，本节还利用第

3 章介绍的吸水性系数模型和吸水质量模型分析了砂岩孔隙度、孔径分布等孔隙结构特征对其吸水性系数和吸水质量的影响,对理论结果预测与实际渗吸结果进行对比,综合分析中高渗砂岩的渗吸特性。

4.2.1 中高渗砂岩物性、渗透率及孔隙结构表征

为了研究不同孔隙结构和渗透率砂岩的自发渗吸规律,本节选取了结构较为均质的细砂岩作为此次的研究对象。其中,三种结构不同的细砂岩均取自四川荣县。将所选取的样品进行加工处理,按照直径为 25mm,高为 50mm 加工成圆柱形标准样。三种砂岩的实物图以及具体尺寸大小如图 4.15 和表 4.7 所示。为了保证实验的精度,减小在自发渗吸中子成像实验中可能由砂岩样品表面不平整所带来的影响,所用的砂岩样品都经过了精细加工,表面起伏不超过 0.5mm。

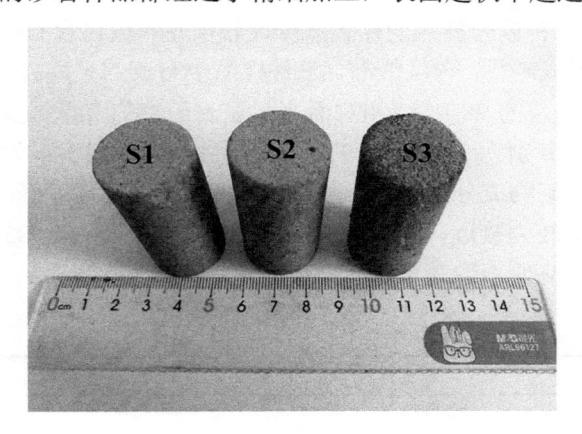

图 4.15 三种不同结构砂岩的实物图

表 4.7 三种砂岩样品具体尺寸 （单位：mm）

样品	直径	高
S1	25.05	49.88
S2	25.25	50.96
S3	25.18	50.86

1. 中高渗砂岩物性分析

砂岩在自发渗吸水的过程中,内部的矿物组成成分可能会对中子渗流实验产生影响,其中最主要的影响成分是富氢矿物和黏土矿物。因此,有必要对砂岩样品的物性组成进行分析。

沉积岩中黏土矿物和常见非黏土矿物的测定通常利用 X 射线衍射（XRD）技术。本次实验采用日本理学 TTRIII 多功能 X 射线衍射仪,按照《沉积岩中黏土矿

物和常见非黏土矿物 X 射线衍射分析方法》(SY/T 5163—2018)标准进行实验操作。实验的理论依据是流体力学中的斯托克斯沉降定理,采用水悬浮分离方法或离心分离方法分别提取粒径小于 10μm 和小于 2μm 的黏土矿物样品。粒径小于 10μm 的黏土矿物样品用于测定黏土矿物在原岩中的总相对含量,粒径小于 2μm 的黏土矿物样品用于测定各种黏土矿物各类的相对含量。各种矿物的晶体都有其特定的 X 射线衍射图谱,图谱中的特征峰强度与样品中该矿物的含量呈正相关。采用实验的方式可以确定某矿物的含量与其特征衍射峰的强度之间的正相关关系——K 值,进而通过测量未知样品中该矿物的特征峰强度而求出该矿物的含量,这就是 X 射线衍射定量分析中的"K 值法"。

通过对三种砂岩样品进行 X 射线衍射实验测定,得到了三种砂岩样品中矿物的组成含量(表 4.8)和三种砂岩样品中各黏土矿物的相对含量(表 4.9)。从表 4.8 中可以看出,三种砂岩样品的矿物成分比较简单,只包含石英和黏土矿物。其中,石英为主要组成矿物,含量最高,三种样品中石英的平均含量都在 96% 以上,S2 样品中达到最高,为 98.1%。相对而言,黏土矿物的含量很少,其中 S1 和 S2 样品中含量较少,分别为 2.1% 和 1.9%,S3 样品中含量最多,为 3.1%。在表 4.9 中可以看出,黏土矿物成分主要包括伊蒙混层、伊利石和高岭石。S1、S2 样品中三种黏土成分含量较为接近,伊蒙混层和高岭石含量略高;在 S3 样品中,只包含伊利石和高岭石,高岭石含量最高,达到了 95%。

表 4.8　三种砂岩样品中矿物组成含量　　　　　　　　　　　　（单位：%）

样品	石英	钾长石	黏土矿物
S1	97.9	—	2.1
S2	98.1	—	1.9
S3	96.9	—	3.1

表 4.9　三种砂岩样品中各黏土矿物的相对含量　　　　　　　　（单位：%）

样品	蒙皂石类	伊蒙混层	伊利石	高岭石	绿泥石	绿蒙混层
S1	—	34	26	40	—	—
S2	—	38	23	39	—	—
S3	—	—	5	95	—	—

根据以上的测验结果分析,三种砂岩样品中不包含富氢元素的矿物,因此不会对中子渗流实验结果造成干扰,在后期处理中子图像时,净水透射率值的变化可完全认为是由于样品内含水量的改变引起的,这有利于准确测量出样品内的含水量分布。另外,三种砂岩样品组成成分中,96% 以上是石英,不存在与水发生化学反应的矿物,黏土矿物含量也很少,对自发渗吸影响程度不大,因此中子成

像适合于研究这三种砂岩自发渗吸过程。

2. 中高渗砂岩渗透率测试

渗透率作为描述岩心的一个重要参数,在岩石渗流中起着关键作用,它表征了流体在多孔介质中的迁移率,只与岩石的孔隙几何形状有关(孔隙度、孔隙形状、孔隙大小分布等)。为了准确描述三种砂岩的渗透率,对其进行渗透率测试是必不可少的。本节对三种渗透率不同的砂岩分别进行了气体和液体两种渗透率测试,在准确描述三种砂岩渗透率的同时,结合两种渗透率测试的结果,还可以反映出三种砂岩内部孔隙的不同特征。由于本节是对砂岩的自发渗吸规律进行研究,渗吸的介质为液态水,因此本节理论计算所用到的渗透率值均为液测渗透率值,气测渗透率值仅作对比分析使用。

1)气体渗透率测试

气体渗透率测试的仪器为岩心公司的高低渗透率仪 CAT112(图 4.16),测试按照中华人民共和国石油天然气行业标准《岩心分析方法》(SY/T 5336—2019)进行。所有砂岩样品在测试前均在 105℃下烘干至恒重,测试前系统均用已知渗透率的标准块进行校正。在测试过程中用 200psi[①]环压将样品密封在哈斯勒夹持器中,然后让干燥的空气稳定地通过样品,测得其进出口压力和空气的流速,最后利用气体渗流的达西定律求出各样品的渗透率值。

图 4.16 气测渗透率仪

2)液体渗透率测试

液体渗透率测试前,先将测试砂岩岩心抽真空,然后将岩心放入三轴静水岩心夹持器中,逐级增加围压至 5MPa,选择合适的注水速度,将预先调制好的模

---

① 1psi=6.89476×10³Pa。

拟水用 Quzix 泵注入，测试稳定条件下的压差，根据达西定律，计算出砂岩样品的液测渗透率。液测渗透率仪如图 4.17 所示。

图 4.17　液测渗透率仪

表 4.10 列出了三种砂岩样品的气测和液测渗透率结果。从表中可以看出，同一砂岩样品的气测和液测渗透率值不同，且气测渗透率明显要比液测渗透率大。这一结果在许多文章中[16,17]均有发现，在本节中气测渗透率是液测渗透率的 2~7 倍。这一现象的存在被许多学者解释为气体滑脱效应或 Klinkenberg 效应[16-19]。他们认为液体在孔隙中流动时，距离孔隙壁越近，流速越慢，而对于气体，靠近孔壁的流速则与孔道中央的流速没有差别。而李传亮等[20]通过理论和数据分析，认为滑脱效应的认识是错误的，气测渗透率比液测渗透率高是测试介质的分子尺度与孔隙尺度对比的结果，水分子的直径比空气的平均分子直径略大，液体状态下水分子之间通过氢键相互连接形成尺寸更大的水分子簇[21]，而且水的黏度比气体大，测量样品渗透率时，小分子气体会比大分子的液体穿过更多的孔隙，且液测时气泡的 Jamin 效应会影响结果[20]，这便是气测渗透率会更大的原因。

表 4.10　三种砂岩的气、液渗透率值

样品	孔隙度/%	气测渗透率/mD	液测渗透率/mD	气/液渗透率值
S1	18.47	223.1	32.3	6.91
S2	19.78	156.8	77	2.04
S3	21.60	597.8	167.7	3.56

由表 4.10 还可以发现，砂岩样品 S1 到 S3 液测渗透率值依次增大，S2 的气测渗透率值却比 S1 的气测渗透率值略小，S3 仍最大，这说明不同砂岩间的气液渗透率值并不一定成正比。但 S1 到 S3 的孔隙度与液测渗透率一致，呈增大趋势。由此分析，S3 样品的孔隙度最大，气测和液测渗透率都最大，孔隙大小分布和连

通性都最好，对液体渗吸流动最为有利；S2 样品的液测渗透率比 S1 样品的液测渗透率大，但 S2 样品的气测渗透率值比 S1 样品的气测渗透率值略小，除了实验误差的影响外，说明相对于 S1 样品，S2 样品的孔隙大小和结构分布对液体水的流动更为有利，而且 S2 比 S1 的孔隙度大，对液体的渗流也起到了促进作用。

3. 中高渗砂岩孔隙结构分析

砂岩孔隙结构是指砂岩内部孔隙和喉道的形态、大小、分布及相互连通关系[22]。砂岩的孔隙结构决定着其渗流特征，对水在其内部渗流具有重要影响作用。为了更好地研究三种不同渗透率砂岩的自发渗吸规律，就必须对三种砂岩的内部孔隙进行描述。

因此，对于砂岩内部的孔隙结构，本章采用了高压压汞实验方法进行研究。压汞法的原理是以毛细管束模型为基础，假设多孔介质是由直径大小不相等的毛细管束组成，将汞压入岩石孔隙中，用非润湿相汞驱替润湿相空气，当注入压力大于孔隙喉道所对应的毛细管压力时，汞就会进入孔隙中，此时注入压力就相当于毛细管压力，所对应的毛细管半径为孔隙喉道半径，进入孔隙中的汞体积即该喉道所连通的孔隙体积。不断改变注入压力，就可以得到孔隙分布曲线和毛细管压力曲线。本次压汞实验采用美国康塔公司 Poremaster PM-33-13 压汞仪，按照石油天然气行业标准《岩心分析方法》（SY/T 5336—2019）和《岩石毛管压力曲线的测定》（GB/T 29171—2012）进行测试，本次最高实验压力为 80MPa，实验仪器测量的最小孔径为 4nm。

1）高压压汞曲线

压汞曲线形态可以反映出各孔喉段的发育情况和孔隙之间的连通性信息[23]。图 4.18 为三种砂岩样品的高压压汞曲线。对图 4.18 进行分析，可以看到三种砂岩样品的压汞曲线形状和走势较为接近，表明三种砂岩内部的孔隙发育情况具有一定的相似性。压汞曲线中间平缓段的位置和长度可以反映出岩石的分选性和大孔隙的占比。S3 的平衡段位置最低，平衡长度最长，S1 次之，S2 的平衡位置比 S1 略高，长度略短，这表明 S3 的分选性最好，大孔隙所占比例最大，S2 的分选性最差，大孔隙所占比例最小，但与 S1 相差不是很大。三种砂岩的排驱压力较小，均为 0.034MPa。当进汞压力为 0.04~0.1MPa 时，进汞曲线与水平近似平行，此段进汞量较大，约占总进汞量的 50%，说明三种砂岩内部 5~15μm 的孔隙尺寸较发育。它们的进汞饱和度均大于 90%，但退汞效率非常低，进汞、退汞体积差异较大，说明砂岩中存在细颈瓶孔，孔喉细小，连通性差，不利于流体流动[23]。S1、S2、S3 的退汞效率分别为 16.195%、22.230%、16.515%，其中 S2 退汞效率最大，说明 S2 相对于 S1 和 S3 来说，细孔喉较少，连通性最好。

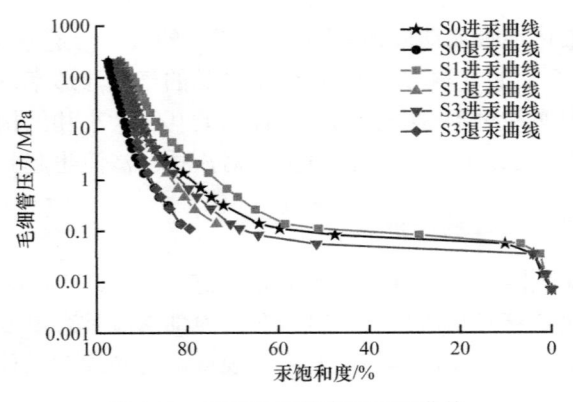

图 4.18 三种砂岩的高压压汞曲线

2）高压压汞孔喉分布图

三种砂岩的高压压汞孔喉分布图如图 4.19 所示。在岩石渗流力学与渗流物理中，按照其大小，可将孔隙分为三类[24]：超毛细管孔隙（孔半径＞250μm）、毛细管孔隙（0.1μm≤孔半径≤250μm）和微毛细管孔隙（孔径＜0.1μm）。从图中可以看到，三种砂岩内部的孔隙只包含毛细管孔隙和微毛细管孔隙。在 S1 中，毛细管孔隙占 89.332%，微毛细管孔隙占 8.015%；在 S2 中，毛细管孔隙占 84.634%，微毛细管孔隙占 10.057%；在 S3 中，毛细管孔隙占 88.926%，微毛细管孔隙占 6.227%。因此，在三种砂岩中，孔隙体积以毛细管孔隙为主。在图 4.19 中还可以看出，前四种最大孔隙所占比例最多，在 S1、S2、S3 中分别占到了 67.699%、62.011%、72.692%，这说明 4~16μm 范围内孔隙最为发育，同时对渗透率的贡献度也是最大的，分别达到了 99.344%、99.106%、99.737%，均超过了 99%。在三类岩石孔隙中，对液体自发渗吸起主要作用的是毛细管孔隙。微毛细管孔隙孔径太小，液体需要非常高的压力才能进入，这在自发渗吸实验中是达不到的；而对于超毛细管孔隙，则孔径过大，毛细管力过小，上吸动力不足，在重力的影响下无法形成有效上吸。表 4.11 列出

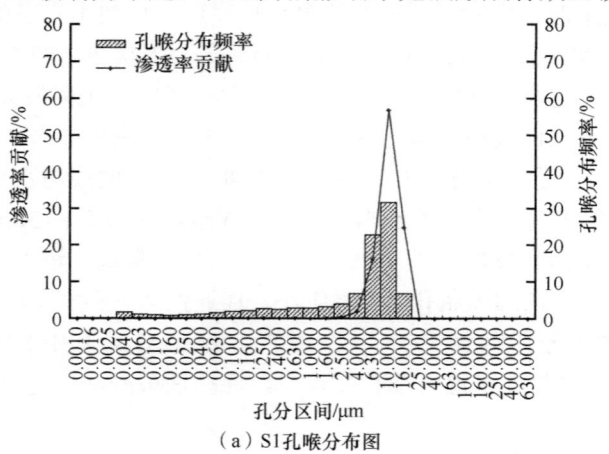

（a）S1孔喉分布图

（b）S2孔喉分布图

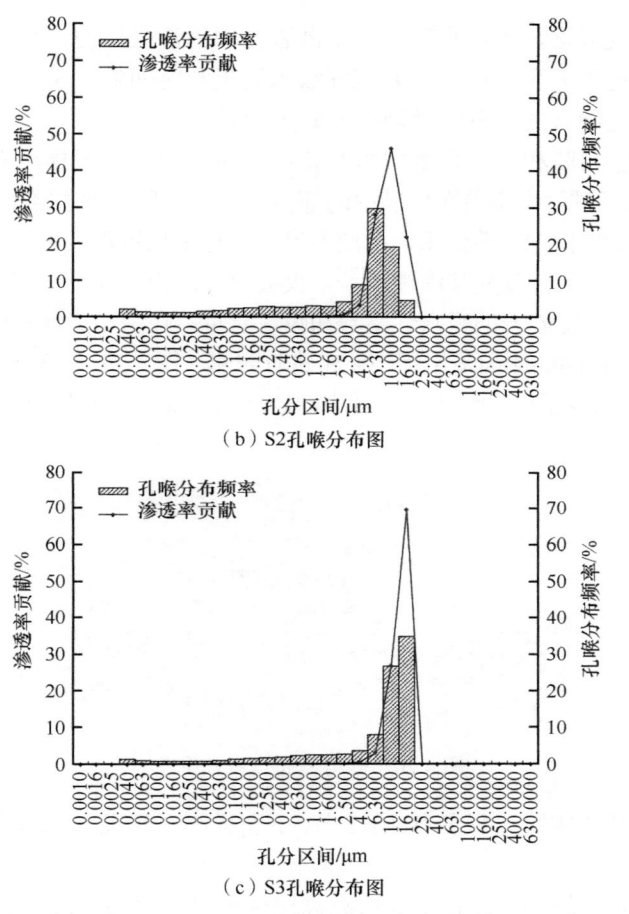

（c）S3孔喉分布图

图 4.19　三种砂岩的高压压汞孔喉分布图

了三种砂岩的毛细管孔隙体积比例，从表中可以看出，从 S1 到 S3，三种砂岩的孔隙度依次增加，毛细管孔隙体积比例也在依次增大。尽管在三种砂岩中，S1 的毛细管孔隙比例最大，但其本身的孔隙度最小，导致其毛细管孔隙体积比例也最小。由此可以推测出，从 S1 到 S3 三种砂岩对水的自发渗吸效果逐渐增强。

表 4.11　三种砂岩的毛细管孔隙体积比例

样品	孔隙度/%	孔隙中毛细管孔隙比例/%	毛细管孔隙体积比例/%
S1	18.47	89.332	16.500
S2	19.78	84.634	16.741
S3	21.60	88.926	19.208

4.2.2　中高渗砂岩自发渗吸中子成像实验与吸水称重实验

中子成像实验与吸水称重实验是本节的两个基础实验，前者需要依托大科学装置中子射线反应堆,可以直观地看出砂岩内部的渗吸情况,后者则是在普通室内借助高精度电子天平完成,主要探究吸水质量与时间的关系。这两个实验相互补充,都为探究砂岩的自发渗吸规律做好了准备工作。

在中子成像实验和吸水称重实验开始前,所选用的砂岩样品先在清水中浸泡 24h,以除去加工过程中附着在样品中的细微灰尘,然后将砂岩样品放入烘干箱中,在 105℃下持续烘干 24h 至恒重。在此温度中进行干燥过程,不会破坏砂岩本身的孔隙和微观结构,不会改变其渗透率[25],仅会对样品内的黏土结构产生一定影响,但不会影响实验测定砂岩的吸水性系数和吸水质量。在中子成像实验和吸水称重实验过程中,砂岩样品的侧面需用铝箔胶带进行包裹(图 4.20),这样不仅可以保证渗吸仅从砂岩样品下表面进行,还可以减少砂岩样品表面水分蒸发对实验结果的影响。

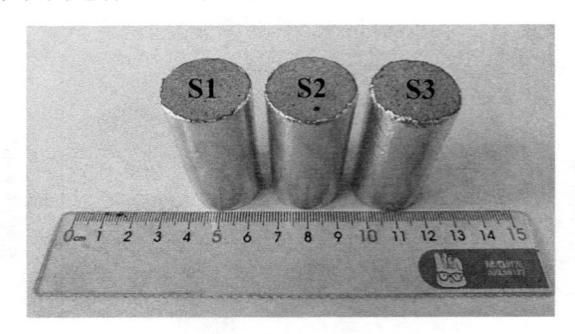

图 4.20　砂岩侧面包裹效果图

中子成像具体实验过程参考 4.1.2 节,下面详细介绍吸水称重实验的具体实验过程。

吸水称重实验较为简单,主要依靠高精度电子天平来完成,如图 4.21(a)所示,以克为单位,可以保留至小数点后四位,能够精确测量出样品吸水后的质量。

(a)高精度电子天平 　　　　　　　(b)砂岩吸水实验图

图 4.21　吸水称重实验图

吸水称重实验过程如下：

（1）与自发渗吸中子成像实验步骤一样，将样品浸泡、烘干、贴好铝箔纸，然后将干燥样品放在调节好的电子天平上，测量出干质量并记录下来；

（2）准备好盛水器皿，将蜂窝陶瓷板放入，如图 4.22（b）所示，加水至刚刚没过蜂窝陶瓷板表面，蜂窝陶瓷板含有很多小孔，样品放在上面可以保证样品底部均匀吸水；

（3）将样品放到蜂窝陶瓷板上，吸水开始，第一次吸水 60s，吸水结束后用纸巾轻微擦拭样品下表面及侧面附着水，然后用电子天平测量出此刻质量并记录下来；

（4）重复步骤（3），适当改变吸水时间，直至结束。

具体吸水时间及吸水质量如表 4.12 所示。

表 4.12 三种砂岩渗吸时间及吸水质量

累计渗吸时间/s	S1 吸水质量/g	S2 吸水质量/g	S3 吸水质量/g
0	0	0	0
60	0.2857	0.4447	0.8376
120	0.3829	0.6076	1.1653
240	0.5248	0.8240	1.5553
360	0.6516	1.0005	1.8718
660	0.8737	1.3225	2.4053
960	1.0513	1.5817	2.7059
1560	1.3179	1.9894	2.7854
2160	1.5260	2.3146	2.8110
3360	1.8398	2.5876	2.8445
4560	2.0709	2.6527	2.8715
6360	2.3078	2.6955	2.9033
8160	2.3825	2.7263	2.9216
11760	2.4239	2.7501	2.9573
15360	2.4413	2.7548	—
18960	2.4588	2.7626	—
26160	2.4743	2.7751	—

4.2.3 中高渗砂岩吸水性系数研究

1. 自发渗吸中子图像处理

在砂岩自发渗吸中子成像实验中，S1 共获取了 879 张润湿图像，S2 共获取了 350 张润湿图像，S3 共获取了 150 张润湿图像。为了保证图像能有较高的分辨率，实验中 CCD 相机的曝光时间设置为 5s，图像读出和存储时间为 2s 或 3s。针对渗吸速率的快慢以及获取的渗吸图像数量，对不同砂岩样品的渗吸图像进行不同方式的选取。S1 共选取了 74 张图像，前 40 张每 5 张选取 1 张，后 34 张每 20 张选取 1 张；S2 共选取了 70 张图像，每 5 张选取 1 张；S3 共选取了 41 张图像，每 3 张选取 1 张。

图像选取完毕后，处理主要依靠 ImageJ 软件来完成。ImageJ 软件是一款功能丰富的图像处理软件，是由美国国家卫生研究院开发出来的。为了准确提取图像中的数据，需要进一步处理净水透射中子图像。处理过程如下：

（1）兴趣单元（ROI）选取：兴趣单元（ROI）就是本节提取数据的部分，即中子图像中存在砂岩渗吸的部分，使用 ImageJ 软件中的 Crop 命令，将含有砂岩部分的图像整体截取出来，ROI 大小尽量与原样品重合；

（2）ROI 滤波过滤：原 ROI 图像中含有很多由环境噪声引起的噪声点，使用 Median Filter（中值过滤）可以有效去除图像中的白色噪声点，提高图像质量；

（3）设置尺度：这一步主要是将图像中以像素为单位换算成以毫米为单位，这一操作通过 Set Scale 命令实现；

（4）归一化：将图像中的灰度值进行归一化，最亮的区域（即干燥）灰度值为 1，最暗的区域（即水中）灰度值为 0，通过此操作，便可方便地识别干燥与含水区域的边界，便于提取出润湿锋的位置。

图 4.22 展示了通过处理后的不同时刻三种砂岩样品的净水透射中子图像。从图像中可以看到水分在砂岩内部的状态信息以及扩散情况，也可以清楚识别出润湿锋的位置。结合渗吸时间来看，在相同时间内，S3 的润湿锋位置最高，渗吸扩散能力最强；S2 次之；S1 的润湿锋位置最低，渗吸扩散能力最差。从图像中还可以看到，S1 在渗吸 6503s 之后仍没有到达样品顶端，而 S2 和 S3 分别在 2399s 和 826s 就已经接近样品顶端，渗吸时间已经是 S2 和 S3 的 2.7 倍和 7.9 倍。这只是初步的定性分析，后面将介绍如何将润湿锋位置提取出来。

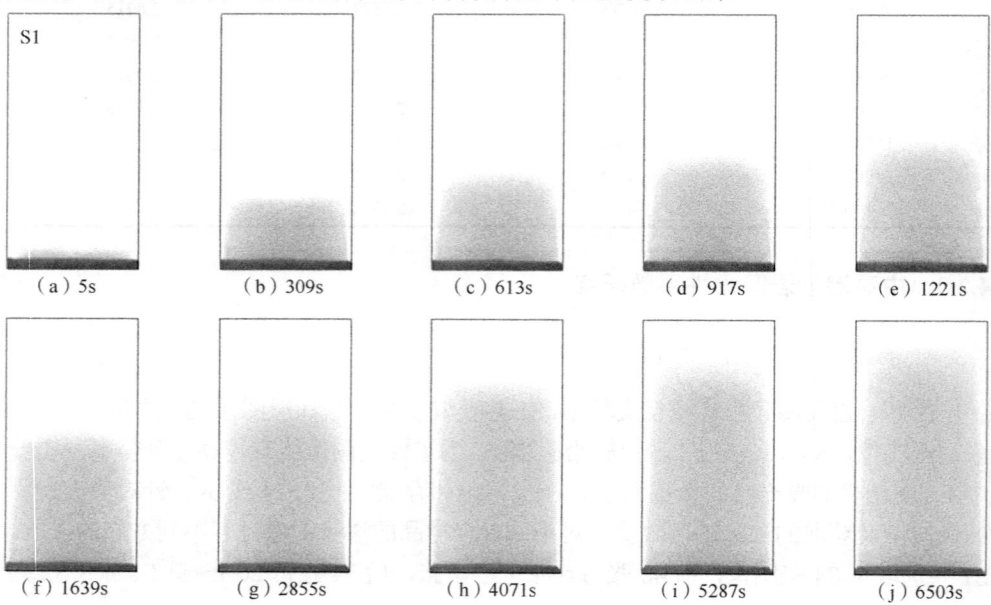

(a) 5s　(b) 309s　(c) 613s　(d) 917s　(e) 1221s

(f) 1639s　(g) 2855s　(h) 4071s　(i) 5287s　(j) 6503s

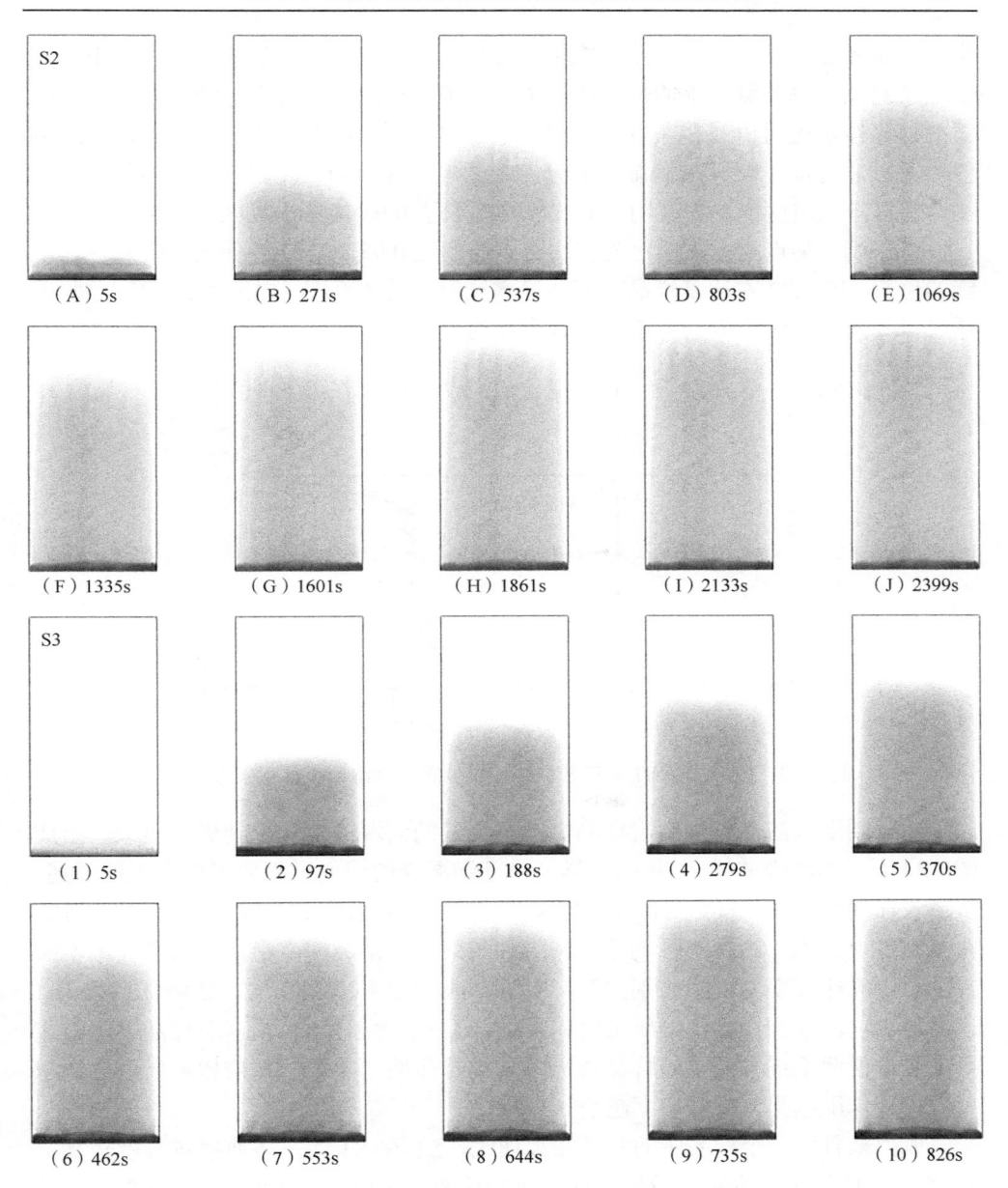

第 4 章　基于中子成像的砂岩基质吸水性系数研究

（A）5s　　（B）271s　　（C）537s　　（D）803s　　（E）1069s

（F）1335s　　（G）1601s　　（H）1861s　　（I）2133s　　（J）2399s

（1）5s　　（2）97s　　（3）188s　　（4）279s　　（5）370s

（6）462s　　（7）553s　　（8）644s　　（9）735s　　（10）826s

图 4.22　不同渗吸时刻砂岩样品的净水透射中子图像

（a）～（j）S1 渗吸中子图像；（A）～（J）S2 渗吸中子图像；（1）～（10）S3 渗吸中子图像

2. 润湿锋位置判别

为了掌握砂岩内部水分的移动特性，监测出砂岩中润湿锋的位置是必要的一步。如图 4.23 所示，左边为砂岩样品 S1 在 2855s 的净水透射中子图，图中设置了三条测线，每条测线上的净水透射值将会被提取出来。前面已经提到，被水润湿的部分净水透射值（即灰度值）将会小于 1。因此，在理想状态下，净水透射值 1 是砂岩样品干燥区与润湿区的分界线。但反应堆功率浮动以及环境噪声的影响，使得净水透射值左右波动。本节最终选取了 0.98 作为干燥区与润湿区的分界点，当测线上某点的净水透射值首次达到或超过 0.98 时，该点便是此时刻下润湿锋的位置。图 4.23 右边是样品高度与净水透射值的关系图，由图 4.23 中的对照关系可以看出，0.98 作为分界点是比较合理的。

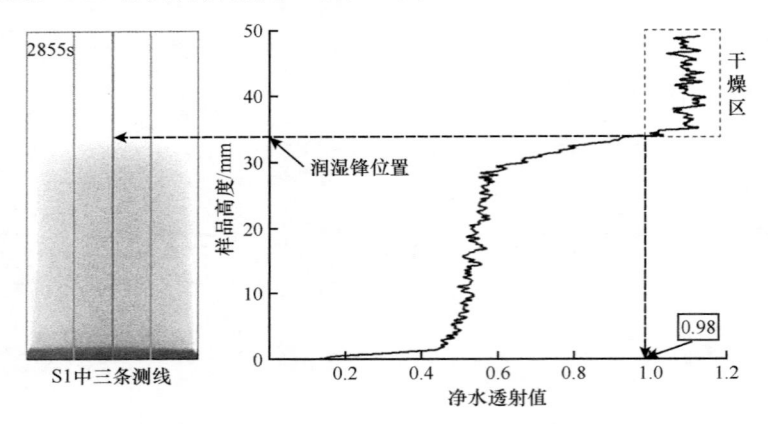

图 4.23　砂岩样品 S1 中三条测线布置位置与润湿锋位置识别方法图

由此判别方法，三种砂岩样品中三条测线的润湿锋位置分别提取出来，绘成图 4.24 所示的渗吸曲线，三种砂岩样品内部润湿锋的演变过程便可以直观地看到。从渗吸曲线上来看，样品 S1、S2 和 S3 中的三条测线的渗吸情况基本相同，渗吸曲线都呈上凸形，即在渗吸初期，渗吸曲率最大，渗吸速率最快，而后曲率不断减小，渗吸速率变慢。但分别来看，S3 的渗吸曲线位于最上方，渗吸曲率最大，速率最快，渗吸到样品顶端所用时间最短，S2 则次之，S1 在三个样品中渗吸速率最慢，说明毛细管孔隙对样品渗吸起着关键作用，毛细管孔隙体积所占比例越大，渗吸作用越强，渗吸速率越快。

单独来看每一个样品中的三条渗吸曲线，S1 和 S3 的三条曲线重合度较高，S2 的三条曲线重合度相对较低，这可能与前面高压压汞曲线所得出的 S2 分选性最差有关。相比之下，S2 的分选性最差，样品均质性最差，导致样品不同位置处的渗吸情况不同，渗吸曲线重合度低。不过总体来看，三个样品中的三条渗吸曲线吻合度均较高，样品的均质性均较好。

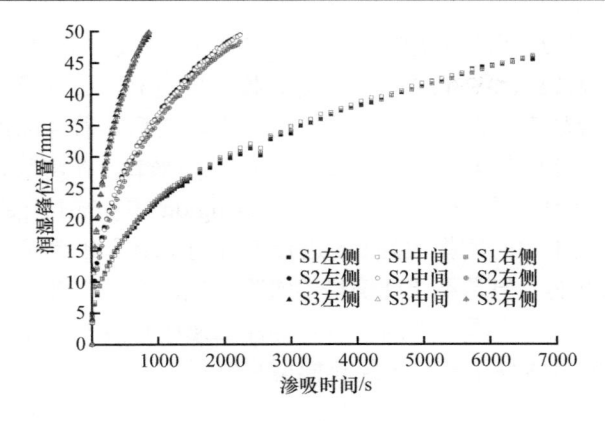

图 4.24　三种砂岩的润湿锋位置与渗吸时间关系

3. 中高渗砂岩渗吸时间指数的确定

在讨论渗吸时间指数之前，先探究一下重力对中高渗砂岩自发渗吸实验的影响程度。通常，我们一般使用无量纲邦德数 Bo 作为衡量的标准[7]。Bo 的表达式为 $Bo=\rho gk/\sigma$，式中 ρ 表示水的密度，取 1000kg/m^3；g 表示当地重力加速度，取 9.8m/s^2；k 表示样品的渗透率，$k_1=32.3\text{mD}=3.1880\times10^{-14}\text{m}^2$，$k_2=77\text{mD}=7.5999\times10^{-14}\text{m}^2$，$k_3=167.7\text{mD}=1.6552\times10^{-13}\text{m}^2$；$\sigma$ 表示气水界面的表面张力，取 0.0728N/m。由此计算得到，S1 的邦德数 $Bo=4.29\times10^{-9}$，S2 的邦德数 $Bo=1.02\times10^{-8}$，S3 的邦德数 $Bo=2.23\times10^{-8}$，均远小于 1，这证明重力因素在中高渗砂岩自发渗吸实验中可以被忽略。

在本书第 3 章 3.1.1 节介绍了吸水性系数毛细管束模型，即经典的 L-W 模型，模型中润湿锋的位置高度 L 与时间的平方根 $t^{0.5}$ 之间呈线性增长。但是，随着研究的不断深入，Küntz 等[26]、Lockington 和 Parlange[27]、El-Abd 和 Milczarek[28]通过多孔介质的渗吸实验发现了反常扩散现象，在他们的研究中水在多孔介质中的润湿锋高度 L 与时间的平方根 $t^{0.5}$ 之间的线性关系并不吻合，并提出润湿锋高度 L 对时间 t 的指数不等于 0.5，但没有提出相应改进的吸水性系数模型，只是提出了润湿锋高度 L 对时间 t 指数的求取方法。在 Cai 等[29]将分形理论引入吸水性系数模型之后，才在理论模型中得出了润湿锋高度 L 对时间 t 的指数不依赖于 0.5，而是满足 $L\sim t^{1/(2D_f)}$。

这里仅以三种中高渗砂岩中部测线所提取出的渗吸数据为例，探究中高渗砂岩样品的润湿锋高度 L 与时间的平方根 $t^{0.5}$ 之间线性关系的吻合度。三种砂岩样品中间测线的润湿锋高度 L 与时间平方根 $t^{0.5}$ 的拟合效果如图 4.25 所示。图 4.25（a）采用过原点拟合，从拟合结果来看，整体拟合效果不好，三个样品的中部数据点和尾部数据点都不在拟合直线上，且拟合直线明显脱离数据点，尤其是 S1 和 S2

偏差更大，不能很好地反映润湿锋位置高度与时间的关系。图 4.25（b）采用最优拟合度拟合，拟合效果比图 4.25（a）要好，拟合度更高，中部及中部之后的数据点与拟合直线贴合紧密，但拟合直线均不过原点，这意味着样品没接触水面就已经存在渗吸高度，且从图 4.25（b）中的局部放大图来看，在渗吸初期，拟合直线与数据点有较大差别。在 Küntz 等[26]、Lockington 和 Parlange[27]、El-Abd 和 Milczarek[28]的研究中用时间指数为 0.5 进行拟合均出现了此类现象。因此，图 4.25（b）的拟合效果虽好，但是不能准确描绘渗吸初期的行为以及拟合直线截距的存在具有不合理性。综合来看，中高渗砂岩样品的渗吸行为不能用润湿锋的高度与时间的平方根之间呈线性增长这一经典模型来解释。

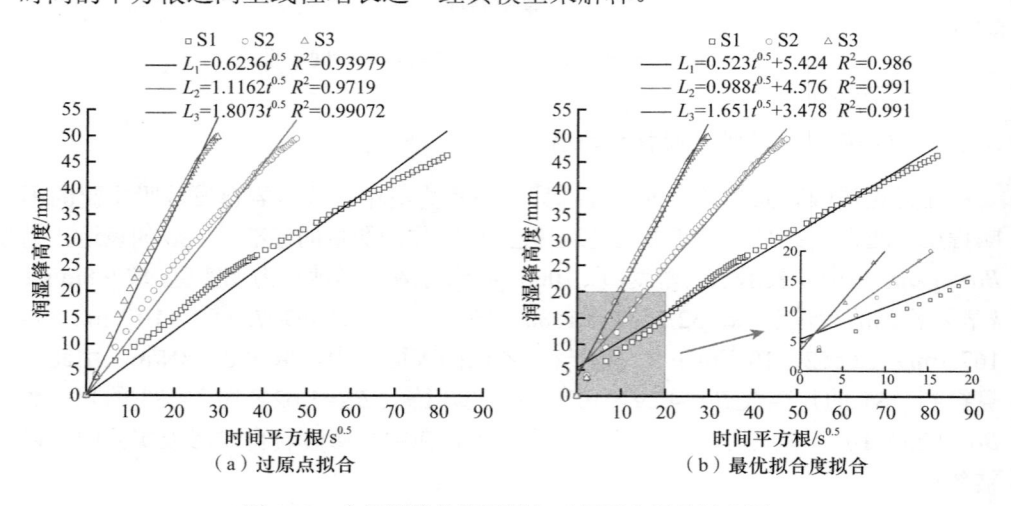

图 4.25 中间测线的润湿锋与时间平方根的拟合图

为了求取渗吸时间指数 α，El-Abd 和 Milczarek[28]提出了一种方法。假设润湿锋高度与渗吸时间之间存在幂函数关系，即 $L = St^{\alpha}$，然后两边同时取对数，便可得到 $\ln L = \alpha \ln t + \ln S$，通过线性回归拟合，渗吸时间指数 α 就可以求出。利用此方法，对三种砂岩样品的渗吸时间指数进行求取，图 4.26 展示了三种砂岩样品中间测线数据的线性回归拟合过程，表 4.13 列出了三种砂岩样品三条测线数据的线性拟合结果。

从线性回归拟合结果来看，三种砂岩样品的渗吸时间指数 α 值均小于 0.5，且拟合优度均大于 0.98，这清楚地说明了本书选取的砂岩样品的自发渗吸行为不符合经典的 L-W 模型。在 Li 和 Zhao[30]的研究中，贝雷砂岩、白垩砂岩、喷泉岩石等也都存在渗吸时间指数小于 0.5 的情况。这种情况的出现可能是由于渗吸毛细管具有迂曲性以及样品本身孔径分布的随机性和非均质性。在本节中，三种中高渗砂岩样品的渗吸时间指数均值不同，这反映出每种样品的毛细管迂曲度和孔径分布不同，且时间指数越接近 0.5，毛细管迂曲度越小，说明 S1 到 S3 毛细管迂曲度在不断减小。为了渗吸时间指数选取的合理性，将每种砂岩样品的渗吸时间指数的平均值确定为该样品的渗吸时间指数。因此，S1 的渗吸时间指数确定为 0.382，S2 的渗吸时间指数确定为 0.407，S3 的渗吸时间指数确定为 0.461，此值将作为求取吸水性系数的关键。

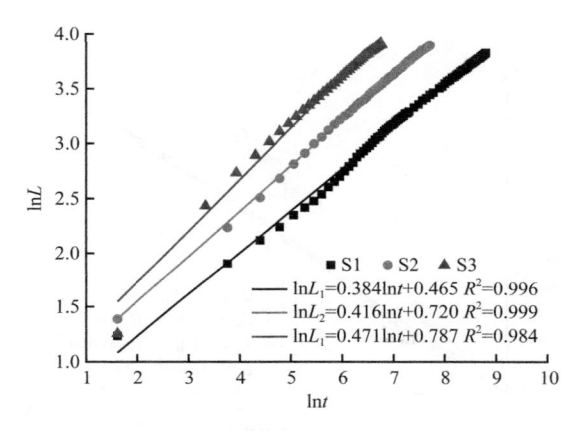

图 4.26 三种砂岩样品中间测线数据的线性回归拟合

表 4.13 三种砂岩样品三条测线数据的线性拟合结果

样品	α	R^2
	0.382	0.996
S1	0.384	0.996
	0.380	0.997
平均	0.382	—
	0.394	0.998
S2	0.416	0.999
	0.412	0.997
平均	0.407	—
	0.454	0.989
S3	0.471	0.984
	0.457	0.987
平均	0.461	—

4. 中高渗砂岩吸水特征分析

砂岩等多孔介质的渗吸作用会受到诸如毛细管孔径、渗透率、孔隙度等多种因素的影响，而吸水性系数作为润湿锋高度与渗吸时间的幂指数的比值，其本身就是这些因素综合反映的结果。前面证实了润湿锋高度 L 对时间 t 的指数不依赖于 0.5,并分别求取了三种砂岩样品的渗吸时间指数。本节利用已经求取的渗吸时间指数,做出了三种砂岩样品的润湿锋高度与渗吸时间幂次方的关系图,如图 4.27 所示,同时求出了对应样品对应测线上的吸水性系数,如表 4.14 所示。由图 4.27,并对比结合图 4.25,可以明显看到求出正确的时间指数后拟合效果更优,拟合直线更能够准确反映砂岩样品的整个渗吸过程。接下来就对三种砂岩样品的吸水性系数进行分析。

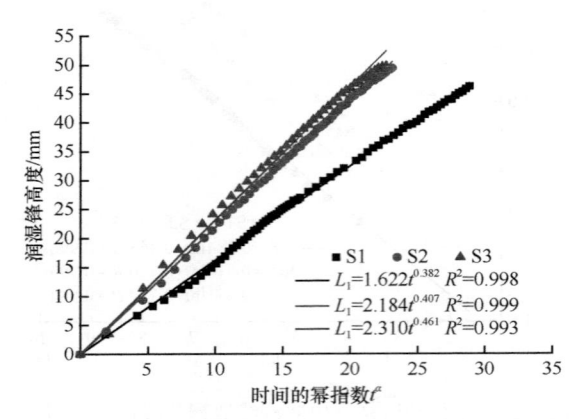

图 4.27 三种砂岩样品中间测线的润湿锋与时间幂次方 t^α 的关系

表 4.14 三种砂岩样品三条测线上的吸水性系数

样品	测线	S	α	R^2	S 均值	方差
S1	左侧	1.604		0.999		
	中间	1.622	0.382	0.998	1.612	0.00006
	右侧	1.609		0.999		
S2	左侧	2.191		0.999		
	中间	2.182	0.407	0.999	2.164	0.00103
	右侧	2.119		0.998		
S3	左侧	2.316		0.988		
	中间	2.310	0.461	0.993	2.305	0.00013
	右侧	2.289		0.994		

表 4.14 中列出了三种砂岩样品不同位置处求出的吸水性系数。其中,S1 的吸水性系数值最小,均值为 1.612;S2 的吸水性系数值居中,均值为 2.164;S3 的吸水性系数值最大,均值为 2.305。三种砂岩样品的吸水性系数值依次增大,这与我们在自发渗吸净水透射中子图像(图 4.22)中所看到的渗吸情况一致,说明吸水性系数是可以反映出渗吸介质的吸水强度和渗吸的好坏程度。单独来看,每种砂岩样品三条测线上得到的吸水性系数略有差别,但总体上差别不大,方差值都

很小，其中方差值最大的是 S2 样品，最小的是 S1 样品。在图 4.22 中我们也可以观察到 S2 样品的润湿锋呈现出左高右低的情况，润湿锋界面不呈一条直线，平整度最差，反观 S1 样品，润湿锋界面平整度最好。同时，在本节的"润湿锋位置判别"部分，我们观察到 S2 样品的三条渗吸曲线重合度最低，并因此分析出三种砂岩样品中 S2 的分选性最差，均质性最差，而这也可能是造成 S2 样品三条测线上吸水性系数差别最大的原因。

在吸水性系数的研究中，Cheng 等[7]发现贝雷砂岩的基质吸水性系数与渗透率之间呈线性增长，线性拟合度为 0.836。在本节中，三种中高渗砂岩的吸水性系数同样随着渗透率的增加而增大，但线性关系并不强（图 4.28），拟合度只有 0.50002，这表明吸水性系数与渗透率之间具有线性关系这一结论并不普遍成立。另外在 Cheng 等[7]的文章中，渗透率为 50mD、孔隙度为 19%的贝雷砂岩（吸水性系数为 2.9mm/s$^{0.5}$）比本节选用的砂岩样品的渗透率最大（167.7mD）、孔隙度最大（21.6%）的细砂岩样品 S3 的吸水性系数（2.305mm/s$^{0.461}$）值还要大，同样渗透率为 200mD、孔隙度为 25%的贝雷砂岩的吸水性系数（2.9mm/s$^{0.5}$）值则更大。除了渗吸时间指数不同和孔隙结构不同的影响外，我们发现贝雷砂岩的组成矿物中除了含有石英（93.13%，SiO_2），还有较多的氧化铝（Al_2O_3）、铁氧化物（Fe_2O_3、FeO）、氧化钙（CaO）等金属氧化物，这些金属氧化物的存在可能会改变贝雷砂岩的亲水性和润湿性，使得贝雷砂岩的吸水性更强，吸水性系数更大。而本节所研究的细砂岩样品中，96.9%以上都是石英，只有极少数的黏土矿物（表 4.8 和表 4.9），因此矿物组成成分可能是造成吸水性系数值差异的主要原因。

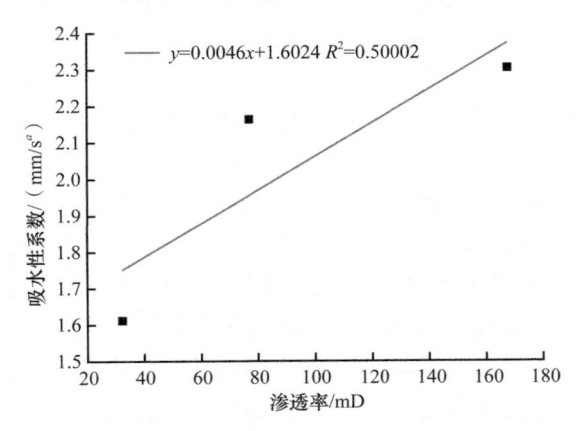

图 4.28　三种砂岩样品的吸水性系数与渗透率之间的线性拟合

由以上可知，砂岩的吸水性系数会受到自身矿物组成成分的影响，但同时砂岩的孔隙微观结构也是影响其吸水性系数的一个重要因素。在本书第 3 章的 3.1.2 节中介绍了吸水性系数的分形模型，模型中吸水性系数的计算主要是基于砂岩样品的孔隙微观结构参数。由此利用 3.1.2 节中的式（3.26），对本节选用的砂岩样品的吸水性系数（$S_预$）进行预测，然后结合自发渗吸中子实验所求得的实际吸水性系数（$S_实$），将两者进行对比分析，从而更好地认识到两者之间的差异，了解差异产生的原因。表 4.15 列出了吸水性系数分形模型中所要用到的参数及计算结果。β 是最小孔径 λ_{min} 与最大孔径 λ_{max} 之间的比值，本书中取 0.01，与 Xu 和 Yu[31]、Cai[29] 的取值一致；λ_{max} 根据式（3.27）求得；$\bar{\tau}$ 是样品毛细管的平均迂曲度，由式（3.18）求得；D_p 和 D_t 是孔隙分形维数和迂曲度分形维数，分别由式（3.11）和式（3.17）求得。

表 4.15 吸水性系数分形模型中所用的参数及计算结果

样品	$\mu/[(N \cdot s)/m^2]$	$\sigma/(N/m)$	K/mD	β	φ	$\lambda_{max}/\mu m$	$\bar{\tau}$	D_p	D_t	$S_预$	$S_实$
S1	0.001	0.728	32.3	0.01	18.47	9.498	3.105	1.633	1.225	1.432	1.612
S2	0.001	0.728	77	0.01	19.78	13.891	2.927	1.648	1.214	1.908	2.164
S3	0.001	0.728	167.7	0.01	21.6	19.136	2.717	1.667	1.199	2.490	2.305

在吸水性系数分形模型[式(3.26)]中，润湿锋高度 L 与时间 t 之间的关系为：$L \sim t^{1/(2D_t)}$，关系式中，渗吸时间的指数为 $1/(2D_t)$，将表 4.15 中的数据代入，得到 S1 的渗吸时间指数为 0.408，S2 的渗吸时间指数为 0.412，S3 的渗吸时间指数为 0.417。对比通过实验数据得到的渗吸时间指数（S1 为 0.382，S2 为 0.407，S3 为 0.461），发现 S1 和 S2 计算得到的时间指数要比实验数据得到的大，S3 计算得到的时间指数则比实验数据得到的小。在渗吸时间指数的计算中，迂曲度分形维数 D_t 是唯一的决定因素，而在迂曲度分形维数 D_t 的计算式中，其大小取决于孔隙度 φ 和最小孔径 λ_{min} 与最大孔径 λ_{max} 之间的比值 β。造成 S1、S2 和 S3 计算得到的时间指数与实验数据得到的时间指数不相同的原因可能是 β 取值的不准确。孔隙度 φ 是由压汞法得到的，误差较小，而 β 则是估计值，与样品中的实际孔径比可能存在差别。因此，由式（3.17）计算得到的迂曲度分形维数与真实的迂曲度分形维数之间存有误差，且时间指数越大，说明迂曲度分形维数越小，分形维数越小（越接近 1）反映样品内部的毛细管迂曲程度越小，由此 S1 和 S2 计算得到的时间指数要比实验数据得到的大，说明样品实际的孔隙迂曲程度可能比计算推测的孔隙迂曲程度更大更复杂；S3 计算得到的时间指数比实验数据得到的小，说明样品实际的孔隙迂曲程度可能比计算推测的孔隙迂曲程度更小更简单。

表 4.15 中列出了用吸水性系数分形模型预测的三种砂岩样品的吸水性系数。将 $S_预$ 与 $S_实$ 进行对比，样品 S1 两者之间相差 0.180，样品 S2 两者之间相差 0.256，样品 S3 两者之间相差 0.185，可以看出数值相差不大，说明该模型适用性强，可以对砂岩的吸水性提供很好的预测。三种中高渗砂岩样品内黏土矿物含量极少，遇水后基本不会对毛细管通道造成堵塞，对自发渗吸的影响很小，这可能是吸水

性系数理论预测与实际相接近的原因之一。另外，我们还可以看出三种砂岩样品的吸水性系数 $S_{预}$ 与 $S_{实}$ 一样，都是从 S1 到 S3 递增，并且在吸水性系数模型的分析中，发现起主要作用的是孔隙度与渗透率；因此，我们可以推测出，在砂岩等多孔介质的自发渗吸中，毛细管孔隙体积所占比例越大，渗透率越大，则渗吸作用越强，吸水性系数越大。

5. 中高渗砂岩吸水质量分析

砂岩在自发渗吸过程中，润湿锋会随着时间不断地向前扩散移动直至到达顶端或者达到渗吸平衡状态，与此同时，砂岩中吸入水的质量也在不断增加。本节将研究砂岩的另一个重要吸水性质——吸水质量与时间之间的规律。

通过自发渗吸吸水称重实验，我们使用高精度电子天平分别记录下了不同渗吸时间段内三种中高渗砂岩样品累计渗吸水的质量，并依据表 4.12，绘制出了三种砂岩样品的累计吸水质量与渗吸时间的关系图，如图 4.29 所示。

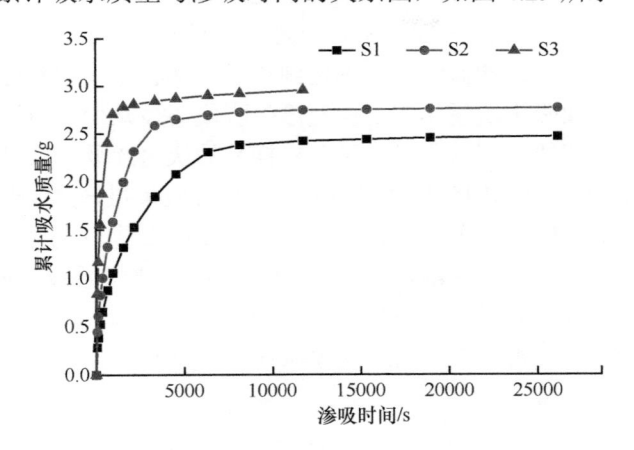

图 4.29 三种砂岩样品的累计吸水质量与渗吸时间的关系图

在图 4.29 中可以看到中高渗砂岩样品的吸水质量曲线走势情况。三条吸水质量曲线呈上凸形，累计吸水质量随着渗吸时间的增加而增加，渗吸过程大致分为两个阶段：快速渗吸阶段和缓慢渗吸阶段。在快速渗吸阶段，样品在渗吸刚开始时，曲线斜率最大，吸入水的体积最多，质量最大，而后曲线斜率逐渐减小，吸入水的质量逐渐减少。曲线中，S1、S2、S3 分别在 6360s、3360s、960s 时出现转折点，之后吸入水的质量明显减缓，吸水质量曲线近乎与 X 轴平行，进入缓慢渗吸阶段。单独来看，样品 S3 的吸水质量曲线位于最上方，样品 S2 居于中间，样品 S1 始终处于最下方，这说明相同时间内样品 S3 吸水质量最多，吸水速率最快，其次是样品 S2，样品 S3 最差。同样，样品 S3 最先在 960s 时出现转折点，结束快速渗吸阶段，进入缓慢渗吸阶段，转折点处吸入水的质量为 2.7059g；而后是样品 S2，转折点处吸入水的质量为 2.5876g；最后是样品 S3，在 6360s 进入缓慢渗吸阶段，耗时是 S1 的 6.6 倍、S2 的 1.9 倍，转折点处吸入水的质量为 2.3078g，比 S1 少 0.3981g，比 S2 少 0.1183g。在缓慢渗吸阶段，S3 也一直是累计吸入水的质量最多的样品，S1 则是累计吸入水的质量最少的样品，这可能与样品的孔隙度大小有关，孔隙度越大，样品中能吸入水的体积越大，再结合 4.2.2 节分析得出的 S3 渗吸速率最快，S1 最慢，从而 S3 累计吸入水的质量也最多，S1 最少。

由上知三种砂岩快速渗吸的结束时间是 6360s、3360s 和 960s，在图 4.24 的渗吸曲线中，我们看到三种砂岩样品到达渗吸最高点处的时间分别是 6655s、2437s、895s，两者之间的时间较为接近，除了统计误差的影响，这说明快速渗吸阶段和缓慢渗吸阶段之间的转折点与润湿锋是否达到平衡状态或者到达样品顶端有关，如果润湿锋达到平衡状态或者到达样品顶端，则会结束快速渗吸，进入缓慢渗吸阶段。

在 3.4 节中，介绍了吸水质量毛细管模型和分形模型。在两种模型中，累计吸水质量 M 与渗吸时间 t 之间都遵循同一规律，即 M 正比于 $t^{0.5}$。当吸水进入缓慢渗吸阶段时，砂岩样品的润湿锋基本达到渗吸平衡状态或者到达样品顶端，不能再向上扩散，导致吸水质量相较于快速渗吸阶段明显减少，所以只有在快速渗吸阶段才符合这一规律。因此，对三种砂岩样品的快速渗吸阶段进行线性拟合，拟合结果如图 4.30 所示。由图 4.30 可以看出，拟合效果很好，数据点绝大多数都在拟合直线上，拟合优度均大于 0.99，说明累计吸水质量 M 与渗吸时间 t 的平方根之间确实存在线性关系。在拟合直线中，S1 的吸水质量系数为 $0.031\text{g/s}^{0.5}$，S2 的吸水质量系数为 $0.049\text{g/s}^{0.5}$，S3 的吸水质量系数为 $0.094\text{g/s}^{0.5}$，吸水质量系数依次增长，与三种砂岩吸水性系数的增长规律具有一致性。

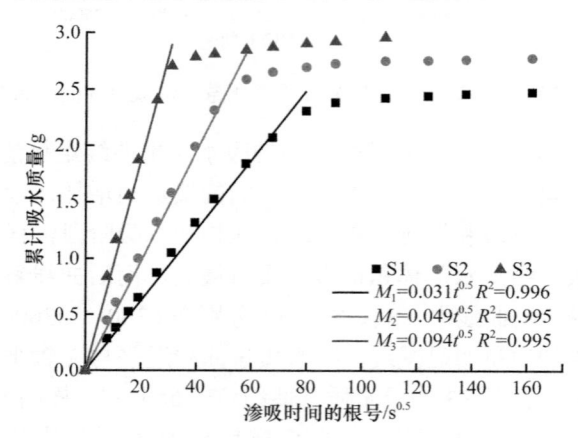

图 4.30 三种砂岩样品累计吸水质量与渗吸时间平方根之间的关系

根据 3.4 节的吸水质量毛细管模型和分形模型，并结合计算所需要的参数，我们分别计算出了吸水质量毛细管模型的吸水质量系数和分形模型的吸水质量系数，并将结果一一列在了表 4.16 中。从表 4.16 中可以看到，吸水质量毛细管模型预测的吸水质量系数与实际测量的吸水质量系数较为接近，但分形模型预测的吸水质量系数则差别较大，相差在 10 倍以上，极大地高估了样品的吸水质量系数。对比吸水质量毛细管模型[式(3.58)]，分形模型中[式(3.63)]采用了最大毛细管径，同时毛细管径前面的系数计算结果大于 1，相当于又将毛细管径扩大好几倍，这是结果相差较大的主要来源。虽然分形模型不能准确预测出吸水质量系数，但是也验证了累计吸水质量与渗吸时间的平方根之间具有线性关系。

表 4.16 三种砂岩样品吸水质量系数的实际测量值与理论预测值

样品	吸水质量系数/(g/s$^{0.5}$)		
	实际测量	毛细管模型预测	分形模型预测
S1	0.031	0.059	1.002
S2	0.049	0.082	1.283
S3	0.094	0.112	1.579

在表 4.16 中，吸水质量毛细管模型预测的吸水质量系数均大于实际测量的吸水质量系数。其中，S1 预测的吸水质量系数是实际的 1.903 倍，S2 预测的吸水质量系数是实际的 1.673 倍，S3 预测的吸水质量系数是实际的 1.191 倍。通过分析吸水质量毛细管模型[式(3.58)]，发现引起误差的原因可能是由式（3.59）计算得到的平均毛细管径值偏大，大于样品的实际平均毛细管径，这才导致使用模型计算的吸水质量系数偏大。同时，由吸水质量毛细管模型也可以分析出吸水质量系数从 S1 到 S3 依次增大的原因是：①S1 到 S3 的孔隙度依次增加；②S1 到 S3 的平均毛细管径依次增大。因此，在砂岩样品渗吸面积一定的情况下，孔隙度越大，内部平均毛细管径越大，则相同时间内渗吸水的体积越多，吸水质量越大。

4.2.4 结论

本节主要通过自发渗吸中子成像实验和吸水称重实验来研究三种中高渗砂岩样品吸水性系数模型和吸水质量模型的预测，分析对吸水性系数和吸水质量系数的影响因素。

（1）通过净水透射值图像可以清楚地看到中高渗砂岩样品内部润湿锋的扩散情况以及在任意时间点处的水分扩散信息，表明中子成像在砂岩内部水分流动的可视化研究中具有非常好的效果。

（2）由砂岩样品的吸水质量曲线图可以看出，砂岩样品的渗吸过程分为快速渗吸和缓慢渗吸两个阶段，两个阶段之间的转折点与润湿锋是否达到平衡状态或者到达样品顶端有关。

（3）吸水质量毛细管模型和分形模型都证明了累计吸水质量与渗吸时间的平方根之间具有线性关系，但分形模型预测结果较差。由吸水质量毛细管模型分析出吸水质量系数与样品孔隙度和平均毛细管径有关，因此，在砂岩样品渗吸面积一定的情况下，孔隙度越大，内部平均毛细管径越大，则相同时间内渗吸水的体积越多，吸水质量越大。

4.3 本章小结

中子成像技术成功用于低渗、中高渗砂岩样品自发渗吸现象的研究中。本章基于中子图像识别润湿锋位置的方法，并研究了润湿锋位置与渗吸时间平方根的关系，据此测定了低渗砂岩样品和中高渗砂岩样品的吸水性系数；进一步分析了中高渗砂岩吸水质量与吸水性系数的关系。

实验结果表明：在自发渗吸过程中，低渗砂岩样品中润湿锋位置和渗吸时间平方根间存在明显的线性关系，即吸水性系数是定值。这说明在低渗砂岩自发渗吸初期，毛细管力相对于重力而言占据了主导地位。此外，细砂岩和粗砂岩样品的吸水性系数比此前文献中报道的贝雷砂岩基质吸水过程中测定的吸水性系数要小得多。尽管高分辨X射线CT图像、压汞实验和X射线衍射实验结果均表明细砂岩和粗砂岩样品在微观结构和矿物组分方面存在显著差异，但中子成像实验测定的这两类低渗砂岩的吸水性系数差别很小。本章利用多种实验手段对低渗砂岩样品的孔隙结构进行充分精确表征，并结合第3章报道的理论模型实现了对低渗砂岩自发渗吸过程的量化分析，结果表明：低渗砂岩的迂曲度、孔径大小、孔隙形状、孔隙连通性等孔隙结构特征对其吸水性系数有着显著的影响。低渗砂岩中的黏土矿物也会对水在孔隙中的渗流造成重要影响，导致其吸水性系数较低。黏土矿物和水的相互作用会使水在低渗砂岩中的渗流通道变得更加复杂，表现为更高的迂曲度以及更小的毛细管直径。因此，为了更精准地描述低渗砂岩中的自发渗吸现象，有必要在H-P方程和Y-L方程中引入孔隙形状修正因子和迂曲度来进一步修正传统的L-W方程。

同时，通过自发渗吸中子成像实验和吸水称重实验进一步研究了三种中高渗砂岩样品吸水性系数模型和吸水质量模型的预测，分析对吸水性系数和吸水质量系数的影响因素。结果表明：通过净水透射值图像可以清楚地看到中高渗砂岩样品内部润湿锋的扩散情况以及在任意时间点处的水分扩散信息，表明中子成像在砂岩内部水分流动的可视化研究中具有非常好的效果；由砂岩样品的吸水质量曲线图可以看出，砂岩样品的渗吸过程分为快速渗吸和缓慢渗吸两个阶段，两个阶段之间的转折点与润湿锋是否达到平衡状态或者到达样品顶端有关；吸水质量毛细管模型和分形模型都证明了累计吸水质量与渗吸时间的平方根之间具有线性关系，但分形模型预测结果较差。由吸水质量毛细管模型分析出吸水质量系数与样品孔隙度和平均毛细管径有关，因此，在砂岩样品渗吸面积一定的情况下，孔隙度越大，内部平均毛细管径越大，则相同时间内渗吸水的体积越多，吸水质量越大。

参 考 文 献

[1] Hall C，Hoff W D. Water Transport in Brick，Stone and Concrete[M]. 2nd ed. London：Spon Press，2012.

[2] Otsu N. A threshold selection method from gray-level histograms[J]. IEEE Transactions on Systems，Man，and Cybernetics，1979，9（1）：62-66.

[3] 朱洪林. 低渗砂岩储层孔隙结构表征及应用研究[D]. 成都：西南石油大学，2014.

[4] Boone M A，Kock T D，Bultreys T，et al. 3D mapping of water in oolithic limestone at atmospheric and vacuum saturation using X-ray micro-CT differential imaging[J]. Materials Characterization，2014，97：150-160.

[5] Korvin G. Permeability from microscopy：Review of a dream[J]. Arabian Journal for Science and Engineering，2016，41（6）：2045-2065.

[6] Zhang L，Kang Q J，Yao J，et al. Pore scale simulation of liquid and gas two-phase flow based on digital core technology[J]. Science China：Technological Sciences，2015，58（8）：1375-1384.

[7] Cheng C L，Perfect E，Donnelly B，et al. Rapid imbition of water in fractures within unsaturated sedimentary rock[J]. Advances in Water Resources，2015，77：82-89.

[8] Hammecker C，Jeannette D. Modelling the capillary imbition kinetics in sedimentary rocks：Role of petrographical features[J]. Transport in Porous Media，1994，17（3）：285-303.

[9] Hassanein R，Meyer H O，Carminati A，et al. Investigation of water imbition in porous stone by thermal neutron radiography[J]. Journal of Physics D：Applied Physics，2006，39（19）：4284.

[10] Benavente D，Pla C，Cueto N，et al. Predicting water permeability in sedimentary rocks from capillary imbition and pore structure[J]. Engineering Geology，2015，195：301-311.

[11] Doyen P M. Permeability，conductivity，and pore geometry of sandstone[J]. Journal of Geophysical Research Solid Earth，1988，93（B7）：7729-7740.

[12] Wong P Z，Koplik J，Tomanic J P. Conductivity and permeability of rocks[J]. Physical Review B Condensed Matter，1984，30（11）：6606-6614.

[13] Cai J C，Yu B M. Prediction of maximum pore size of porous media based on fractal geometry[J]. Fractals-complex Geometry Patterns and Scaling in Nature and Society，2010，18（4）：417-423.

[14] Feng Y J，Yu B M，Zou M Q，et al. A generalized model for the effective thermal conductivity of porous media based on self-similarity[J]. Journal of Physics D：Applied Physics，2004，37（21）：3030.

[15] Wadell H. Volume，shape，and roundness of quartz particles[J]. Journal of Geology，1935，43（3）：250-280.

[16] 段庆宝，杨晓松. 汶川地震断层岩气体和液体渗透率实验研究[J]. 中国科学（D辑：地球科学），2014，44（10）：2274-2284.

[17] Tanikawa W，Shimamoto T. Comparison of Klinkenberg-corrected gas permeability and water permeability in sedimentary rocks[J]. International Journal of Rock Mechanics and Mining Sciences，2009，46（2）：229-238.

[18] 王环玲，徐卫亚，巢志明，等. 致密岩石气体渗流滑脱效应试验研究[J]. 岩土工程学报，2016，38（5）：777-785.

[19] Klinkenberg J L. The permeability of porous media to liquids and gases[J]. Socar Proceedings，1941，2（2）：200-213.

[20] 李传亮，朱苏阳，刘东华，等. 再谈滑脱效应[J]. 岩性油气藏，2016，28（5）：123-129.

[21] 张建平，赵林，王林双. 水分子簇中氢键作用[J]. 化学通报：网络版，2005，68（1）：950.

[22] 吴胜和，熊琦华. 油气储层地质学[M]. 北京：石油工业出版社，1998.
[23] 杨峰，宁正福，孔德涛，等. 高压压汞法和氮气吸附法分析页岩孔隙结构[J]. 天然气地球科学，2013，24（3）：450-455.
[24] 陈军斌，王冰，张国强. 渗流力学与渗流物理[M]. 北京：石油工业出版社，2013.
[25] 张渊，赵阳升，万志军，等. 不同温度条件下孔隙压力对长石细砂岩渗透率影响试验研究[J]. 岩石力学与工程学报，2008，27（1）：53-58.
[26] Küntz M, Lavallée P. Experimental evidence and theoretical analysis of anomalous diffusion during water infiltration in porous building materials[J]. Journal of Physics D：Applied Physics，2001，34（16）：2547.
[27] Lockington D A，Parlange J Y. Anomalous water absorption in porous materials[J]. Journal of Physics D：Applied Physics，2003，36（6）：760-767.
[28] El-Abd A E，Milczarek J J. Neutron radiography study of water absorption in porous building materials：Anomalous diffusion analysis[J]. Journal of Physics D：Applied Physics，2004，37（16）：2305-2313.
[29] Cai J C，Yu B M，Zou M Q，et al. Fractal characterization of spontaneous Co-current imbibition in porous media[J]. Energy and Fuels，2010，24（3）：1860-1867.
[30] Li K W，Zhao H Y. Fractal prediction model of spontaneous imbibition rate[J]. Transport in Porous Media，2012，91（2）：363-376.
[31] Xu P，Yu B M. Developing a new form of permeability and Kozeny-Carman constant for homogeneous porous media by means of fractal geometry[J]. Advances in Water Resources，2008，31（1）：74-81.

第5章 基于中子成像的砂岩基质非饱和扩散函数研究

5.1 低渗砂岩非饱和扩散函数研究

在非饱和渗流过程中，低渗砂岩中广泛分布的微米及亚微米尺度的孔隙能够形成较高的毛细管力；另外，低渗砂岩孔隙度较低、孔隙间的连通性差、孔隙形状不规整等孔隙结构特征使得水的渗流路径非常复杂，流动比较困难。第4章主要报道了关于低渗砂岩吸水性系数的研究，包括基于中子成像技术测定低渗砂岩吸水性系数的方法以及低渗砂岩孔隙结构与其吸水性系数之间的量化关系。吸水性系数能够对非饱和渗流过程中岩土介质内润湿锋位置与渗吸时间的关系进行量化描述；但吸水性系数不足以全面描述岩土介质中的非饱和渗流现象，特别是涉及不同时刻样品内动态含水率分布情况。

低渗砂岩内微米级、亚微米级孔隙中的微量水分难以用传统的手段有效探测。通过文献查阅发现关于低渗砂岩非饱和渗流过程中动态含水率分布实验数据的报道非常有限。本章借助中子成像技术在岩土介质水分可视化研究方面的优势，利用中国先进研究堆冷中子成像设施对非饱和渗流过程中细砂岩样品和粗砂岩样品内动态含水率分布进行了实时测定；并基于测得的实验数据，结合第3章的两种非饱和扩散函数理论模型对细砂岩和粗砂岩的非饱和扩散函数分别进行了计算。此外，本章利用第3章中介绍的非饱和扩散函数分形模型，结合第4章中利用X射线CT成像技术以及压汞法测定的细砂岩和粗砂岩孔隙结构数据以及渗透率测试数据，对细砂岩和粗砂岩的非饱和扩散函数进行了计算。其中涉及的参数包括基于X射线CT成像技术测定的砂岩样品孔隙体积分形维数、基于压汞数据估计的进气值以及基于渗透率数据计算的砂岩样品饱和导水系数。通过与基于中子图像计算的非饱和扩散函数对比，本章讨论了低渗砂岩非饱和扩散函数分形模型中的参数选取方法和模型的适用性。此外，本章在第5.1.4节中以细砂岩为例研究了吸水性系数和毛细管系数的关系；在第5.1.5节中分析了利用中子成像技术获取的细砂岩样品和粗砂岩样品非饱和渗流过程中动态含水率分布的二维和三维图像。

5.1.1 低渗砂岩微观结构与渗透性分析

根据第2章报道的中子散射和束线硬化影响评估结果可知，当样品中被中子射线透射的水的厚度越大时，中子散射和束线硬化的影响越严重。为了减轻中子散射和束线硬化的影响，并尽量保证非饱和渗流过程中水分沿竖直方向一维扩散，本节所用砂岩样品被加工为长条状。其中长条状细砂岩样品被标记为XT1，样品尺寸为 7.27mm×10.10mm×49.80mm（厚×宽×高），而长条状粗砂岩样品CT1的尺寸 10.21mm×10.33mm×49.90mm（厚×宽×高）。需要说明的是，此处高度方向指非饱和渗流过程中水分的扩散方向，厚度方向指中子束线透射方向。根据压汞实验结果，细砂岩样品和粗砂岩样品的孔隙度分别为15.2%和7.9%，中值孔隙直径分别为 2.625μm 和 0.417μm。根据第 3 章模型[式(3.46)]，可以通过确定砂岩样品的最大连通孔喉直径 d_M，进而对其进气值进行估计。根据文献报道[1-3]，砂岩样品最大连通孔喉直径可以根据压汞实验测定的毛细管压力曲线确定。如图 5.1 所示，对于细砂岩样品，延长其毛细管压力曲线平缓段并使之与右纵轴相交，交点对应的孔隙直径认为是最大连通孔喉直径。如图 5.2 所示，粗砂岩样品孔隙结构更为复杂，孔径大小呈双峰分布，毛细管压力曲线平缓段不明显。根据以往的研究[1]，低渗砂岩中大孔隙（>1μm）对其水力学性质影响较大，本书通过线性拟合大孔隙（>1μm）段毛细管压力曲线数据来对粗砂岩样品的最大连通孔喉直径进行估计，如图 5.1 黑色实线所示。最终确定细砂岩和粗砂岩样品的最大连通孔喉直径分别为 6μm 和 7.5μm。此处估算的最大孔喉直径可以理解为非润湿相驱替润湿相过程中，允许非润湿相完全穿过砂岩样品时需要施加的压力所对应的孔径，即此处的最大连通孔喉直径 d_M 更能真实反映砂岩样品的渗透特性。在本节关于低渗砂岩非饱和扩散函数的计算中，砂岩样品分形维数仍然采用第 4 章根据 X 射线 CT 图像测定的三维孔隙体积分形维数，其中细砂岩的分形维数为 2.4036，粗砂岩为 2.1903。

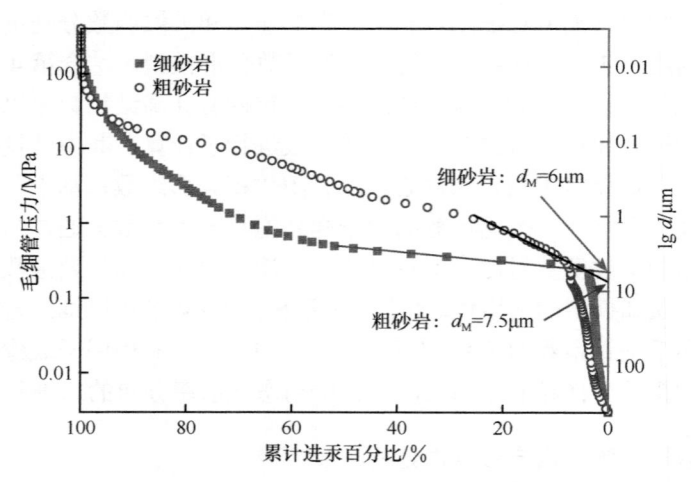

图 5.1　砂岩样品最大连通孔隙直径估计

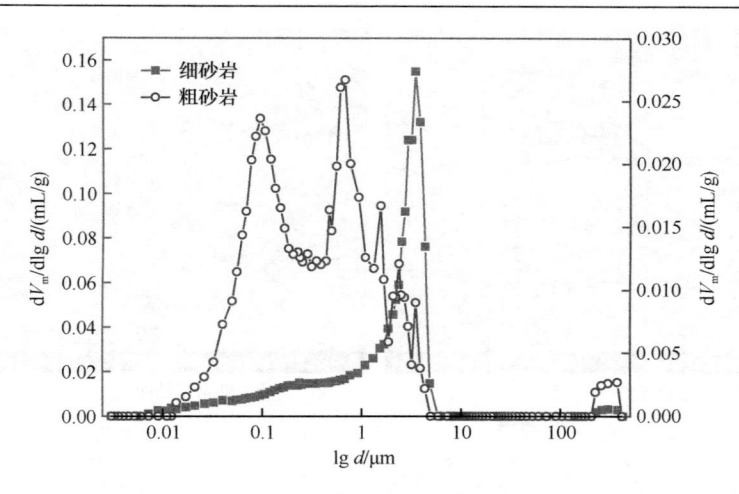

图 5.2　细砂岩（左侧）和粗砂岩（右侧）孔径大小分布曲线

由于 X 射线 CT 成像实验成本较高，本章结合扫描电镜技术（SEM）和盒维数法对孔径分布较为集中的均质细砂岩样品二维孔隙分形维数进行了研究。在细砂岩扫描电镜实验中所用电压为 15kV，样品距探测器距离为 9.6mm，放大倍数分别为 100 倍和 50 倍，如图 5.3（a）和（b）所示。细砂岩样品扫描电镜图像的分析和处理在 ImageJ 软件中完成，其中对 50 倍放大的细砂岩样品扫描电镜图像进行二值化处理以提取其孔隙结构，并基于提取的孔隙结构数据进一步利用盒维数法测定其二维孔隙分形维数，如图 5.3（c）和（d）所示。测定结果显示：细砂岩样品二维孔隙分形维数等于 1.447，比前述基于 X 射线 CT 图像测定的三维孔隙分形维数（2.4036）小 0.9566。岩土类多孔介质二维和三维分形维数的差值一般等于 1[4]，说明本次扫描电镜实验分析结果较为合理。因此，当没有条件进行 X 射线 CT 成像实验时，可以通过扫描电镜技术测定二维孔隙分形维数，进而估计三维孔隙分形维数。

如第 4 章 4.1 节所述，细砂岩样品和粗砂岩样品在 3MPa 围压和 0.50mL/min 流量下测定的渗透率分别为 0.401mD 和 2.21mD。本节通过细砂岩和粗砂岩的渗透率（k_w）对非饱和扩散函数分形模型中用到的饱和导水系数（K_s）进行计算，二者之间的关系为 $K_s=\rho g k_w/\mu$，其中 μ 表示水的动力黏度系数。在 25℃下，水的动力黏度系数为 $0.8901\times10^{-3}(\text{N}\cdot\text{s})/\text{m}^2$，重力加速度 $g=9.8\text{m/s}^2$，水的密度 $\rho=1000\text{kg/m}^3$。通过计算可得，细砂岩和粗砂岩的饱和导水系数分别为 4.358×10^{-9}m/s 和 2.401×10^{-8}m/s。

(a) SEM原始图像（100倍）

(b) SEM原始图像（50倍）

(c) SEM二值图像

(d) 盒维数法测定孔隙二维分形维数d_p

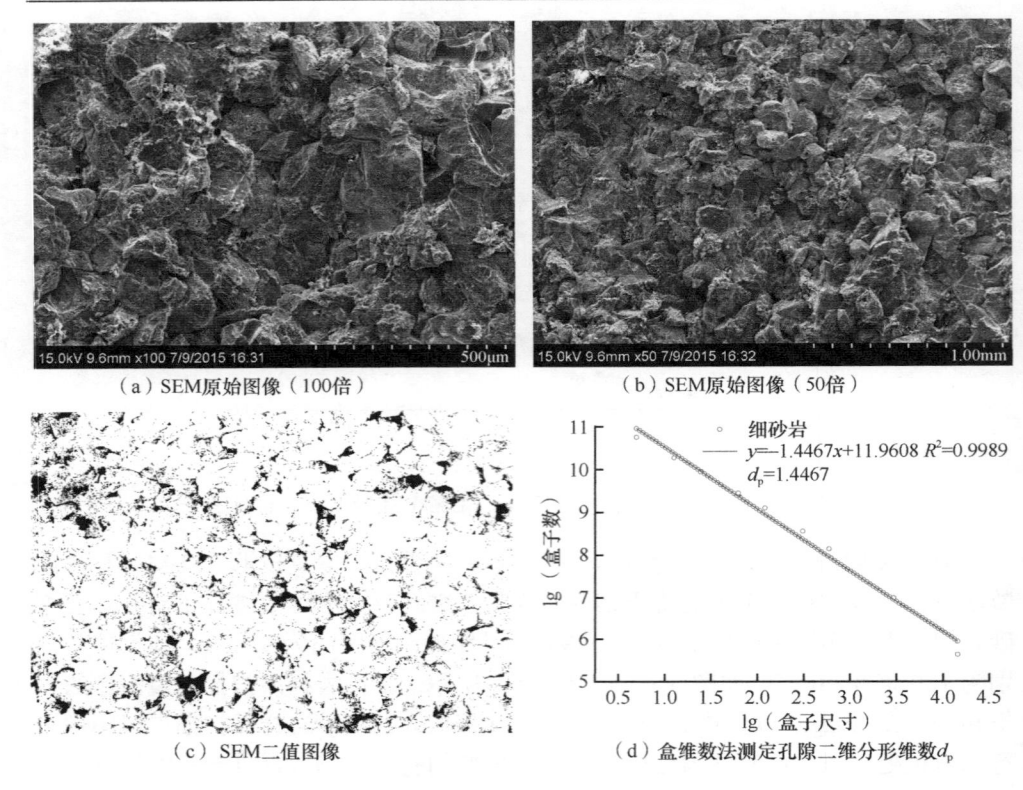

图 5.3　细砂岩样品扫描电镜图像处理和分析

5.1.2　基于中子图像的低渗砂岩动态含水率测定

为了计算细砂岩和粗砂岩的非饱和扩散函数，本节利用中国原子能科学研究院冷中子成像设施对细砂岩样品 XT1 和粗砂岩样品 CT1 一维渗吸这一典型非饱和渗流过程进行中子成像，其实验步骤和第 4 章中报道的砂岩样品 X1、C1 中子成像渗吸实验相同。本次实验采用 CCD 成像系统，其中细砂岩样品 XT1、粗砂岩样品 CT1 吸水过程中获取的单张中子图像曝光时间为 12s，其余 1.7s 用于图像读出和存储。每个样品各获取 600 张原始图像，原始图像间的时间间隔为 13.7s。由于水在细砂岩和粗砂岩样品中的扩散速度非常缓慢，因此最终从两组 600 张图像中分别选取了 60 张图像做进一步的分析和处理，选取的 60 张图像的单张时间间隔为 137s。

根据压汞实验测定的细砂岩和粗砂岩的孔隙度结果，即使在完全饱和水的状况下细砂岩样品 XT1 和粗砂岩样品 CT1 在成像实验中被中子射线透射的水的厚度分别为 1.54mm 和 0.80mm。由于一维非饱和渗流过程中砂岩样品内空气圈闭现象比土壤类散体材料更为严重，因而成像实验中砂岩样品内部被中子射线透射的水的厚度要小于该值。根据第 2 章标定实验结果可知,针对成像目标中不同的水的厚度,应选取不同的水的衰减系数、中子散射及束线硬化纠正系数对样品中的含水率进行计算。本章根据标定实验中测定的 0.5～3mm 水厚范围内净水透射率数据对水的衰减系数和中子散射及束线硬化纠正系数进行拟合计算。具体测定过程为:在第 2 章报道的标定容器净水透射图像中截取水厚为 0.5～3mm 的区域,并依次对截取的图像进行取自然对数及取负运算,最终得到的图像如图 5.4（a）所示,图像上不同像素点的灰度值代表该点上参数 $-\ln T_w$ 的值。为了减轻边界效应的影响,在每个不同水厚区域中心位置选取大小为 14.22mm×2.19mm 的兴趣区[图 5.4（a）中矩形框所示],并测定不同兴趣区内参数 $-\ln T_w$ 的平均值,将该值与对应的水厚数据绘制于图 5.4（b）中。利用式（2.5）对图 5.4（b）中的数据进行拟合,得到水厚范围为 0.5～3mm 时对应的水的衰减系数为 0.4419mm^{-1},中子散射和束线硬化纠正系数为 0.0463mm^{-2},结合式（2.7）可对非饱和渗流过程中样品内动态含水率分布进行测定。

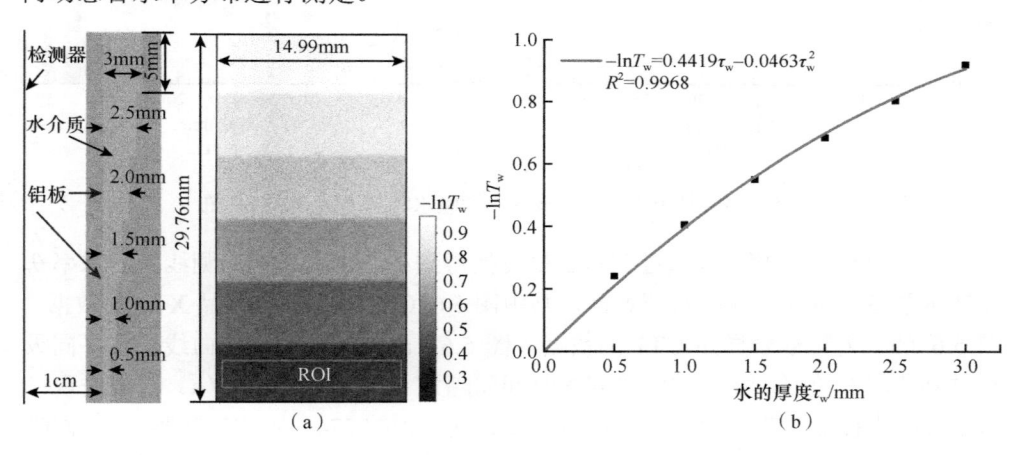

图 5.4 标定容器中子成像结果

（a）标定容器净水透射中子图像进行自然对数及取负运算结果,其中水的厚度自下而上依次从 0.5mm 增加到 3mm;（b）利用式（2.5）对提取的 0.5～3.0mm（0.5mm 增幅）水厚区域测定的 $-\ln T_w$ 数据进行非线性拟合

需要说明的是,根据第 4 章报道的 X 射线衍射实验结果:细砂岩的矿物组成中石英占 60.3%,钾长石占 30.2%,黏土矿物占 9.5%;粗砂岩中石英占 94.5%,黏土矿物占 5.5%。因此可以认为细砂岩和粗砂岩矿物成分中 SiO_2 占主导,而 SiO_2 由细小的多晶体组成,由 SiO_2 引起的严重的冷中子相干散射（coherent scattering）未见报道。当利用冷中子对细砂岩和粗砂岩样品的非饱和渗流过程进行成像研究时,可以用称重法对实验数据进行验证。

5.1.3 低渗砂岩非饱和扩散函数计算

为了减轻样品表面和样品内部非竖直方向渗流的影响，在样品横向中心位置设置垂直测线，并对不同吸水时刻该测线上的动态含水率分布情况进行监测。其中细砂岩样品 XT1 的垂直测线距样品左侧边界 3.57mm，粗砂岩样品 CT1 的垂直测线距样品左侧边界 5.10mm。图 5.5 给出了不同吸水时刻测定的沿着垂直测线自下而上方向的动态含水率分布情况，其中相邻曲线间的时间间隔为 137s。

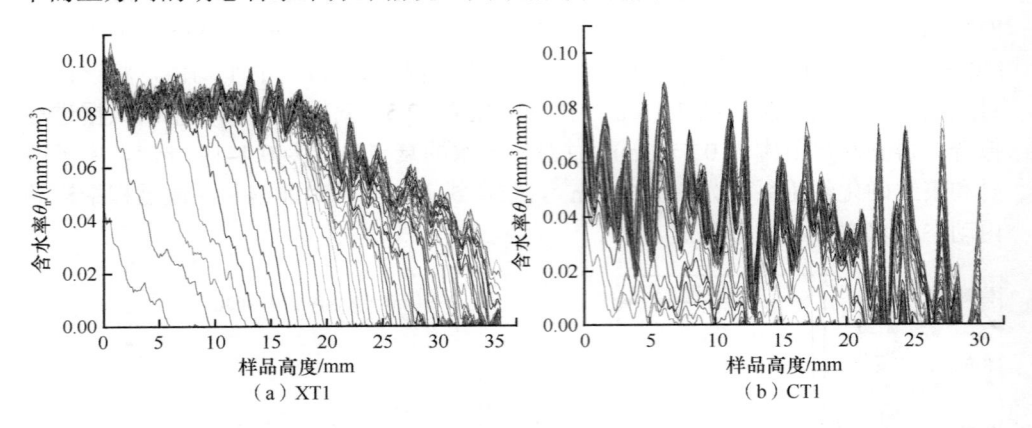

图 5.5 沿样品中央垂直测线的不同吸水时刻体积含水率分布

基于图 5.5 中的数据，通过玻尔兹曼变换得到不同吸水时刻沿测线的含水率 θ_n 和玻尔兹曼变量 η 之间的对应数据，其中图 5.6（a）为细砂岩样品 XT1 的数据，图 5.6（b）为粗砂岩样品 CT1 的数据。图 5.6（a）和（b）中的曲线代表不同吸水时刻获取的数据，相邻曲线之间的时间间隔为 137s。从图 5.6（a）可以发现：对于细砂岩样品 XT1，除了非饱和渗流实验刚开始的 274s 内测定的数据，不同吸水时刻测定的含水率 θ_n 和玻尔兹曼变量 η 关系曲线收敛到一条主线的范围内。吸水实验开始的 274s 内测定的数据未收敛可能是在实验早期成像设备空间和时间分辨不足造成的，样品的非均质性、初始供水引起的水压均可能造成上述数据的偏差[5]。此外，如果样品外包裹的锡纸胶带和样品表面贴合不够严密，微量的水分也可能沿着锡纸胶带和样品表面之间的缝隙流动，这同样会引起上述数据的偏差。

从图 5.6（a）和（b）可以发现，细砂岩样品 XT1 含水率 θ_n 和玻尔兹曼变量 η 关系曲线在横轴（η 轴）上的截距集中在 0.45 附近；而对于粗砂岩样品 CT1，该值为 0.4。因此，基于图 5.6（a）和（b）所示的数据，计算得到细砂岩样品 XT1 和粗砂岩样品 CT1 的参数 η_i 的均值分别为 0.45 和 0.4。从而，根据图 5.6（a）和（b）所示的数据进一步计算得到了所研究的两个砂岩样品不同吸水时刻体积含水

率 θ_n 和归一化的玻尔兹曼变量 $\bar{\eta}$（通过 η/η_i 计算）之间的关系曲线，如图 5.6（c）和（d）所示。

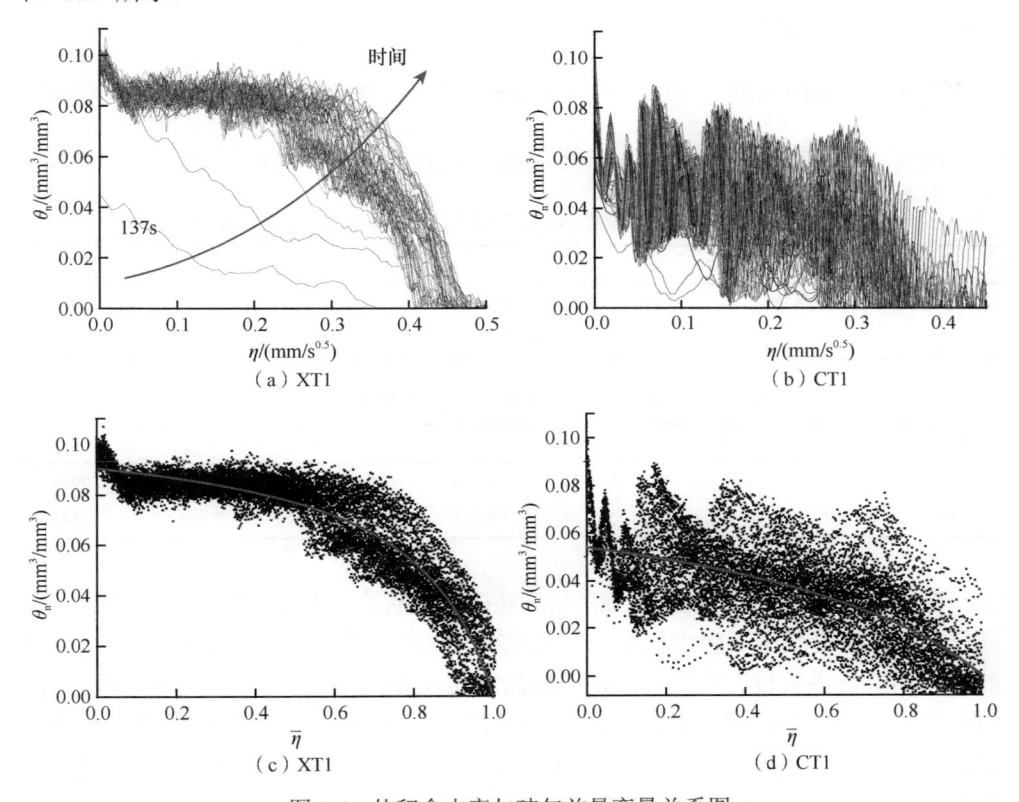

图 5.6 体积含水率与玻尔兹曼变量关系图

(a) 和 (b) 为体积含水率 θ_n 与对应的玻尔兹曼变量 η 数据；(c) 和 (d) 为体积含水率 θ_n 与对应的归一化玻尔兹曼变量 $\bar{\eta}$ 数据

接下来，利用第 3 章介绍的三种非饱和扩散函数模型分别计算了所研究的两类低渗砂岩的非饱和扩散函（系）数：①根据图 5.6（a）和（b）所示的 θ_n-η 关系曲线分别计算出式（3.15）中的积分项和差分项，利用 Matano 方法计算细砂岩和粗砂岩样品不同含水率的扩散系数值。②通过 Meyer-Warrick 模型确定所研究的两类低渗砂岩的非饱和扩散函数：利用式（3.27）对图 5.6（c）和（d）所示的数据进行拟合，以对饱和含水率 θ_s 和形状因子 A 的值进行估计；其中图 5.6（c）和（d）的实线为拟合函数曲线，拟合结果汇总于表 5.1 中，然后将表 5.1 中的数据代入式（3.28）和式（3.29）中，分别对细砂岩和粗砂岩样品的非饱和扩散函数 $D(\theta_n)$ 进行计算。③通过式（3.35）所示的非饱和扩散函数分形模型对两类低渗砂岩的非饱和扩散函数进行计算，相关参数汇总于表 5.2 中。如前所述，非饱和扩散函数分形模型计算中用到的进气值可以根据最大连通孔喉直径 d_M 按照式（3.31）计算得到。将表 5.2 中的相关参数值代入式（3.35）中，分别计算细砂岩样品 XT1 的非饱和扩散函数 $D(\theta_n)_{XT1}$ 以及粗砂岩样品 CT1 的非饱和扩散函数 $D(\theta_n)_{CT1}$ 如下：

$$D(\theta_n)_{XT1} = 3.619 \times 10^{-2} / (0.0906 - \theta_r) \cdot [(\theta_n - \theta_r) / (0.0906 - \theta_r)]^{3.677} \text{mm}^2/\text{s} \quad (5.1)$$

$$D(\theta_n)_{CT1} = 1.175 \times 10^{-1} / (0.0504 - \theta_r) \cdot [(\theta_n - \theta_r) / (0.0504 - \theta_r)]^{3.235} \text{mm}^2/\text{s} \quad (5.2)$$

表 5.1　Meyer-Warrick 模型[即式（3.27）～式（3.29）]中的各参数值

样品	A	θ_s	R^2	A_1	A_2	A_3
XT1	0.8247	0.0906	0.8529	0.0906	−1.8327	−0.2013
CT1	0.5880	0.0540	0.4555	0.0540	−1.4700	−0.1350

表 5.2　分形模型即式（3.50）中使用的确定砂岩样品非饱和扩散函数的各参数值

样品	D_p	δ	ζ	k/mD	K_s/(m/s)	Ψ_e/m	θ_s
XT1	2.4036	−0.5964	−2.1928	0.401	4.358×10^{-9}	4.9523	0.0906
CT1	2.1903	−0.8097	−2.6194	2.21	2.401×10^{-8}	2.9714	0.0540

将利用上述三种方法确定的细砂岩和粗砂岩样品的非饱和扩散函（系）数 $D(\theta_n)$ 曲线（散点）绘制于对数坐标系中，如图 5.7 所示。其中，基于 Matano 方法计算的非饱和扩散系数较为离散，这是离散的 θ_n-η 数据造成的[6]。从图 5.7 可以发现，随着含水率的增加，用三种模型计算的两类低渗砂岩样品的非饱和扩散函（系）数均呈跨数个数量级的增长（$10^{-7} \sim 10 \text{mm}^2/\text{s}$）。对于所研究的两个砂岩样品，非饱和扩散函数在低含水率阶段没有出现随着含水率的增加而减小的现象，这与 Carmeliet 等[7]报道的硅酸钙砖（Calcium silicate brick）的扩散函数在低含水率阶段的走势不同。图 5.7（a）和（b）中的实线代表根据 Meyer-Warrick 模型确定的细砂岩和粗砂岩样品非饱和扩散函数曲线。从图 5.7（a）可以发现，当含水率从 0 增加到 $0.01\text{mm}^3/\text{mm}^3$ 时，Meyer-Warrick 模型计算的细砂岩样品非饱和扩散函数增加了 10 倍（从 $1 \times 10^{-4}\text{mm}^2/\text{s}$ 增加到 $1.0 \times 10^{-3}\text{mm}^2/\text{s}$），之后非饱和扩散函数保持平稳增长，直到样品中的含水率增加到 $0.09\text{mm}^3/\text{mm}^3$。但细砂岩样品的含水率一旦超过 $0.09\text{mm}^3/\text{mm}^3$，Meyer-Warrick 模型确定的非饱和扩散函数表现出随着含水率的增加而快速增长的趋势。在 El-Abd 等[8]对黏土砖（clay brick）以及 Nizovtsev 等[9]对加气混凝土（aerated concrete）的非饱和扩散函数的研究中同样发现了上述在近饱和含水率区域扩散函数的快速增长现象。该现象可能是随着砂岩样品孔隙不断被水分充填，毛细管作用得到加强造成的[9]。对于粗砂岩样品，Meyer-Warrick 模型确定的非饱和扩散函数曲线的走势基本与细砂岩样品相同，但未发现近饱和含水率区域扩散函数的快速增长现象。

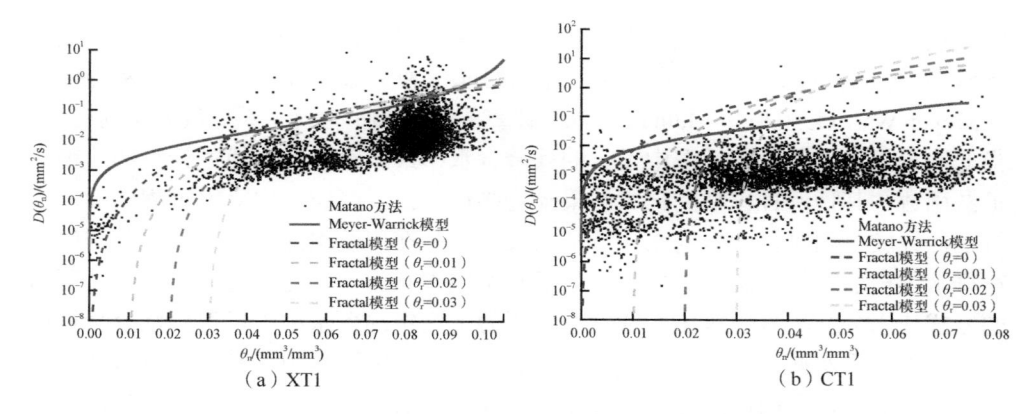

图 5.7 对数坐标下通过三种方法确定的砂岩样品非饱和扩散函（系）数曲线

图中散点为根据 Matano 方法计算得到的扩散系数值。实线基于 Meyer-Warrick 模型确定，虚线为分形模型中采用不同的残余含水率 θ_r 绘制

为了研究残余含水率取值对非饱和扩散函数分形模型曲线走势的影响，将四个不同的 θ_r 值（0，0.01，0.02 和 0.03）分别代入式（5.1）和式（5.2）中并将其曲线绘制于图 5.7 中，如图中虚线所示。从图 5.7 中可以发现，分形模型测定的非饱和扩散函数值在含水率较低的情况下小于其他两种模型确定的非饱和扩散函（系）数值。当细砂岩样品中的含水率从 0 增加到 0.02mm^3/mm^3 时，分形模型计算的非饱和扩散函数快速增长；根据分形模型计算的粗砂岩样品的非饱和扩散函数在含水率为 0~0.01mm^3/mm^3 范围同样表现出随含水率增加而快速增长的趋势。但一旦粗砂岩样品中含水率超过 0.01mm^3/mm^3，其非饱和扩散函数随着含水率的增加而增长的速度变缓。在低含水率范围，分形模型计算的细砂岩和粗砂岩的非饱和扩散函数值比 Meyer-Warrick 模型计算的非饱和扩散函数值低。这可能是由于分形模型中没有考虑气态水扩散的影响。由于 Meyer-Warrick 模型中的参数基于中子图像确定，因此该模型中考虑了气态水的扩散。如图 5.7（a）所示，对于细砂岩样品，分形模型和 Meyer-Warrick 模型计算的非饱和扩散函数间的差值随着含水率的增加而减小。然而从图 5.7（b）可以发现，非饱和扩散函数分形模型高估了粗砂岩样品在高含水率阶段的非饱和扩散函数值，这是粗砂岩中的大孔隙在饱和和非饱和渗流中的作用差异造成的。在液相渗透率测试中，外部压差下粗砂岩中的大孔隙导水能力较强，从而测定的粗砂岩的饱和导水系数较高；然而，在一维非饱和渗流过程中，粗砂岩中的大孔隙连通性差且毛细管力小导致其对非饱和状态下的水分输运贡献较小。

当非饱和扩散函数分形模型即式（5.1）和式（5.2）中采用毛细管饱和含水率时，图 5.7（a）和（b）给出了不同残余含水率下计算的细砂岩样品和粗砂岩样品非饱和扩散函数曲线。这里的毛细管饱和含水率指室内条件下的一维自发渗吸过程中砂岩样品能够达到的含水率。从图 5.7（a）和（b）可以发现，残余含水率 θ_r 的值越大，依据分形模型计算的非饱和扩散函数的值与其他两种模型（Meyer-Warrick 模型和 Matano 方法）计算的非饱和扩散函（系）数值差别越大。当非饱和扩散函数分形模型中设定的残余含水率最小时，分形模型计算的非饱和扩散函数与其他两种模型的计算结果最为接近。由于测定砂岩吸水过程中的水分特征曲线较为困难，砂岩的水分特征曲线一般是在气驱水的排水过程中测定的。在排水过程的初始状态，砂岩一般处于真空饱水状态，并通过逐级增加气体压力的方式使水分从砂岩中排出，依据不同压力下测定的含水率可以得到水分特征曲线。由于"墨水瓶"效应以及砂岩颗粒表面对水的吸附作用，有一部分水在排水过程结束后仍被圈闭在砂岩样品内部，形成残余水。从表 5.1 中可以看到，在一维渗吸过程中，细砂岩样品 XT1 的毛细管饱和含水率 θ_s 为 0.0906mm^3/mm^3。以压汞法测定的细砂岩孔隙度（0.152）作为参考，在一维渗吸过程中，细砂岩样品内仅有 59.61%的孔隙被毛细管水充填。基于类似的计算，粗砂岩样品 CT1 中 68.77%的孔隙在一维渗吸过程中能够被毛细管水充填。这说明在一维自发渗吸过程中，对于所研究的细砂岩和粗砂岩这两类低渗砂岩而言有很大一部分孔隙难以被毛细管水充填。真空状态下这两类低渗砂岩的吸水实验表明，这部分在室内环境的一维渗吸过程中难以被毛细管水充填的孔隙能够在真空状态下被水充满。可以推测，这部分孔隙即使能够在真空状态下被水充满，但在气驱水的排水实验中仍然难以排出。不妨假设在自发渗吸过程中起到传输水分作用的这部分连通性较好的孔隙（即用毛细管饱和含水率表示的孔隙空间）在排水过程中仍发挥着主导作用。在这种情况下，当利用分形模型即式（5.1）和式（5.2）对低渗砂岩样品非饱和扩散函数进行计算时，如果采用毛细管饱和含水率则应该选取较小的残余含水率计算非饱和扩散函数。需要再次说明的是：图 5.7 中的各模型曲线走势同样验证了上述判断的合理性，即当分形模型中采用毛细管饱和含水率的同时设定残余含水率为零，利用分形模型计算的非饱和扩散函数值与其他两种方法计算的非饱和扩散函（系）数值最接近。

  关于非饱和扩散函数分形模型的适用性以及参数确定的方法更深入的讨论需要依赖更多不同类型岩石的非饱和渗流数据以及孔隙结构数据。总的来看，与非均质的粗砂岩样品相比，书中所展示的三种计算低渗砂岩非饱和扩散函数的模型更适用于均质的细砂岩样品。而关于非均质砂岩的非饱和扩散函数的准确预测模型的建立值得进一步探讨。此外，关于砂岩吸水和排水过程的水分特征曲线差异的研究也有待进一步深入。

5.1.4 低渗砂岩吸水过程中的动态含水率分布特征

  研究非饱和渗流过程中砂岩样品内润湿锋形态对于分析水在干燥样品中的扩

散现象至关重要。不同吸水时刻砂岩样品内动态含水率的分布有助于揭示非饱和渗流过程中各类孔隙所发挥的作用。本节给出了基于中子成像技术获取的非饱和渗流过程中细砂岩和粗砂岩样品内体积含水率空间分布的动态演化过程的彩色增强图（图 5.8 和图 5.9），并对这两类低渗砂岩非饱和渗流特点进行对比分析。需要指出的是，二维和三维图像中含水率图例和时间是相同的。不同的颜色对应不同的体积含水率，如图例所示。其中在两个样品中润湿锋前部均可以观察到润湿前驱区（precursor zone），这是水分在连通性较好且毛细管力较强的孔隙中先行扩散引起的。与粗砂岩样品 CT1 相比，细砂岩样品 XT1 中的润湿前驱区更加明显且形状规则，这是细砂岩中普遍存在的连通性较好的微孔在非饱和渗流过程中能够形成较大的毛细管力造成的；而粗砂岩孔隙结构非均质性强，连通性较差的大孔隙对非饱和状态下样品中的水分渗流贡献有限[10]。

在非饱和渗流过程中，随着水分在毛细管力的作用下流入岩石孔隙，孔隙中的大部分空气会被驱替出去，一部分空气会被圈闭在连通性差以及孤立的孔隙中[11-13]。从图 5.8（a）和图 5.9（a）中最右侧的一张图可以发现砂岩样品底部邻近供水面区域的含水率比样品上方远离供水面区域的含水率高，细砂岩样品 XT1 中该区域的含水率可到达约 $0.10\text{mm}^3/\text{mm}^3$，粗砂岩样品 CT1 中达到约 $0.11\text{mm}^3/\text{mm}^3$。然而随着水分的不断扩散，润湿前驱区沿着水分扩散方向的含水率梯度逐渐减小，如图 5.8（b）和图 5.9（b）所示。所研究的细砂岩和粗砂岩样品在非饱和渗流中的空气圈闭现象主要是其复杂的孔隙结构造成的；渗吸实验过程中样品表面缠绕的锡纸胶带也会造成空气逸出的困难。此外，从图 5.8 和图 5.9 观察到了非饱和渗流过程中样品内水分润湿区域含水率的大小存在波动的现象，这可能是非饱和渗流过程中气泡收缩以及润湿区内水分的二次扩散造成的[11]。随着水分的不断扩散，被圈闭的空气溶解及扩散同样会引起样品内部一些区域含水率的波动[11, 14]。

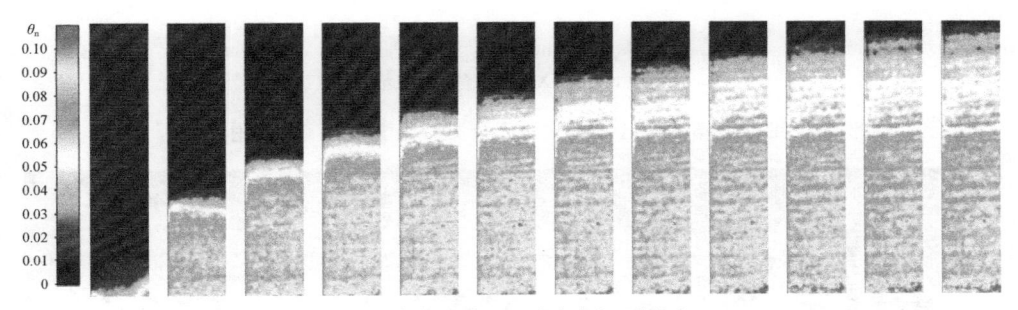

（a）样品XT1动态含水率二维分布

（b）样品XT1动态含水率三维分布

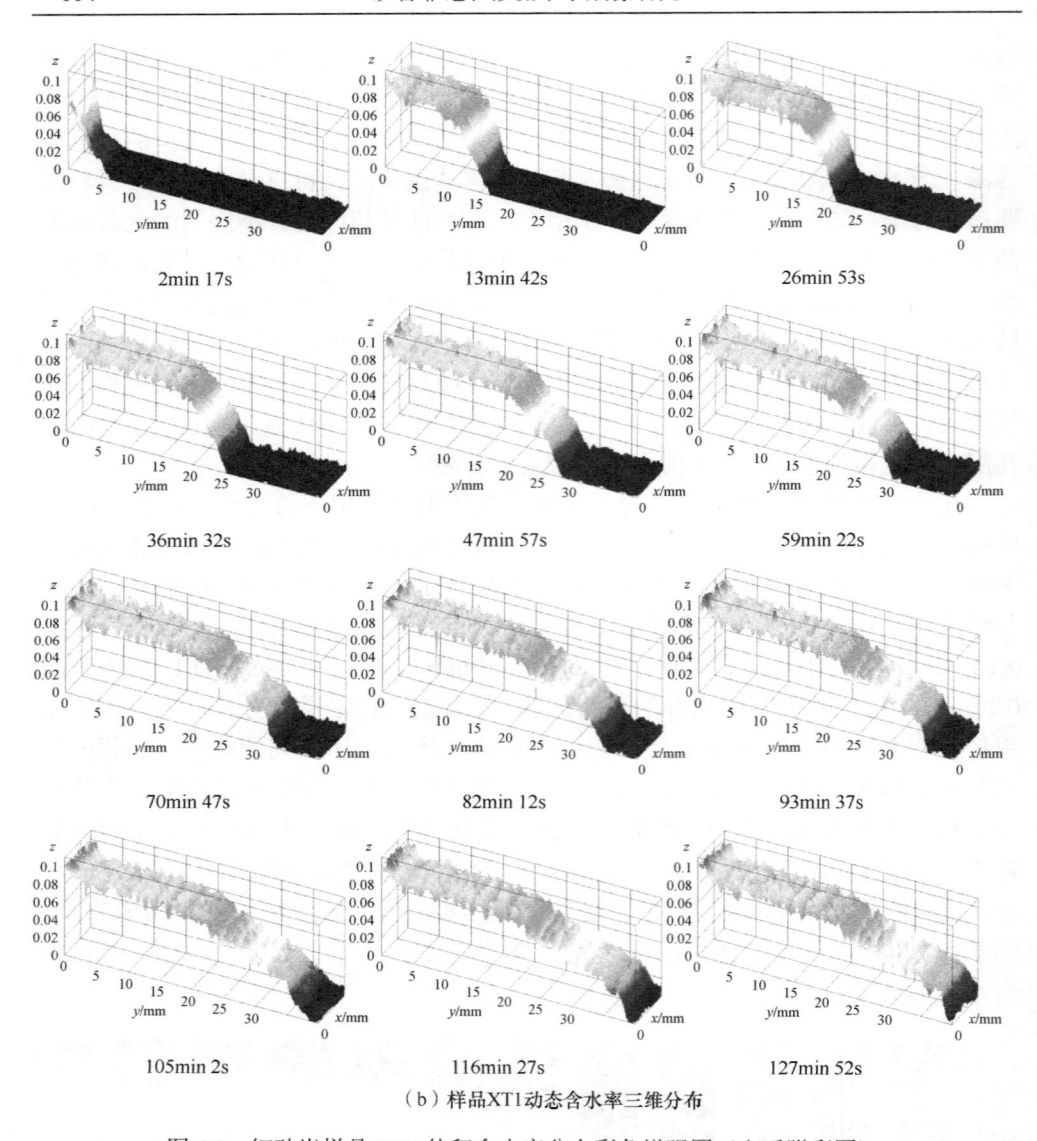

图 5.8　细砂岩样品 XT1 体积含水率分布彩色增强图（文后附彩图）

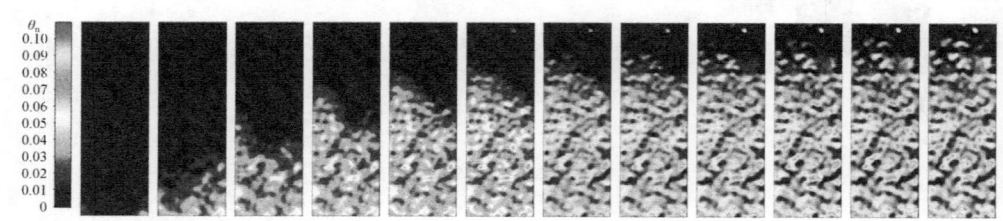

（a）样品CT1动态含水率二维分布

2min 17s   13min 42s   26min 53s

36min 32s   47min 57s   59min 22s

70min 47s   82min 12s   93min 37s

105min 2s   116min 27s   127min 52s

（b）样品CT1动态含水率三维分布

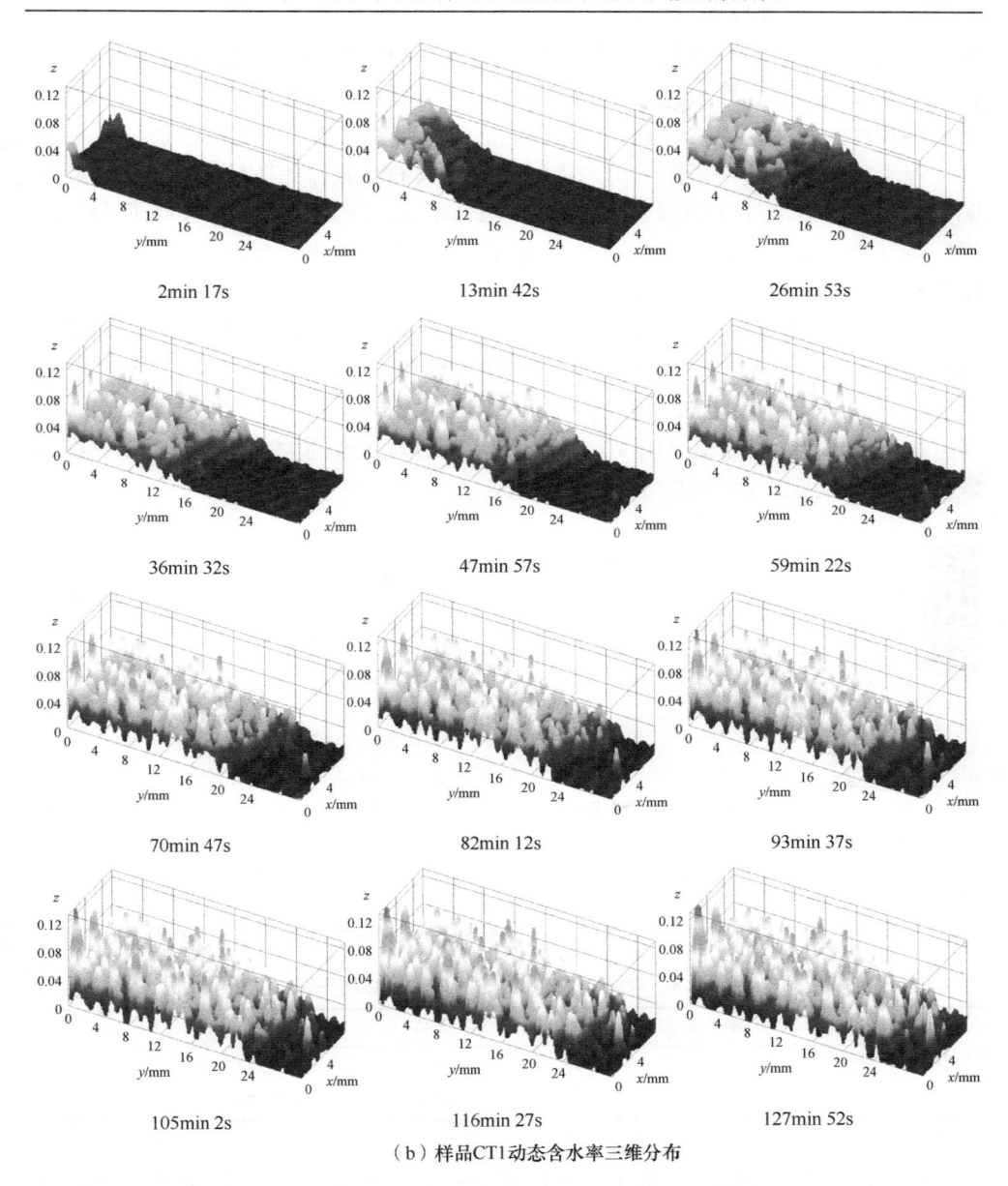

图 5.9 粗砂岩样品 CT1 体积含水率分布彩色增强图（文后附彩图）

5.1.5 低渗砂岩吸水性系数和毛细管系数关系研究

用于描述润湿锋位置与渗吸时间关系的吸水性系数在污染物扩散程度评估、建筑物耐久性等研究中比用于描述渗吸体积与渗吸时间关系的毛细管系数更为实用。但是难以通过传统实验手段准确测定自发渗吸过程中砂岩样品内部润湿锋的位置。本节以细砂岩样品 XT1 为例,利用中子成像技术及称重法研究该类砂岩样品非饱和渗流过程中吸水性系数 S_{XT} 和毛细管系数 C_{XT} 之间的量化关系。

用于数据分析的中子图像仍为上述报道的从 600 张原始图像中选取的时间间隔为 137s 的 60 张中子图像。如图 5.10(a)所示,在细砂岩样品 XT1 图像上水平间隔 1.79mm 均匀设置四条垂直测线用以测定不同吸水时刻的润湿锋位置,其中图 5.10(a)所示的细砂岩样品含水率分布图像获取时刻为 22min 50s。图 5.10(a)右侧所示为沿着左侧样品中子图像中测线(L_H=4.46mm,其中 L_H 表示测线起点距样品最左侧的距离)的含水率分布曲线,自下而上方向上含水率减少至零处的位置被识别为润湿锋,如箭头所示。将测定的润湿锋位置和对应的渗吸时间平方根数据绘制于图 5.10(b)中,并用线性函数对二者的关系进行拟合得到细砂岩样品 XT1 的吸水性系数,如表 5.3 所示。

(a)润湿锋位置测定　　　　(b)吸水性系数测定

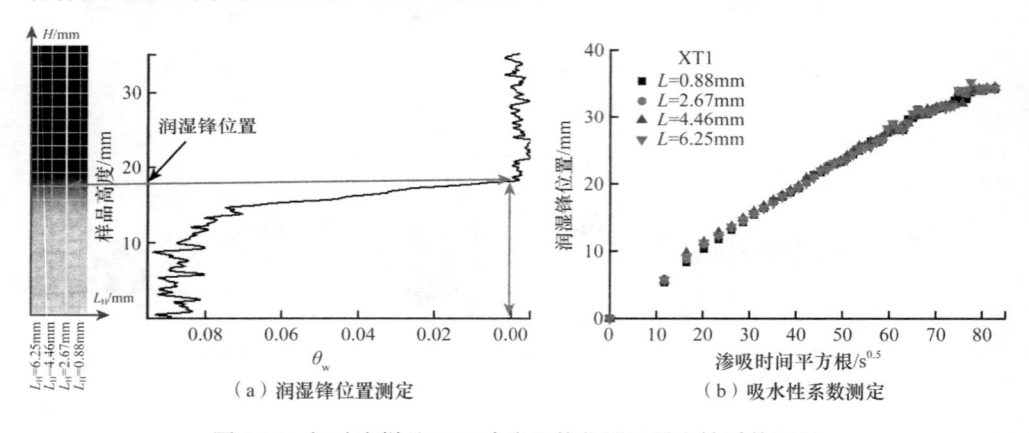

图 5.10　细砂岩样品 XT1 内润湿锋位置及吸水性系数测定

表 5.3　样品 XT1 吸水性系数及拟合度系数

测线 L_H/mm	0.88	2.67	4.46	6.25	均值
S_{XT}	0.4483	0.4501	0.4510	0.4527	0.4505
R^2	0.9977	0.9975	0.9973	0.9977	0.9976

细砂岩样品的毛细管系数 C_{XT} 可以通过式 $V_{XT}=C_{XT} \cdot S_{A-XT} \cdot t^{0.5}$ 计算,其中细砂岩样品 XT1 吸水过程中累计渗吸体积 V_{XT}(cm³)通过分析中子图像进行测定,即将表示水的厚度分布图像的各像素点的灰度值进行累加。为了保障上述方法的可靠性,称重法同样被用来监测细砂岩样品 XT1 在不同吸水时刻的累计渗吸质量,累计渗吸体积通过除以水的密度(ρ=1000kg/m³)得到。称重法的具体操作流程为:首先将砂岩样品在 105℃烘干 24h 并冷却至室温,包裹锡纸胶带并称重记录;然后

第 5 章 基于中子成像的砂岩基质非饱和扩散函数研究

将样品放置到浸没在水槽 5mm 左右的多孔陶瓷板上开始计时；最后每隔一段时间将样品取出，并用湿巾擦拭样品底部后称重记录。图 5.11（a）为通过称重法和中子成像技术得到的样品 XT1 累计渗吸体积数据，其中大的圆点为称重法数据，小的黑色点为中子成像技术测定的数据，可以看到两种方法测定的数据比较接近。经测定，细砂岩样品 XT1 的底面积 $S_{A\text{-}XT}=0.7343\text{cm}^2$。如图 5.11 所示，利用线性函数对细砂岩样品 XT1 的累计渗吸体积 V_{XT}（cm^3）和渗吸时间平方根 $t^{0.5}$（$\text{s}^{0.5}$）间的关系进行拟合，并进一步计算得到该样品的毛细管系数 C_{XT} 的值为 $0.003\text{cm/s}^{0.5}$。

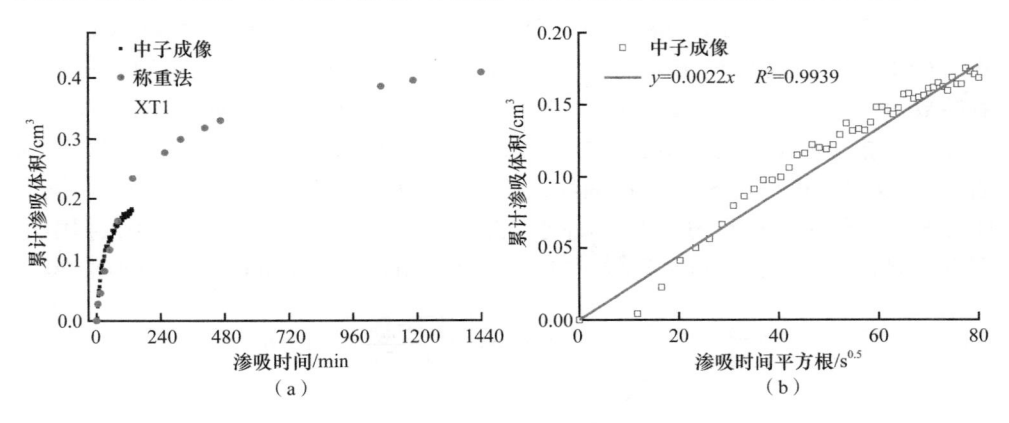

图 5.11 细砂岩样品 XT1 内累计渗吸体积测定

（a）称重法和中子成像技术测定的累计渗吸体积比较；（b）基于中子成像法测定的累计渗吸体积和渗吸时间平方根间的关系

从 5.1.3 节的分析可知，细砂岩的非饱和扩散函数可以用幂函数形式表示，且式（3.50）所示的非饱和扩散函数分形模型中采用毛细管饱和含水率并假定残余含水率为零时计算的非饱和扩散函数与其他两种模型基于中子图像数据测定的非饱和扩散函（系）数最为接近。在这种情况下，对比式（3.50）和式（3.51）可以发现，两式的幂函数前的系数项均为常数，如果样品从初始干燥状态开始吸水即参数 θ_i 取零，不难发现：

$$m = \frac{2D_p - 7}{D_p - 3} \tag{5.3}$$

将式（5.3）中确定的参数 m 的值代入式（3.52）可以评估吸水性系数、毛细管系数的关系。此时，只需要确定参数 θ_s 的值便能通过测定的砂岩样品毛细管系数来计算其吸水性系数。反之，在得到参数 m 的值的前提下，通过将测定的吸水性系数、毛细管系数代入式（3.52）同样可以计算出参数 θ_s 的值；将计算的 θ_s 的值与前述非饱和渗流扩散函数计算过程中得到的 θ_s 的值进行比较便可以对式（5.3）提出的参数 m 值的确定方法的合理性进行讨论。

根据以往文献中关于混凝土样品吸水性系数和毛细管系数关系的研究[15]，混凝土样品的饱和含水率可以通过其孔隙度的值替代。然而根据本章第 5.1.3、5.1.4 节的研究，由于空气圈闭效应的影响，一维自发渗吸过程中细砂岩样品难以被水充分饱和。如图 5.11（a）所示：在 24h 自发渗吸后，样品 XT1 累计渗吸体积为 0.4093cm^3；据此计算的样品含水率 θ_{sF} 的值为 0.1119mm^3/mm^3。根据压汞实验结果，该样品的孔隙度为 0.152，因此在 24h 的自发渗吸之后，只有 73.62%的孔隙能够被水充填。

将表 5.4 中测定的细砂岩样品 XT1 的吸水性系数 S_{XT} 和毛细管系数 C_{XT} 代入式（3.52），对参数 θ_s 和 m 之间的关系进行研究。如图 5.12 所示，参数 θ_s 的值随着参数 m 的值的增加而增加，但当 m 的值超过 3 时，θ_s 的值的增长速度变缓。将第 4 章中报道的细砂岩孔隙三维分形维数 D_p 的值代入式（5.3）计算得到参数 m 的值为 3.677，根据图 5.12 中的曲线，此时参数 θ_s 的值为 0.0836mm^3/mm^3，该值比 24h 渗吸结束后得到的含水率 θ_{sF} 小 25.3%。然而该值仅比 5.1.3 节中依据中子图像数据确定的细砂岩样品毛细管饱和含水率（0.0906mm^3/mm^3）的值小 7.7%。

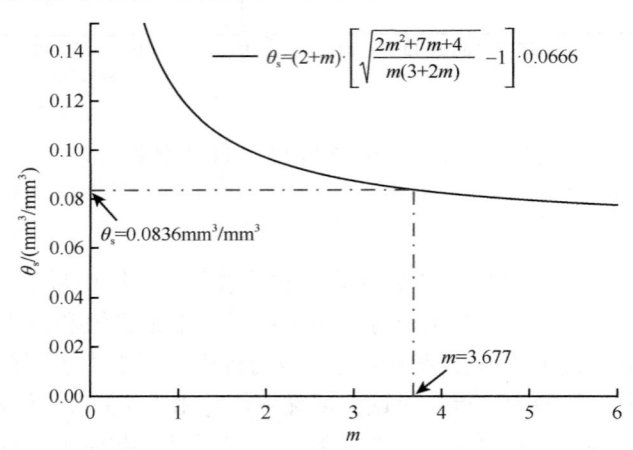

$$\theta_s = (2+m) \cdot \left[\sqrt{\frac{2m^2+7m+4}{m(3+2m)}} - 1 \right] \cdot 0.0666$$

图 5.12 基于式（5.3）描述的参数 θ_s 和参数 m 间的关系曲线

表 5.4 用于研究砂岩样品 XT1 吸水性系数和毛细管系数关系的参数

样品	S_{XT}/(cm/s$^{0.5}$)	C_{XT}/(cm/s$^{0.5}$)	D_p	m	θ_s/(mm^3/mm^3)
XT1	0.04505	0.0030	2.4036	3.677	0.0836

如图 5.13 所示，用于描述累计渗吸体积和渗吸时间平方根间关系的线性函数的斜率在渗吸时间超过 2h 15min 时变小。这说明由于空气圈闭效应以及渗吸过程后期重力的影响，在细砂岩样品 XT1 的一维自发渗吸过程中毛细管系数不是常量。细砂岩样品吸水过程中吸水性系数保持恒定但毛细管系数减小的原因可以通过分

析样品含水率空间分布得到解释。如图 5.14（a）所示，在润湿锋区域存在明显的非饱和带。且在自发渗吸开始 900s 以后，该非饱和带的长度（H_u）随着吸水时间的平方根增加而呈线性增长，如图 5.14（b）所示。因此，在自发渗吸后期毛细管系数的减小可以归因于润湿锋区域非饱和带长度的增长。总结来看，当式（3.52）和式（5.3）中采用毛细管饱和含水率以及孔隙分形维数进行计算时可以对细砂岩样品自发渗吸初期阶段（2h 15min）的吸水性系数和毛细管系数间的关系进行较为准确的描述。

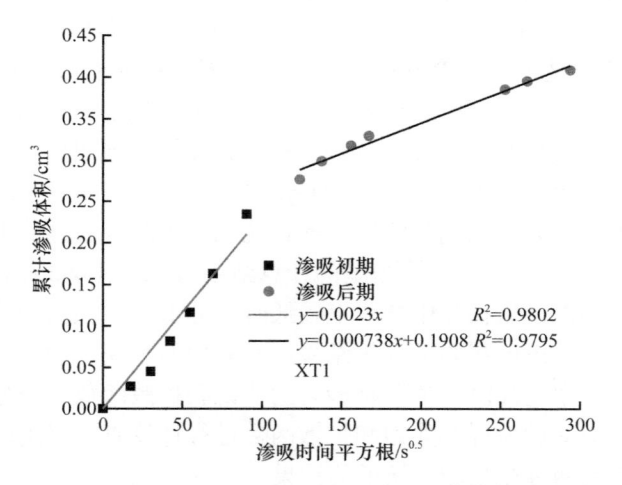

图 5.13 基于称重法确定的累计渗吸体积与渗吸时间平方根间的关系

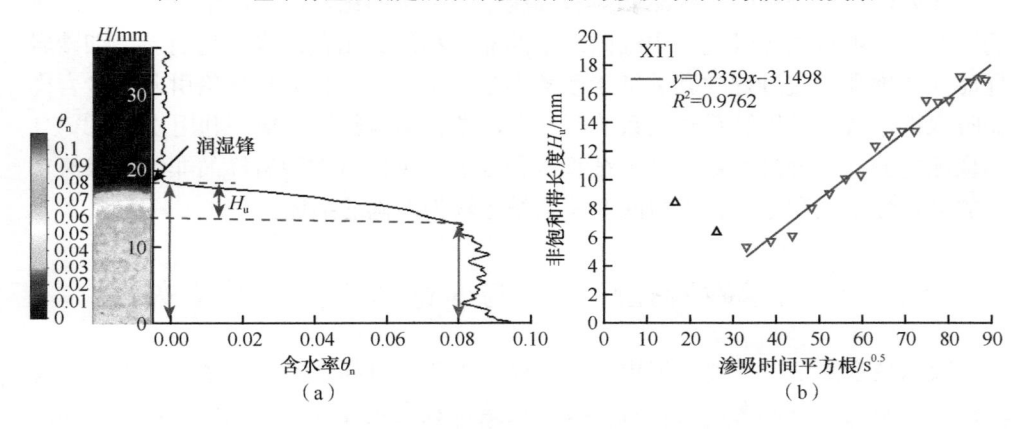

图 5.14 细砂岩样品 XT1 自发渗吸过程中润湿锋附近的非饱和带
（a）非饱和带长度（H_u）示意图；（b）非饱和带长度与渗吸时间平方根间的关系

5.1.6 结论

本节利用中子成像技术对细砂岩、粗砂岩两类低渗砂岩样品非饱和渗流过程中的水分动态扩散进行了可视化研究。为了使中子成像技术测定的砂岩样品内动态含水率分布数据更为可靠，本节根据所研究样品特点，基于修正的 Lambert-Beer 定律测定了适用于所研究的砂岩样品的水分衰减系数和中子散射及束线硬化纠正系数。并且分别利用 Matano 方法、Meyer-Warrick 非饱和扩散函数模型及分形模型计算了细砂岩和粗砂岩样品的非饱和扩散函数。并且以细砂岩样品为例，探讨了吸水性系数和毛细管系数的关系。其中的主要发现包括：将根据压汞数据估计的砂岩样品进气值以及基于 X 射线 CT 图像数据测定的砂岩孔隙三维分形维数代入第 3 章中的非饱和扩散函数分形模型中可以对所研究的两类低渗砂岩的非饱和扩散函数进行较为合理的描述。结果表明：随着砂岩样品内含水率的增加，非饱和扩散函（系）数呈跨越几个数量级的非线性增长（$10^{-7} \sim 10 \text{mm}^2/\text{s}$）。当样品中的含水率较低时，Meyer-Warrick 模型计算的非饱和扩散函数值大于其他两种方法测定的扩散函数（系）数值。Meyer-Warrick 模型揭示了细砂岩样品中接近饱和含水率时非饱和扩散函数的快速增长现象。当细砂岩样品中含水率相对较高（$0.04 \text{mm}^3/\text{mm}^3$ 以上）时，分形模型的计算结果与 Meyer-Warrick 模型的计算结果较为接近。而当细砂岩样品中含水率较低时，分形模型预测的非饱和扩散函数值要低于 Meyer-Warrick 模型的计算结果。与其他两种模型的计算结果相比，分形模型在样品含水率较高时高估了粗砂岩的非饱和扩散函数。当分形模型中采用毛细管饱和含水率对砂岩样品非饱和扩散函数进行计算时，采用较低的残余含水率可以得到与其他两种模型较为接近的结果。

此外，通过分析砂岩样品非饱和渗流中的中子图像发现：由于空气圈闭效应的影响，一维自发渗吸过程中细砂岩中的非饱和现象比粗砂岩更为明显。细砂岩样品在非饱和渗流过程中其毛细管系数不是常量。本章将分形理论引入细砂岩样品吸水性系数和毛细管系数关系的研究中，结合实验数据发现：利用 X 射线 CT 图像测定的孔隙分形维数以及毛细管饱和含水率可以对细砂岩样品非饱和渗流初期的吸水性系数和毛细管系数间的关系进行较为准确的描述。

5.2 中高渗砂岩孔隙结构与非饱和扩散函数的关系

吸水性系数主要探究砂岩内部润湿锋的扩散与时间之间的关系，可以定量化地描绘出不同时刻润湿锋的位置；吸水质量系数则是探究累计吸水质量与时间之间的关系，从而预测不同时刻砂岩累计吸入水的质量。虽然它们已经能够对砂岩基质的一些渗吸现象进行描述，但是仍不足以全面描述砂岩内部的非饱和渗流现象，尤其是涉及砂岩不同水饱和度处的扩散情况。

在第 2 章中子成像原理中，我们介绍了基于中子图像求取砂岩内部体积含水率的方法。在已经完成自发渗吸中子成像的基础上，本章将运用此方法求取不同时刻砂岩不同位置处的体积含水率。为了探究三种中高渗砂岩的非饱和扩散规律，在 3.2 节中引入了非饱和扩散模型。由于本节选用砂岩的渗吸现象并不符合常规扩散（即润湿锋的位置依赖于渗吸时间的平方根），所以非饱和扩散函数均以广义菲克定律为基础，结合非玻尔兹曼变换，最终得到了非饱和扩散函数的表达式。后根据不同学者对体积含水率与归一化非玻尔兹曼变量之间关系的不同表述，得到了幂律型和 Meyer-Warrick 型两种非饱和扩散函数的具体形式。在求得砂岩体积含水率的基础上，分别求得幂律型和 Meyer-Warrick 型两种不同模型中的参数，得到非饱和扩散函数的曲线图，对比通过实验数据求导和积分得到的广义菲克定律模型散点图，讨论分析不同模型的适用性，从而更好地研究砂岩的非饱和扩散规律。

5.2.1 中高渗砂岩内部中央含水率演变过程

在第 4 章 4.2 节中，得到了三种砂岩样品渗吸过程的中子图像，经过一系列处理，获得了三种砂岩样品的净水透射图像，并设置了三条测线用来提取图像中的数据。为了避免样品边界和样品内部非竖直方向渗流的影响，这里只对三种砂岩样品中部测线的数据进行处理。第 3 章中，通过标定件的标定试验，求出了式（2.7）中的纠正系数和衰减系数，消除了中子成像实验中中子散射和束线硬化的影响，使求得的含水厚度更加准确，然后将三种砂岩样品中部测线所提取出来的数据代入式（2.7）中，便得到了三种砂岩样品内部中央不同时刻不同高度处的含水率。现将此数据绘制成曲线图展示出来，以便清楚地看出不同时刻不同位置处含水率的演变过程。

在图 5.15 中，曲线从左到右时间依次递增，可以看出随着时间的增加，曲线与 x 轴交点（零含水点）不断向右移动，说明样品内的水分不断向前扩散。观察三个样品的曲线演变形态，发现它们都具有相似性，即在曲线顶部汇聚重叠，下部形成单线条依次向右移动，在曲线中，位置越高代表体积含水率越大，这个现象揭示了在砂岩渗吸过程中，水分从样品底部开始向上润湿，起初润湿部分含水率较低，而后在渗吸作用下润湿部分底部含水率增加，与此同时润湿部分也向上发展。因此可以总结出砂岩自发渗吸的过程是，先对样品进行润湿，而后润湿部分含水率开始增加，含水率增加的同时润湿部分又开始向上发展，由此循环同步发展，直至润湿锋不再移动或者达到样品顶端，但润湿部分的体积含水率仍会增加至所能达到的最大值。这也解释了曲线会出现顶部汇聚重叠，下部形成单线条的现象。

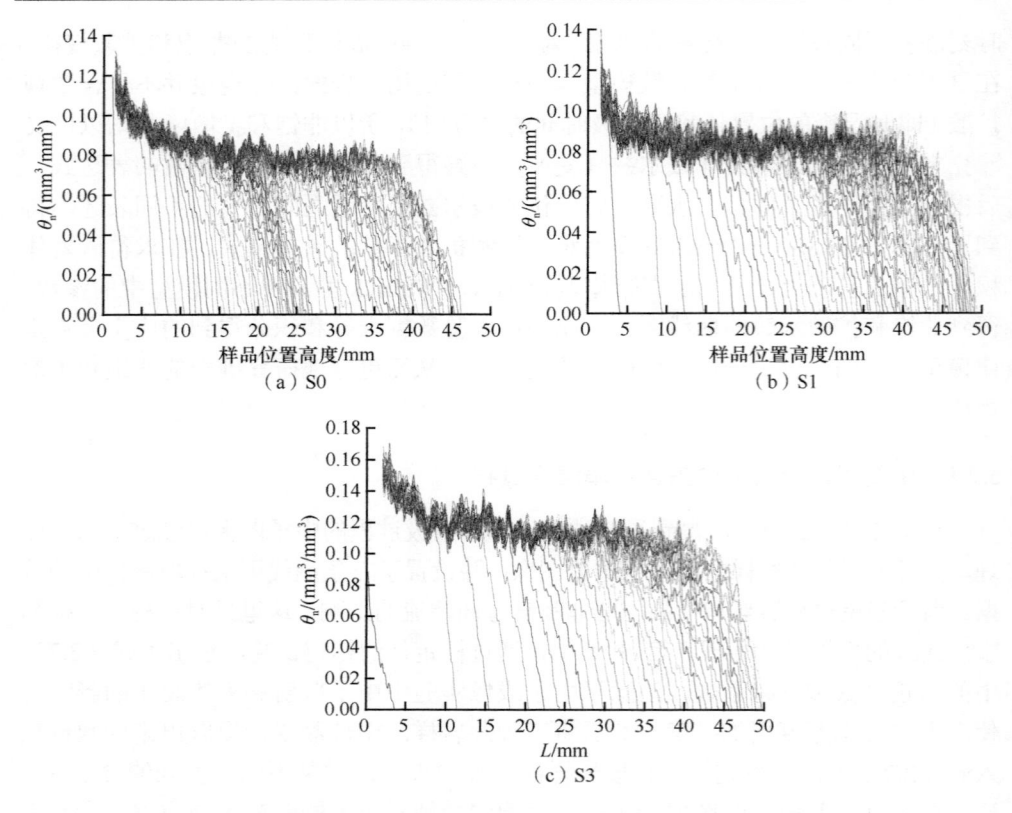

图 5.15 三种砂岩样品不同时间不同位置处体积含水率演变图

另外，在砂岩的体积含水率演变图中，三种砂岩的曲线左侧部分体积含水率明显高于其他部分，出现这种现象的原因可能是样品底端浸在水面下，使得样品底端本身的含水率受到了干扰，为了不影响后文中数据的拟合，对曲线中异常含水率的部分进行了删减。除了样品底端外，可以发现三种砂岩样品其余部分的平均体积含水率呈现出 S1＜S2＜S3 的递增趋势，而这可能与砂岩的孔隙度有关，孔隙度越大，能够吸入水的体积越多。但是它们的体积含水率均低于自身的孔隙度，说明自发渗吸并不能将渗吸水充满所有的孔隙。

5.2.2　中高渗砂岩非饱和扩散函数计算

1. 含水率分布曲线的非波尔兹曼变换

图 5.15 所示的体积含水率曲线虽然能够反映出样品的整个渗吸过程以及含水率的变化情况，但要探究样品的非饱和扩散还需要对实验数据进行进一步处理。在经典的理论中，通常会将含水率对应的高度位置进行玻尔兹曼变换 $\eta = L/t^{0.5}$，这样体积含水率曲线将会集中起来。在第 4 章中已经证明渗吸时间指数并不依赖于

0.5，因此这里将对含水率对应的高度位置进行非常规玻尔兹曼变换 $\eta=L/t^\alpha$，α 为 4.2 节中确定的渗吸时间指数。含水率分布曲线的非玻尔兹曼变换如图 5.16 所示。

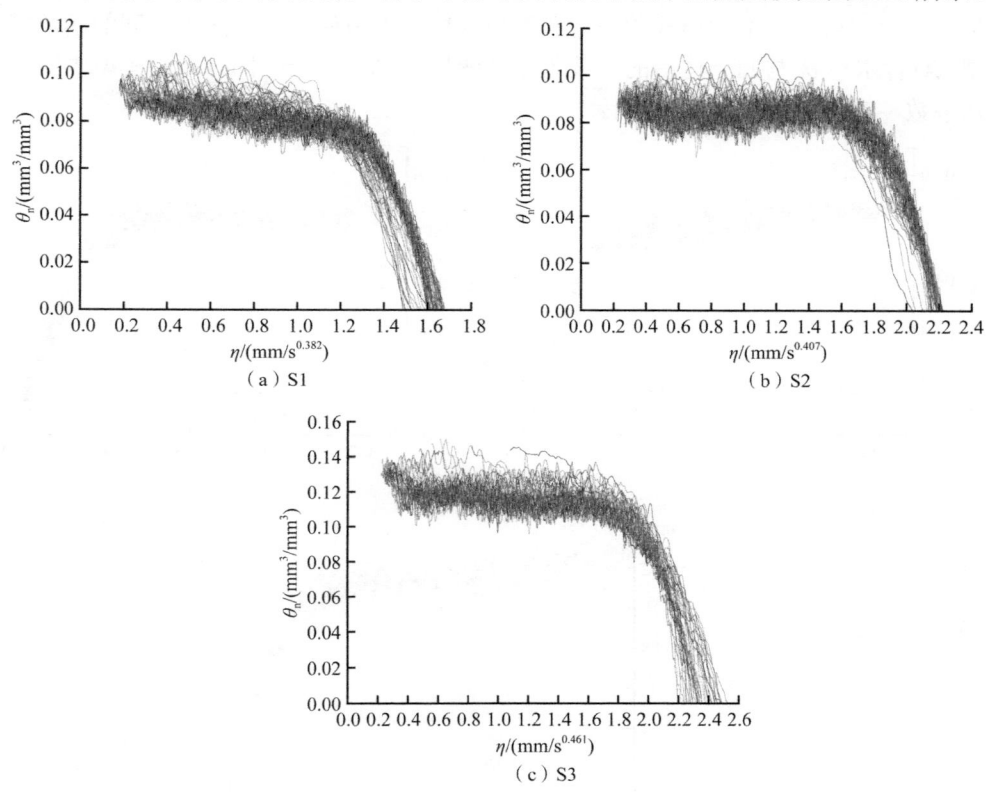

图 5.16 三种砂岩体积含水率与非玻尔兹曼变量图

由图 5.16 可以看出，经过非玻尔兹曼变换，体积含水率曲线大部分都收敛到一条主线范围内，只有渗吸前期的几条曲线与主线有较大的偏差，这个偏差造成的原因可能是实验早期成像设备的时间和空间分辨率不足，同时还可能与初始供水时引起的水压有关[16]。在实验中，我们采用铝箔胶带缠绕样品试件表面，如果贴合不紧密，会造成水沿着样品与胶带之间的缝隙流动，同样也会造成偏差。

在图 5.16 中，经过非玻尔兹曼变换之后，在含水率为零，即 $\theta=0$ 处，曲线集中收敛在一点附近，由图可以得到 S1、S2 和 S3 分别集中收敛于 1.65、2.20 和 2.32 附近，这一点将作为后面非玻尔兹曼变量归一化时使用。在数据进行了非玻尔兹曼变换之后，接下来便开始对非饱和扩散函数中的参数进行拟合。

2. 非饱和扩散函数参数拟合

本书第 3 章介绍了非饱和扩散函数的几种模型，其中在基于广义菲克定律得到的非饱和扩散函数模型的基础下，El-Abd 和 Jacek、Meyer 和 Warrick 对于样品中含水率 θ_n 与归一化后的非玻尔兹曼变量 η_n 之间的关系分别提出了不同的函数模型，由此也得到了不同形式的非饱和扩散函数。本节便根据这两种不同的函数模型，对含水率 θ_n 与归一化后的非玻尔兹曼变量 η_n 进行拟合，同时求出模型中的未知参数，拟合结果如图 5.17 所示。

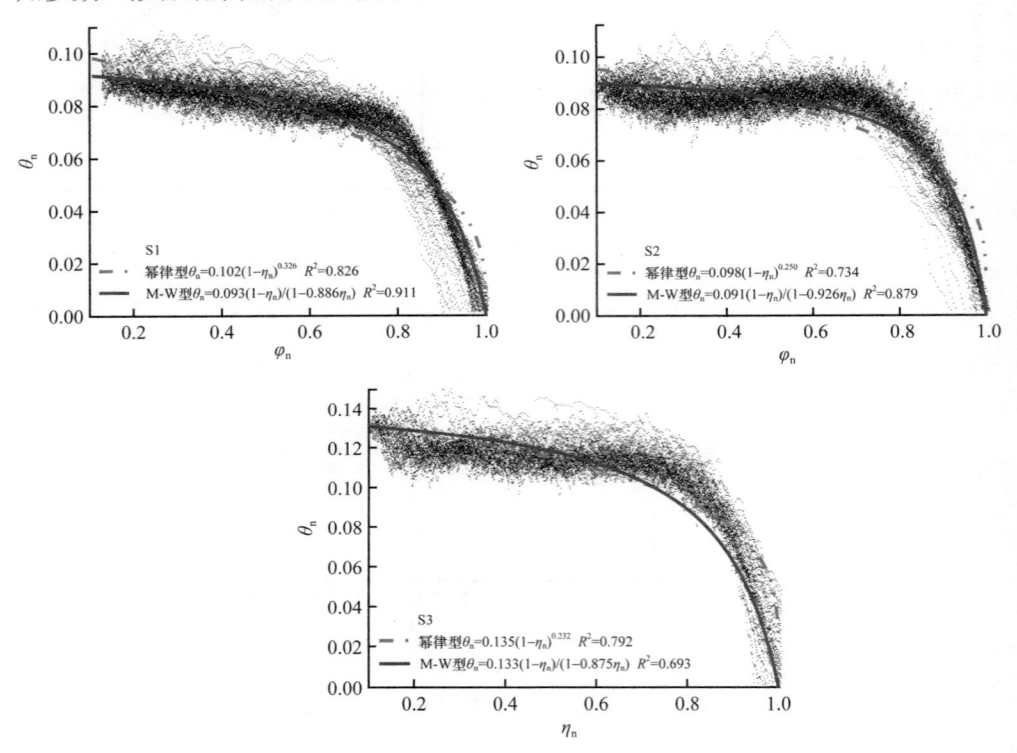

图 5.17　三种砂岩样品体积含水率与归一化非玻尔兹曼变量之间的两种拟合关系曲线

在图 5.17 中，黑色散点为经过运算处理后的需要拟合的 θ_n-η_n 数据点，虚线为根据 θ_n-η_n 数据点拟合的幂律型关系曲线，实线为根据 θ_n-η_n 数据点拟合的 M-W 型关系曲线。从拟合结果来看，S1 和 S2 中，θ_n 与 η_n 之间的 M-W 型关系要比幂律型关系强，在 S3 中，θ_n 与 η_n 之间的幂律型关系虽要比 M-W 型关系强，但两者拟合度都不是太高；从拟合的曲线来看，幂律型曲线中无法延伸到 θ_n=0 处，而 M-W 型曲线则可以较好地拟合 θ_n=0 处的结果。因此总的来看，M-W 型拟合关系要强于幂律型拟合关系。根据最终拟合结果，将幂律型和 M-W 型函数模型中需要求取的参数列在了表 5.5 中，这些拟合出来的参数将用来求取幂律型和 M-W 型非饱和扩散函数的具体表达式。

表 5.5　幂律型和 M-W 型非饱和扩散函数中的参数拟合结果

样品	幂律型 θ_{S1}	幂律型 k	M-W 型 θ_{S2}	M-W 型 A	η_0
S1	0.102	0.326	0.093	0.886	1.65
S2	0.098	0.250	0.091	0.926	2.20
S3	0.135	0.232	0.133	0.875	2.32

3. 非饱和扩散函数的分析研究

在砂岩非饱和扩散现象的研究中，扩散系数作为其中研究的一个重点，可以描述出随着含水率变化水分在砂岩内部扩散的快慢情况。经过前面对含水率 θ_n 与归一化后的非玻尔兹曼变量 η_n 进行拟合，我们将幂律型和 M-W 型非饱和扩散函数中所有的未知参数都求解出来列于表 5.5 中，接下来便可以开始利用第 3 章介绍的非饱和扩散函数模型来研究三种砂岩在不同含水率下的非饱和扩散率。本节采用三种方法来研究三种砂岩的非饱和扩散率：方法一，基于广义菲克定律求解出来的非饱和扩散函数模型[式（3.36）]，利用数学方法求解出式（3.36）中的微分项和积分项，求出不同含水率下的扩散系数，并绘制出散点图；方法二，根据含水率 θ_n 与归一化非玻尔兹曼变量 η_n 之间具有幂律关系得到的幂律型非饱和扩散函数模型[式（3.41）]，绘制出不同含水率下的扩散系数曲线图；方法三，根据含水率 θ_n 与归一化非玻尔兹曼变量 η_n 之间具有简单的比例关系求得的 M-W 型非饱和扩散函数模型[式（3.43）]，绘制出该条件下的扩散系数曲线图。这三种方法得到的扩散结果将集中绘制在图 5.18 中，以便于参照方法一对后两种方法进行分析对比。

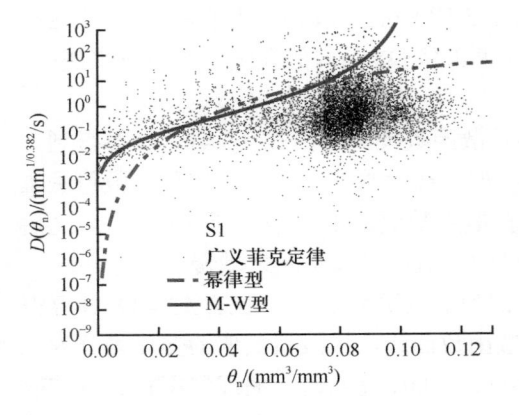

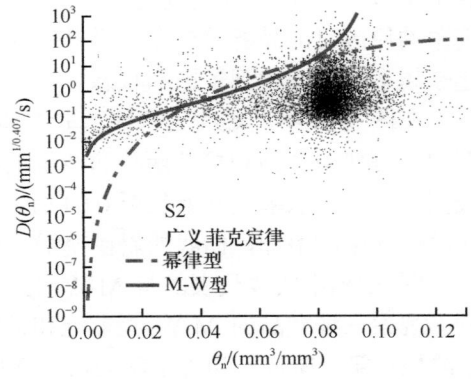

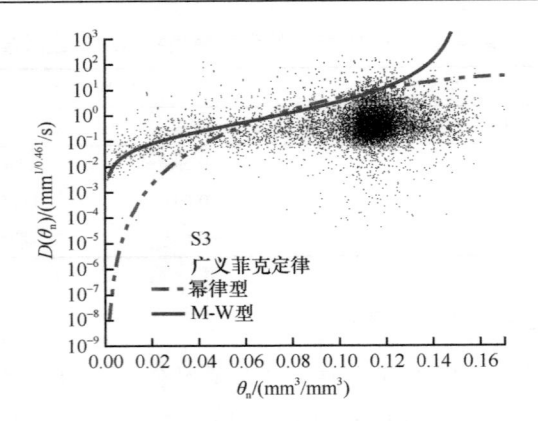

图 5.18　三种砂岩的非饱和扩散率

图 5.18 展示了通过三种方法计算得到的非饱和扩散系数图，非饱和扩散系数图以含水率为横坐标，扩散系数值为纵坐标，纵坐标采用对数坐标系。图中黑色散点根据广义菲克定律推导得到的非饱和扩散函数模型[式（3.36）]计算得出，由于原数据较多，计算较为复杂，本章在原数据基础上每隔 2~3 列数据提取一列数据用来计算，得到图 5.18 中的黑色散点。在图中，我们可以看到黑色散点比较杂乱，这是用式（3.36）对数据进行微积分时，θ_n-η 数据比较离散造成的。从图中黑色散点的密度变化趋势可以看出，由广义菲克定律得到的非饱和扩散系数值随着含水率的增大而增大，扩散系数值从 0.001 增大至 100，其间跨越了几个数量级，这说明样品内含水率的大小对水分的扩散起着重要作用，含水率越高，水分的扩散能力越强。在图中，我们还发现，在三种样品中，当含水率接近样品的饱和含水率时（此处的饱和含水率是指在室内条件下样品一维自发渗吸所能达到的最大含水率），黑色散点的密度是最大的（如图 5.18 中的虚线方框内所示），造成这种现象的原因可能是随着自发渗吸过程的不断继续，样品内的孔隙含水量越来越多，越来越多的孔隙达到了饱和状态。

在图 5.18 中，虚线为幂律型非饱和扩散函数模型，由式（3.41）计算得到。图中，幂律型非饱和扩散函数曲线呈上凸型，在含水率较低时，扩散系数值涨幅较大，即当含水率从 0 增长至 0.04 时，扩散系数值从 10^{-8} 增大至 0.1 左右。之后随着含水率的增加，曲线的斜率变缓，扩散系数值增长也随之减慢。

图 5.18 中实线代表的是 M-W 型非饱和扩散函数模型，由式（3.43）计算得到。观察三种样品的 M-W 型非饱和扩散函数曲线，扩散系数值的变化可分为三个阶段：第一阶段，当含水率的值从 0 增长至 0.01 左右时，曲线斜率较大，扩散系数值增长较快；第二阶段，当含水率的值从 0.01 增长至饱和含水率附近时，曲线较为平缓，扩散系数值的增长速度为三阶段中最慢；第三阶段，当含水率的值从饱和含水率处继续增长时，曲线斜率突然变大，扩散系数值呈指数型增长。

通过图 5.18 综合来看这三种非饱和扩散函数模型,其中黑色散点扩散率是根据广义菲克定律非饱和扩散函数模型,通过将实验数据代入其内而得到,因此黑色散点数据为真实扩散情况。但是该模型没有具体的表达形式,为了重点比较由该模型而得到的幂律型和 M-W 型非饱和扩散函数模型的适用性,黑色散点数据将主要作为幂律型和 M-W 型扩散函数对比的参照。从增长趋势来看,幂律型和 M-W 型非饱和扩散系数值均随着含水率的增加而增大,这一点与黑色散点增长趋势一致。但是在低含水率区域和高含水率(饱和含水率)区域,幂律型和 M-W 型非饱和扩散系数曲线出现了较大差别。在低含水率区域,尤其是零含水率附近,幂律型曲线的扩散系数值明显小于 M-W 型曲线的扩散系数值,随着含水率的不断增加,两者之间的差值才不断减小。在中间含水率区域,幂律型和 M-W 型曲线的扩散系数值相差不大。当样品含水率到了饱和含水率附近,幂律型和 M-W 型曲线的走势又发生了变化,幂律型曲线仍然随着含水率平稳增长,M-W 型曲线则随着含水率增加呈指数型增长,El-Abd 和 Milczarek[17]研究的黏土砖和硅土砖以及 Nizovtsev 等[9]所研究的混凝土中均有发现,并认为出现这种现象的原因可能是当样品内的含水率增高,达到饱和含水率时,孔隙的毛细管渗吸作用得到加强[9]。通过图 5.18 的对比,我们可以发现,在低含水率区域,M-W 型曲线与黑色散点拟合较好,曲线与黑色散点的走势非常接近,幂律型曲线则严重低估了此含水率下对应的扩散系数值;在中间含水率区域,幂律型曲线和 M-W 型曲线虽然相差不大,但在两曲线的交点之间,M-W 型曲线要略低于幂律型曲线,通过观察黑色散点的密集度走势,其与 M-W 型曲线也要更接近一点;在饱和含水率附近区域,M-W 型曲线呈指数型增长,在 S1 和 S2 的黑色散点图中也可以看到有散点符合这一趋势,在 S3 的黑色散点图中该趋势则不太明显,幂律型曲线随着含水率的增加而向右平缓延伸,在 S2 和 S3 的黑色散点图中只有较少的散点围绕在幂律型曲线周围,在 S1 的黑色散点图中则较多一点。因此,综合对上述所有区域的分析可以得出,在本节所研究的砂岩中,M-W 型非饱和扩散函数模型的适用性更强,对不同含水率条件下扩散率的描述也更为准确,用来研究本节砂岩的非饱和扩散过程最为合适,同样在以后分析同类岩石的扩散率时也可以更多地考虑使用 M-W 型非饱和扩散函数模型。同时,本节通过对幂律型和 M-W 型非饱和扩散函数模型的比较,不仅发现了不同非饱和扩散函数模型之间的异同,也有助于加深对非饱和扩散的了解,当然,对于 M-W 型扩散函数的有效性还需要进一步研究。

除此之外,对于三种砂岩在自发渗吸过程中的饱和含水率,无论是根据 θ_n-η_n 数据点由幂律型和 M-W 型关系曲线拟合得到的(表 5.15 中的 θ_{S1} 和 θ_{S2}),还是由广义菲克定律非饱和扩散函数模型计算得到的黑色散点密集区(图 5.18)所体现的,其数值都小于砂岩样品本身的孔隙度,如砂岩样品 S3 的孔隙度为 21.6%,由上述三种方法得到的饱和含水率体积分别占样品孔隙体积的 62.5%、61.6%和 60.2%，这表明在样品内部有接近 40%的孔隙没有被毛细管渗吸水所充填。在自发渗吸过程中起主要作用的是毛细管孔隙，样品 S3 中的毛细管孔隙占总孔隙体积的 88.926%，说明在一维自发渗吸中，除了微毛细管孔隙难以吸入水外，毛细管孔隙中也并不能完全充满渗吸水。

5.2.3 中高渗砂岩内部含水率动态演变特征

砂岩内部渗吸水非饱和扩散的过程，在表观上体现出来的就是砂岩内部含水率的演变过程。在本章 5.2.1 节中用不同时刻的含水率曲线描绘了三种砂岩样品内部中央含水率的演变过程，虽然可以反映出样品中某一位置处的含水率变化情况，但是仅用中央位置处的含水率变化来研究样品的非饱和扩散过程是不够的，尤其是当样品的均质性不强或者是非均质时。在本节中，所要研究的三种砂岩样品的均质性较好，但是为了更加全面地研究三种样品的渗吸过程，因此绘制出了不同渗吸时刻下三种砂岩样品的二维和三维体积含水率分布彩图各 10 张，由此来反映砂岩样品渗吸的整个过程。为了方便每种砂岩的自我比较以及相互之间的对比，同一砂岩样品的 10 张二维和三维体积含水率图是相互对应的，同时，三种砂岩的体积含水率分布彩图采用了统一的颜色图例，即每种颜色所代表的含水率值是一样的（图例中存在含水率小于 0 的现象是由于在将中子图像灰度值归一化后，仍有部分值大于 1）。图 5.19 展示了样品 S1 的体积含水率分布彩图，图 5.20 展示了样品 S2 的体积含水率分布彩图，图 5.21 展示了样品 S3 的体积含水率分布彩图。

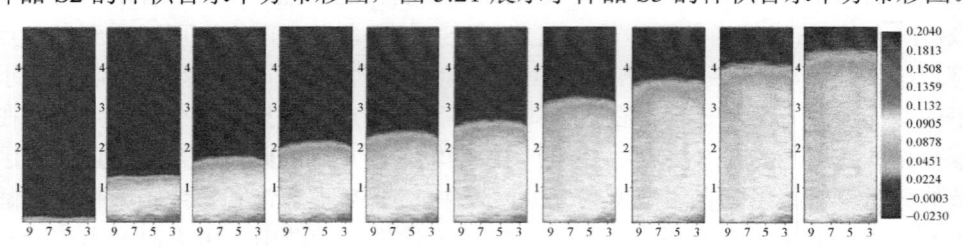

（a）不同时刻样品S1二维动态含水率分布

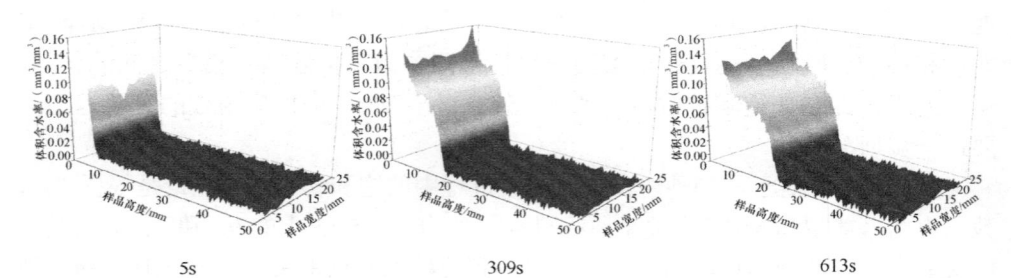

| 5s | 309s | 613s |

第 5 章 基于中子成像的砂岩基质非饱和扩散函数研究

917s

1221s

1639s

2855s

4071s

5287s

6503s

（b）不同时刻样品S1三维动态含水率分布

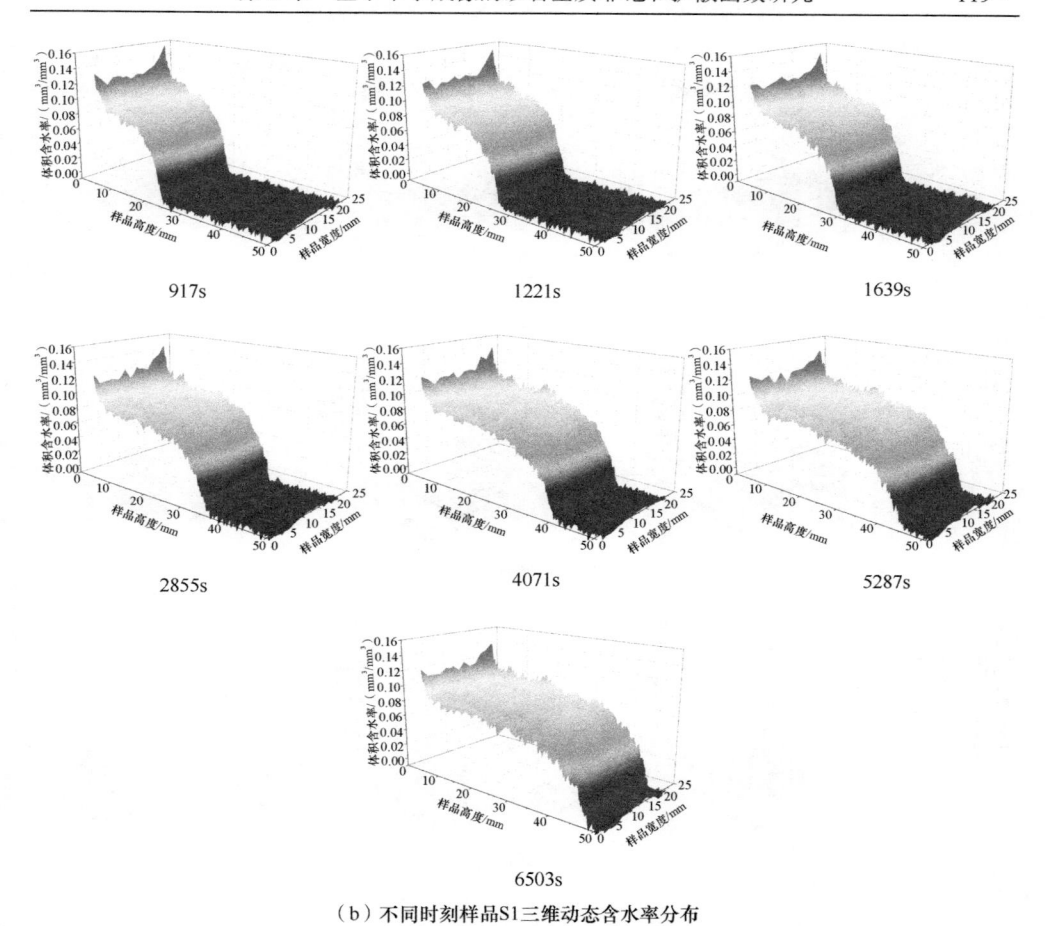

图 5.19 样品 S1 体积含水率分布图（文后附彩图）

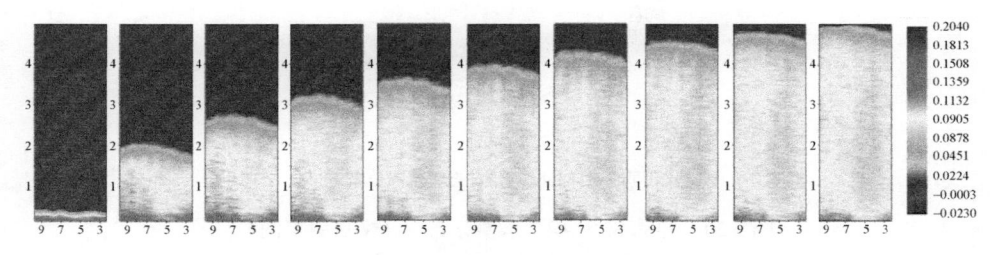

（a）不同时刻样品S2二维动态含水率分布

（b）不同时刻样品S2三维动态含水率分布

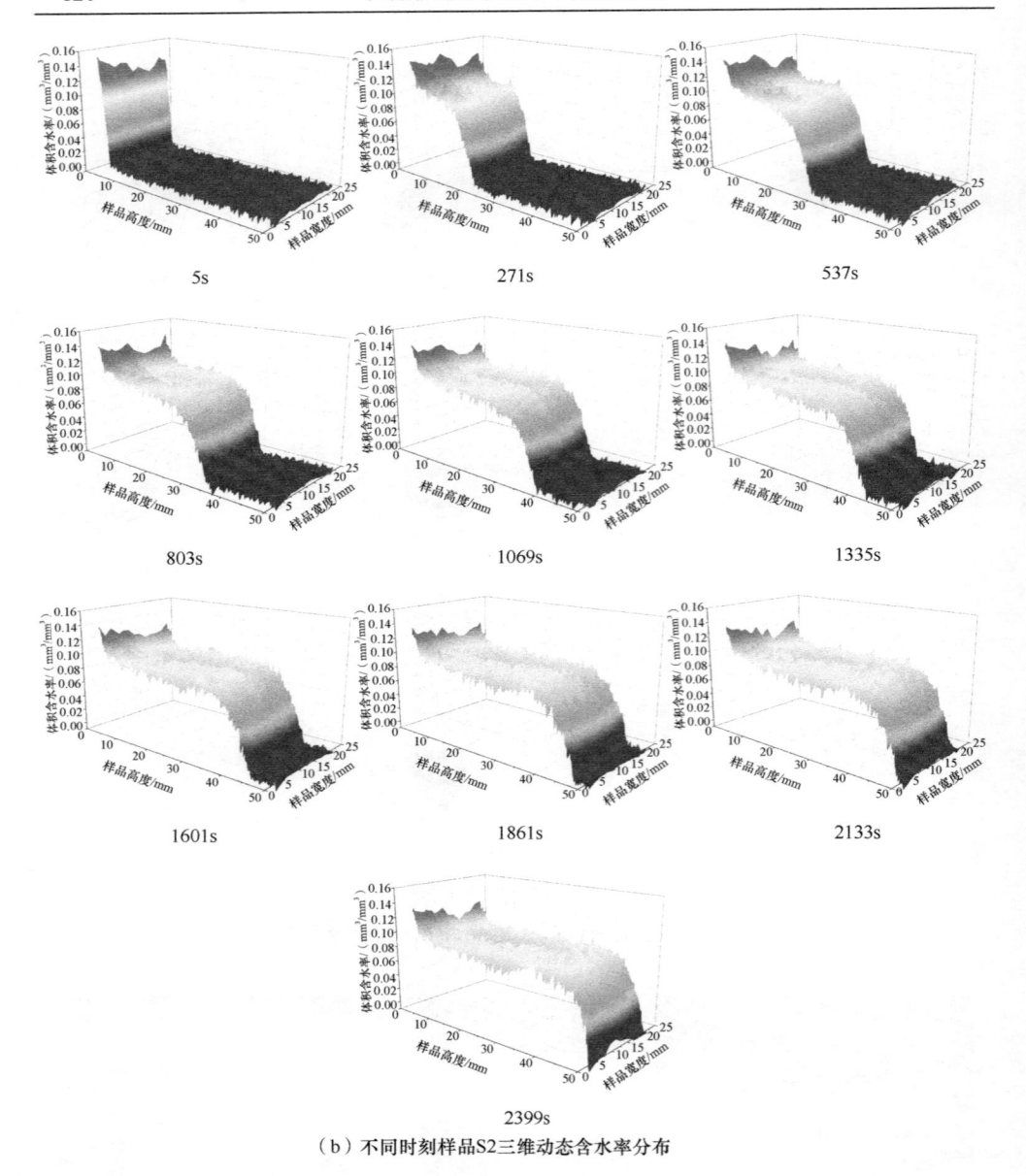

图 5.20　样品 S2 体积含水率分布图（文后附彩图）

观察图 5.19～图 5.21，在三种砂岩样品的润湿前缘部位均可以看到存在润湿前驱区。在润湿前驱区，体积含水率较低且呈阶梯分布，可以看到存在明显的颜色分层，这种现象出现的原因是样品干燥区在刚接触水分时，水分优先渗吸到通透性好和毛管吸力较强的孔隙中，之后随着润湿锋下方含水量不断增多，水分才会渗吸到其他孔隙中。在图 5.19（a）中，样品 S1 的润湿前驱区在整个渗吸过程中平整度较好，说明 S1 的孔隙分布均匀，整体均质性较好；在图 5.20（a）中，样品 S2 的润湿前驱区在样品中下部位置则表现出左高右低，到了样品上部时才略微平整，这说明样品 S2 在中下部位置孔隙结构分布不均，左边孔隙的连通性和毛管吸力要比右边好，而样品上部孔隙结构则要分布得均匀一些；在图 5.21（a）中，样品 S3 的表现则和 S2 相反，润湿前驱区在样品中下部较为齐平，到了上部则右边略高，说明样品 S3 的中下部孔隙结构比上部均匀。除此之外，我们还可以发现，当润湿前驱区平整时，其下方含水区颜色是比较均匀的，如图 5.19（a）中的样品 S1，而在样品 S2 和 S3 中，润湿前驱区突出位置的下方区域则出现了较高的含水率，如图 5.22 所示，这也说明了该侧孔隙连通性好，孔隙分布较多，同时该侧较高的含水率也可以促进润湿锋的快速向上移动。

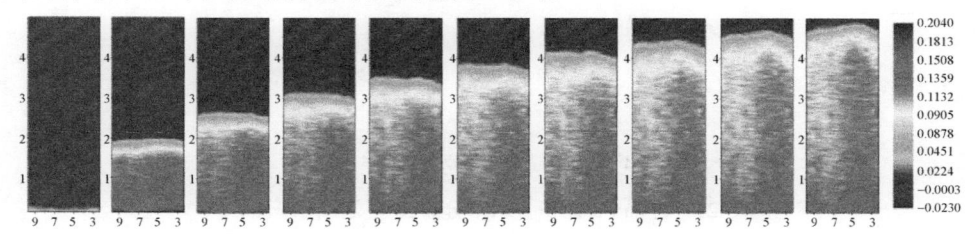

（a）不同时刻样品S3二维动态含水率分布

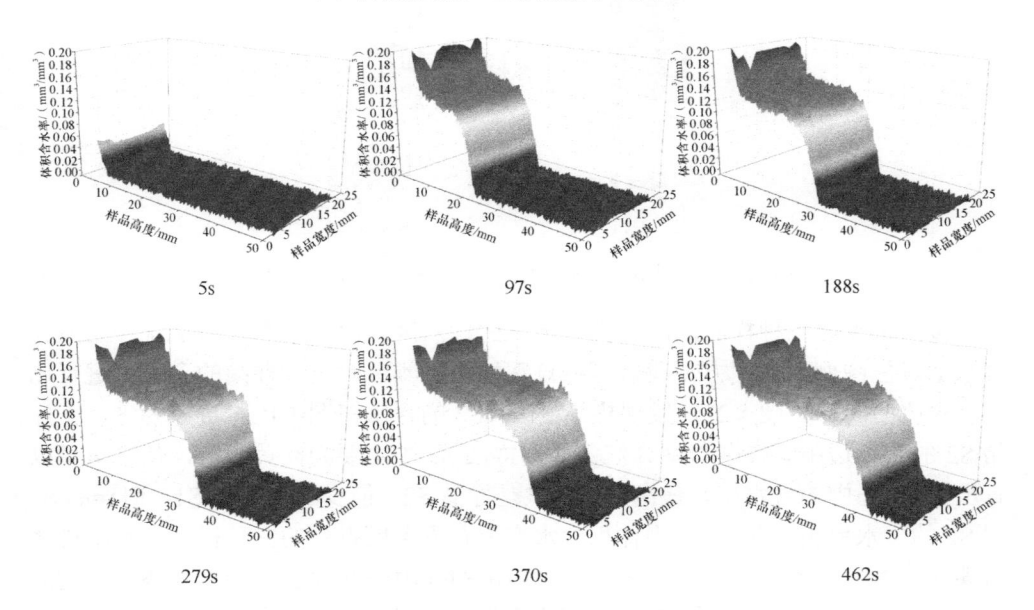

5s

97s

188s

279s

370s

462s

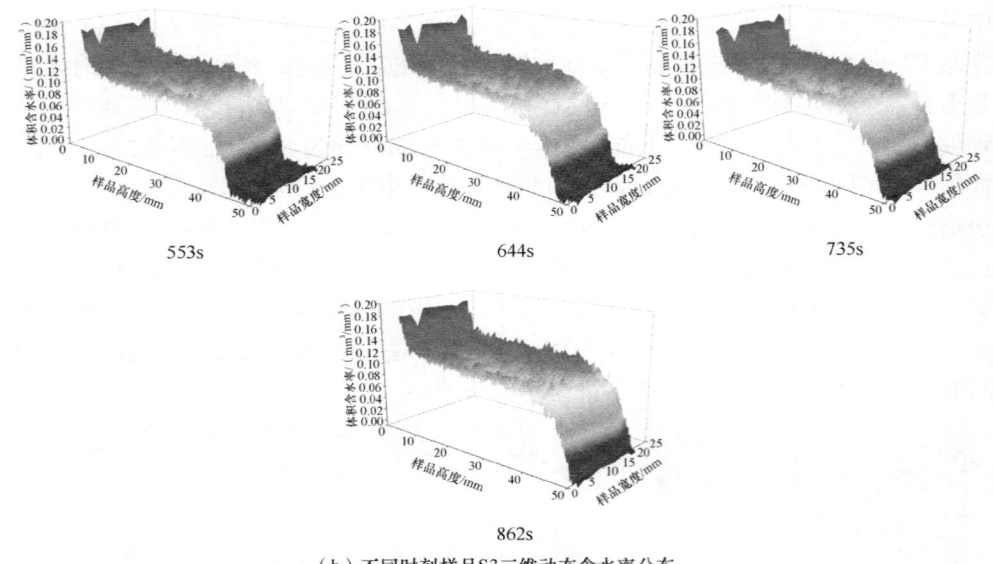

553s　　　　　　　　644s　　　　　　　　735s

862s

（b）不同时刻样品S3三维动态含水率分布

图 5.21　样品 S3 体积含水率分布图（文后附彩图）

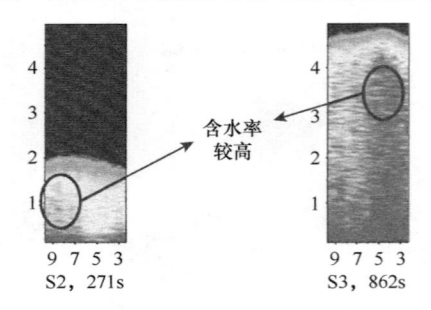

图 5.22　样品 S2 和 S3 中高含水率区（文后附彩图）

接下来观察三种样品润湿前驱区下方的含水区。由于本章采用了统一的体积含水率颜色图例，这便方便我们可以直观地通过颜色对三种样品的含水率进行比较。对比图 5.19～图 5.21，发现样品 S1 和 S2 的含水率图中以青黄色为主，在样品 S2 的左半边中也掺杂着些许红色，而样品 S3 中主要为红黄两色，从这里可以看出样品 S3 中的含水率是最高的，其次是样品 S2，最少的是样品 S1，但样品 S1 和 S2 的含水率相差并不大。由体积含水率分布彩图所得到的三种样品含水率排序与其孔隙度大小的排序一致，说明样品内部的孔隙空间大小影响着其渗吸水量的大小。此外，从图 5.19～图 5.21 中观察到样品自发渗吸过程中，内部水分润湿区含水率的大小存在变化，可以看到样品下方含水率有所减小，具体如图 5.23 所示，这种现象说明在砂岩自发渗吸过程中，样品含水区每一部分的水分都是流动的，其含水率的大小是动态变化的，其下方含水率减小的原因可能是由于下方润湿区域含水率较高且接近饱和,因此对水分的渗吸速率减慢,而上方含水率较小的润湿区域和润湿锋向上扩散需要的水分较多,对下方水分的渗吸速率更快,因此下方高含水区域中的水分减少,而当下方高含水率区域中的水分减小到一定程度时,对下方水源的渗吸速度加快,与上方低含水率区域渗吸速率相等时,达到渗吸平衡,下方高含水区域中的水分便不会继续减少。

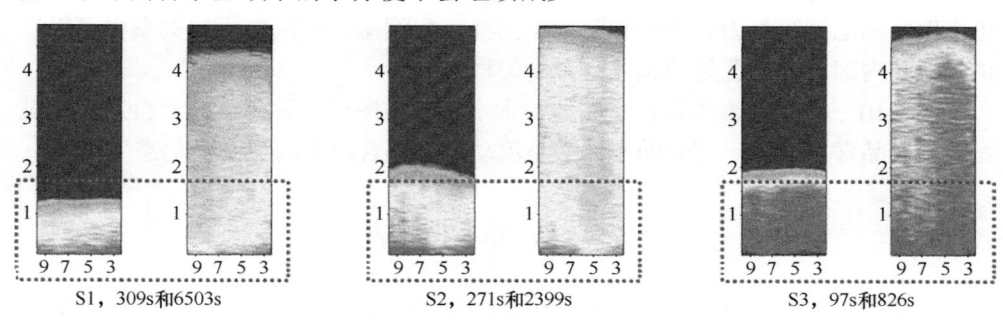

图 5.23 不同吸水时刻同一含水区域的含水率对比(文后附彩图)

5.2.4 结论

本节主要介绍了三种中高渗砂岩内部体积含水率的演变过程,并运用基于广义菲克定律求解出来的非饱和扩散函数模型得到的幂律型和 Meyer-Warrick 型两种非饱和扩散函数模型分析了砂岩不同水饱和度处的扩散情况,由此对三种砂岩的非饱和扩散进行了研究。本节的结论主要包括以下方面。

(1)由三种中高渗砂岩的体积含水率演变图(图 5.15)总结出了砂岩自发渗吸的过程是,先对样品进行润湿,而后润湿部分含水率开始增加,含水率增加的同时润湿部分又开始向上发展,由此循环同步发展,直至润湿锋不再移动或者达到样品顶端,但润湿部分的体积含水率仍会增加至所能达到的最大值。

(2)由三种中高渗砂岩的体积含水率演变图(图 5.15)可以发现三种中高渗砂岩样品之间的平均体积含水率关系为 S1<S2<S3,这种现象可能与砂岩的孔隙度有关,孔隙度越大,能够吸入水的体积也越多。但是它们的体积含水率均低于自身的孔隙度,说明自发渗吸并不能将渗吸水充满所有的孔隙。

(3)由广义菲克定律得到的非饱和扩散系数值随着含水率的增大而增大,扩散系数值也从 0.001 增大至 100,其间跨越了几个数量级,说明样品内部含水率的大小对水分的扩散起着重要作用,含水率越高,水分的扩散能力越强。

(4)由广义菲克定律非饱和扩散函数模型得到的黑色散点数据作为参照,对比了幂律型和 M-W 型扩散函数模型的适用性,发现在低含水率区域、中间含水率区域和饱和含水率区域,M-W 型非饱和扩散函数模型的拟合度要好,对不同含水率条件下扩散率的描述也更为准确,用来研究砂岩的非饱和扩散过程最为合适。

同时，由曲线数据也证明了在一维自发渗吸中，除了微毛细管孔隙难以吸入水外，毛细管孔隙中也并不能完全充满渗吸水。

（5）从三种中高渗砂岩样品的体积含水率分布彩图可以看到样品内部存在润湿前驱区，在润湿前驱区，体积含水率较低且呈阶梯分布，可以看到存在明显的颜色分层，这种现象出现的原因是样品干燥区在刚接触水分时，水分优先渗吸到通透性好和毛细管吸力较强的孔隙中。同样，由润湿前驱区的平整关系也可以反映出样品内部不同位置处的孔隙分布均匀程度。

（6）由三种中高渗砂岩样品的体积含水率分布图可以说明在砂岩自发渗吸过程中，样品含水区每一部分的水分都是流动的，其含水率的大小是动态变化的。

5.3 本章小结

本章利用中子成像技术对低渗、中高渗砂岩样品非饱和渗流过程中的水分动态扩散进行了可视化研究。为了使中子成像技术测定的砂岩样品内动态含水率分布数据更为可靠，本章根据所研究样品特点，基于修正的 Lambert-Beer 定律测定了适用于所研究的砂岩样品的水分衰减系数和中子散射及束线硬化纠正系数。并且分别利用 Matano 方法、Meyer-Warrick 非饱和扩散函数模型以及分形模型计算了细砂岩和粗砂岩样品的非饱和扩散函数。并且以低渗砂岩样品为例，探讨了吸水性系数和毛细管系数的关系。其中的主要内容包括：将根据压汞数据估计的砂岩样品进气值以及基于 X 射线 CT 图像数据测定的砂岩孔隙三维分形维数代入第 3 章中的非饱和扩散函数分形模型中可以对所研究的低渗砂岩的非饱和扩散函数进行较为合理的描述。结果表明：随着低渗砂岩样品内含水率的增加，非饱和扩散函（系）数呈跨越几个数量级的非线性增长（$10^{-7} \sim 10 \text{mm}^2/\text{s}$）。当样品中的含水率较低时，Meyer-Warrick 模型计算的非饱和扩散函数值大于其他两种方法测定的扩散函数（系）数值。Meyer-Warrick 模型揭示了细砂岩样品中接近饱和含水率时非饱和扩散函数的快速增长现象。当细砂岩样品中含水率相对较高（$0.04 \text{mm}^3/\text{mm}^3$ 以上）时，分形模型的计算结果与 Meyer-Warrick 模型的计算结果较为接近。而当细砂岩样品中含水率较小时，分形模型预测的非饱和扩散函数值要低于 Meyer-Warrick 模型的计算结果。与其他两种模型的计算结果相比，分形模型在样品含水率较高时高估了粗砂岩的非饱和扩散函数。当分形模型中采用毛细管饱和含水率对砂岩样品非饱和扩散函数进行计算时，采用较低的残余含水率可以得到与其他两种模型较为接近的结果。

此外，通过分析砂岩样品非饱和渗流中的中子图像发现：由于空气圈闭效应的影响，一维自发渗吸过程中低渗细砂岩中的非饱和现象比低渗粗砂岩更为明显。细砂岩样品在非饱和渗流过程中其毛细管系数不是常量。本章将分形理论引入细砂岩样品吸水性系数和毛细管系数关系的研究中，结合实验数据发现：利用 X 射线 CT 图像测定的孔隙分形维数以及毛细管饱和含水率可以对细砂岩样品非饱和渗流初期的吸水性系数和毛细管系数间的关系进行较为准确的描述。

另外，通过对中高渗砂岩内部体积含水率的演变过程，并运用基于广义菲克定律求解出来的非饱和扩散函数模型得到的幂律型和 Meyer-Warrick 型两种非饱和扩散函数模型分析了砂岩不同水饱和度处的扩散情况，对三种中高渗砂岩的非饱和扩散进行了研究。

参 考 文 献

[1] Lai J, Wang G W, Wang Z Y, et al. A review on pore structure characterization in tight sandstones[J]. Earth-Science Reviews, 2018, 177: 436-457.

[2] Yang S. Fundamentals of Petrophysics[M]. Berlin: Springer, 2017.

[3] Zhao H W, Ning Z F, Wang Q, et al. Petrophysical characterization of tight oil reservoirs using pressure-controlled porosimetry combined with rate-controlled porosimetry[J]. Fuel, 2015, 154: 233-242.

[4] 郁伯铭, 徐鹏, 邹明清, 等. 分形多孔介质输运物理[M]. 北京: 科学出版社, 2014.

[5] Kang M, Perfect E, Cheng C L, et al. Diffusivity and sorptivity of Berea sandstone determined using neutron radiography[J]. Vadose Zone Journal, 2013, 12 (3): 1712-1717.

[6] Pel L. Moisture transport in porous building materials[D]. Eindhoven: Technische Universiteit Eindhoven, 1995.

[7] Carmeliet J, Adan O, Brocken H, et al. Determination of the liquid water diffusivity from transient moisture transfer experiments[J]. Journal of Building Physics, 2004, 27 (4): 277-305.

[8] El-Abd A E, Czachor A, Milczarek J. Neutron radiography determination of water diffusivity in fired clay brick[J]. Applied Radiation and Isotopes Including Data Instrumentation and Methods for Use in Agriculture Industry and Medicine, 2009, 67 (4): 556-559.

[9] Nizovtsev M I, Stankus S V, Sterlyagov A N, et al. Experimental determination of the diffusitives of moisture in porous materials in capillary and sorption moistening[J]. Journal of Engineering Physics and Thermophysics, 2005, 78 (1): 68-74.

[10] Constantinides G N, Payatakes A C. Effects of precursor wetting films in immiscible displacement through porous media[J]. Transport in Porous Media, 2000, 38 (3): 291-317.

[11] Hall C, Hoff W D. Water Transport in Brick, Stone and Concrete[M]. 2nd ed. London: Spon Press, 2012.

[12] Chen Q, Gingras M K, Balcom B J. A magnetic resonance study of pore filling processes during spontaneous imbibition in Berea sandstone[J]. Journal of Chemical Physics, 2003, 119 (18): 9609-9616.

[13] Geistlinger H, Mohammadian S. Capillary trapping mechanism in strongly water wet systems: Comparison between experiment and percolation theory[J]. Advances in Water Resources, 2015, 79: 35-50.

[14] Geistlinger H, Mohammadian S, Schlueter S, et al. Quantification of capillary trapping of gas clusters using X-ray microtomography[J]. Water Resources Research, 2014, 50 (5): 4514-4529.

[15] 张鹏, 赵铁军, Wittmann F H, 等. 开裂混凝土中水分侵入过程的可视化追踪及其特征分析[J]. 硅酸盐学报, 2010, 38 (4): 659-665.

[16] 薛善彬. 基于中子成像和 X 射线 CT 的低渗砂岩非饱和渗流机理研究[D]. 北京: 中国矿业大学（北京）, 2018.

[17] El-Abd A E, Milczarek J J. Neutron radiography study of water absorption in porous building materials: anomalous diffusion analysis[J]. Journal of Physics D: Applied Physics, 2004, 37 (16): 2305-2313.

第6章 基于中子成像的裂隙砂岩非饱和渗流问题研究

6.1 裂隙砂岩非饱和渗流模型

通常，水在粗糙的裂隙中会发生迅速渗吸的现象。Cheng 等[1]认为这种现象是由毛细管力和表面扩散效应的结合引起的。Hay 等[2]将粗糙表面理想化为由一系列在光滑表面上排列的小圆柱形柱组成，然后导出入侵模型来描述水在粗糙表面中的扩散。然而，在天然岩石中，裂隙不仅是粗糙的，而且是曲折的。本章假设裂隙为一根弯曲的毛细管，表面粗糙且充满空气。该模型还考虑了水从裂缝到基体的渗吸过程。裂隙从干燥状态直至充满水，毛细管力始终是自吸过程中的最大驱动力[3]。由于裂隙中充满空气，流动比非常有利[3]，水自吸进入裂隙时发生活塞状位移。粗糙表面理想化是由一系列小圆柱排列弯曲的表面光滑，我们假定圆柱的高度 $\delta[\mu m]$ 等于砂岩样品的平均砂粒直径。两个圆柱边缘之间的距离 $\xi[\mu m]$ 和圆柱的直径 $d[\mu m]$ 分别等于 2.08δ 和 0.83δ[2]。建立了一个分形模型来描述单一裂隙中水的快速吸收。为了得到单一裂隙的流率，可以对式（3.1）进行修正，表示为

$$q = \frac{(1-\gamma)\pi \lambda_f^4 \Delta P}{128\mu L_{\text{ff}}} \tag{6.1}$$

式中，λ_f 为裂隙的开度，μm；L_{ff} 为裂隙中润湿前沿行进的分形距离，mm；ΔP 为压降；μ 为水的动力黏度系数，$(N \cdot s)/m^2$；γ 为损失系数，表示从裂隙到基质的水分损失，可表示如下：

$$\gamma = \frac{V_{m1}+V_{m2}}{V_f+V_{m1}+V_{m2}} = \frac{A_s(H_{sm1}+H_{sm2})\phi\overline{\theta}_n}{A_f L_{sf}+A_s(H_{sm1}+H_{sm2})\phi\overline{\theta}_n} = \frac{(H_{sm1}+H_{sm2})\phi\overline{\theta}_n}{\lambda_f+(H_{sm1}+H_{sm2})\phi\overline{\theta}_n} \tag{6.2}$$

式中，V_f 为吸入裂隙的水量，mm^3；V_{m1} 和 V_{m2} 分别为从裂隙的左壁和右壁吸入基质的水的体积，mm^3；H_{sm1} 和 H_{sm2} 分别为裂隙左侧和右侧的基质中的润湿前沿行进的水平距离，mm；$\overline{\theta}_n$ 为平均体积含水量，mm^3/mm^3；A_s 和 A_f 分别为裂隙-基质垂直截面积和裂隙的水平横截面积，mm^2；L_{sf} 为润湿锋前沿在裂隙中行进的直线距离，mm。由于裂隙的表面是粗糙的，压降 ΔP 可表示为

$$\Delta P = P_c + 2\Delta P_c - 2P_\mu - \rho g L_s \tag{6.3}$$

式中，ΔP_c 为粗糙表面毛细管作用引起的水-空气界面的压差，驱动水在粗糙表面的扩散。根据 Young-Laplace 方程，ΔP_c 可表示为[2]

$$\Delta P_c = \sigma\left(\frac{1}{R_\delta} + \frac{1}{R_\xi}\right) \tag{6.4}$$

式中，R_δ 和 R_ξ 为垂直和水平方向上的曲率半径。在我们的假设中，模拟的粗糙元件（即圆柱体）垂直于表面。因此，曲率半径 R_δ 和 R_ξ 定义为

$$R_\delta = \frac{\delta}{\cos\theta - \sin\theta}$$
$$R_\xi = \frac{\xi}{2\cos\theta} \tag{6.5}$$

P_μ 是由黏性耗散引起的压力损失，可表示为[2]

$$P_\mu = \frac{2P_0 \mu L_{sf} v_f}{d_h^2} \tag{6.6}$$

式中，L_{sf} 为裂隙中润湿前沿行进的直线距离，mm，可以表示为 $L_{sf}=L_{ff}/\tau_f$，τ_f 是裂隙的曲折度；v_f 为裂隙中水吸入的分形速度，mm/s。Poiseuille 数，$P_0=C_F Re$，其中 C_F 是扇形摩擦系数，Re 是与直径长度尺度相关的雷诺数（对于长宽比为 $\delta/\lambda=0.48$ 的矩形，$P_0=14.38$）[2]。d_h 是水力直径，μm，定义为[2]

$$d_h = \frac{4A}{P_W} = \frac{4\{\delta\xi - [(\pi/2-\theta)/\cos\theta - \tan\theta]\xi^2/4\}}{2\delta + \xi} \tag{6.7}$$

式中，A 为润湿液的横截面积，μm²；P_W 为湿润的周长[2]。裂隙中水吸入的分形速度 v_f[mm/s]可表示为

$$v_f = \frac{(1-\gamma)\lambda_f^2}{32\mu L_{ff}}(P_c + 2\Delta P_c - 2P_\mu - \rho g L_s) \tag{6.8}$$

可以根据从中子断层扫描中提取的裂隙体积来计算。在吸收的早期阶段可以忽略重力影响[1, 2]，则式（6.8）可以简化为

$$v_f = \frac{(1-\gamma)\lambda_f^2}{32\mu L_{ff}}(P_c + 2\Delta P_c - 2P_\mu) \tag{6.9}$$

将式（3.2）、式（6.4）～式（6.6）代入式（6.9），可得分形速度 v_f[mm/s]为

$$v_f = \frac{(1-\gamma)\lambda_f^2}{32\mu L_{ff}}\left\{\frac{4\sigma\cos\theta}{\lambda_f} + \frac{2\sigma[(2\delta+\xi)\cos\theta - \xi\sin\theta]}{\delta\xi} - \frac{4P_0\mu L_{ff}v_f}{\tau_f d_h^2}\right\} \tag{6.10}$$

将式（3.15）代入式（6.10）可得：

$$\frac{dL_{sf}}{dt} = \frac{(1-\gamma)\tau_f \sigma \lambda_f^{2D_T-1} d_h^2 [(2\delta\xi + 2\delta\lambda_f + \lambda_f \xi)\cos\theta - \lambda_f \xi \sin\theta]}{2\delta\xi\mu D_T L_{sf}^{2D_T-1}(8\tau_f d_h^2 + P_0 \lambda_f^2)} \quad (6.11)$$

将式（6.11）在初始条件下 $L_{sf}(0)=0$ 进行积分可得：

$$L_{sf} = \left\{ \frac{(1-\gamma)\tau_f \sigma d_h^2 [(2\delta\xi + 2\delta\lambda_f + \lambda_f \xi)\cos\theta - \lambda_f \xi \sin\theta]}{\delta\xi\mu \lambda_f^{1-1/\alpha}(8\tau_f d_h^2 + P_0 \lambda_f^2)} \right\}^{\alpha} t^{\alpha} = S_f t^{\alpha} \quad (6.12)$$

式中，S_f 为裂隙的吸水性系数，mm/s$^{\alpha}$，可表示为

$$S_f = \left\{ \frac{(1-\gamma)\tau_f \sigma d_h^2 [(2\delta\xi + 2\delta\lambda_f + \lambda_f \xi)\cos\theta - \lambda_f \xi \sin\theta]}{\delta\xi\mu \lambda_f^{1-1/\alpha}(8\tau_f d_h^2 + P_0 \lambda_f^2)} \right\}^{\alpha} \quad (6.13)$$

根据式（6.12）可得水在裂隙中自发渗吸的时间指数 α 的表达式：

$$\alpha = \ln\left(\frac{S_f}{\lambda_f}\right) \Big/ \ln\left\{ \frac{(1-\gamma)\tau_f \sigma d_h^2 [(2\delta\xi + 2\delta\lambda_f + \lambda_f \xi)\cos\theta - \lambda_f \xi \sin\theta]}{\delta\xi\mu \lambda_f (8\tau_f d_h^2 + P_0 \lambda_f^2)} \right\} \quad (6.14)$$

基于这个理论框架，式（6.13）和式（6.14）可用于预测砂岩中粗糙裂隙的吸水性系数和渗吸时间指数 α。

6.2 裂隙低渗砂岩吸水性系数研究

低渗砂岩裂隙中非饱和渗流与采矿工程地下水库稳定性、非常规油气开采、二氧化碳地下封存、放射性废料等高危物质的地下存储、地下水保护以及地热开发等能源与环境工程问题密切相关。由于低渗砂岩相对高渗砂岩的孔隙结构更加复杂，由此可知低渗裂隙砂岩中的非饱和渗流问题更为复杂。本章以粉砂岩为研究对象，利用中子成像技术对圆柱形粉砂岩样品内单一粗糙（光滑）裂隙及其两侧基质中的渗吸现象进行可视化研究，实时监测了动态渗吸过程。在自发渗吸早期，利用高速成像模式捕捉到了粉砂岩单一粗糙裂隙和光滑裂隙中水的快速传输现象。本章结合中子图像对比分析了粗糙裂隙和光滑裂隙及其两侧基质中的非饱和渗流特征。对不同吸水时刻裂隙及其两侧基质的润湿锋的位置进行测定，并据此估算了粗糙裂隙和光滑裂隙及其两侧基质的吸水性系数。利用第 3 章所述的预测模型引入了损失系数对粉砂岩粗糙裂隙和光滑裂隙及其两侧基质的吸水性系数进行预测，并通过与实验数据线性回归值进行对比以验证模型的有效性。

6.2.1 裂隙低渗砂岩样品描述

本章选取粉砂岩为研究对象，并将所取的粉砂岩样品加工成直径 25mm、高 50mm 的圆柱形。为了研究不同裂隙形态（粗糙和光滑裂隙）对自发渗吸行为的影响，分别在粉砂岩样品上加工不同形态的裂隙。使用改良的巴西劈裂法将圆柱状粉砂岩样品劈裂形成贯穿样品纵向的粗糙裂隙，并将样品记为 CS1，如图 6.1（a）所示；利用切割法将圆柱形粉砂岩样品沿着纵向轴线对称剖开，形成贯穿样品纵向的光滑裂隙，并将样品记为 GS1，如图 6.1（b）所示。在渗吸实验之前，将粉砂岩样品置于105℃的烘干箱中烘干至质量保持恒定。为防止水沿着砂岩样品的侧面润湿和蒸发，用金属铝箔胶带将样品的周侧进行缠绕。为了进一步了解粉砂岩粗糙裂隙表面结构，利用扫描电镜获得粗糙裂隙表面的微观形貌，如图 6.2 所示。

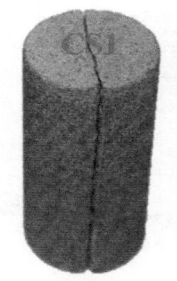

（a）粗糙裂隙粉砂岩CS1　　（b）光滑裂隙粉砂岩GS1

图 6.1　裂隙粉砂岩样品

图 6.2　扫描电镜获得的粗糙裂隙表面微观形貌

6.2.2 裂隙低渗砂岩 X 射线 CT 成像研究

如图 6.1（a）和（b）所示，粗糙裂隙粉砂岩样品 CS1 的裂隙表面较为粗糙，裂隙开度沿着纵向变化较大，而光滑裂隙粉砂岩样品 GS1 的裂隙表面平滑，裂隙开度分布比较均匀。本章采用天津三英精密仪器有限公司提供的 nanoVoxel-4000 高分辨率 X 射线 CT 成像设备（图 6.3）对粉砂岩样品的两种裂隙形貌进行量化研究，并利用图像分析软件 Avizo 对粉砂岩样品裂隙结构进行了重建和分析。利用 X 射线 CT 成像技术对样品 GS1 进行二维透射成像，二维透射图像如图 6.4（a）所示。基于该图像二维透射图像，沿着样品高度方向不同位置测量裂隙开度，并将测量结果统计在表 6.1 中，经计算得到样品 GS1 中裂隙的平均开度为 113.8μm。

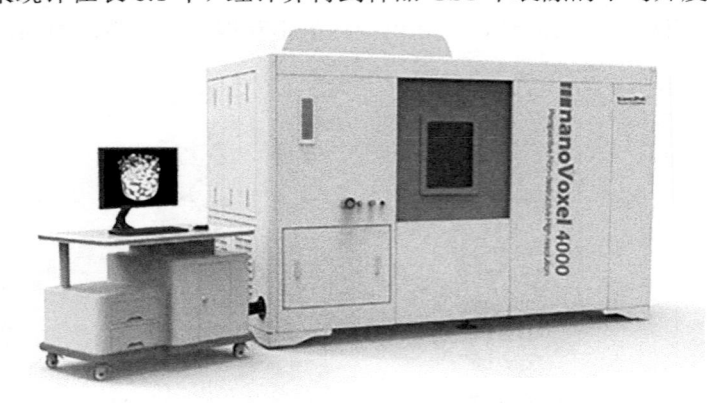

图 6.3 nanoVoxel-4000 高分辨率 X 射线 CT 成像设备实物图

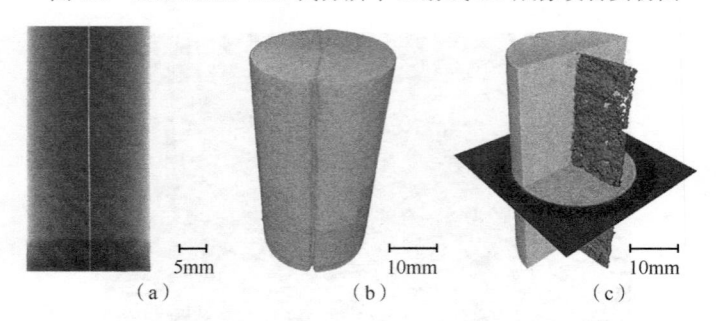

图 6.4 裂隙粉砂岩样品 GS1 和 CS1 的高分辨率 X 射线 CT 成像

(a) 裂隙粉砂岩样品 GS1 的 X 射线二维透射图像； (b) 裂隙粉砂岩样品 CS1 的 X 射线三维重构图像；
(c) 基于 X 射线三维图像提取样品 CS1 中裂隙体积

表 6.1 裂隙粉砂岩样品不同测量位置的裂隙开度

样品	1	2	3	4	5	平均值
GS1	116	116	113	113	111	113.80

考虑到裂隙粉砂岩样品 CS1 中粗糙裂隙形貌的复杂程度,对样品 CS1 进行 X 射线 CT 三维成像[图 6.4(b)],并提取了裂隙结构体积[图 6.4(c)]。根据提取的裂隙结构体积,计算了粉砂岩样品 CS1 中粗糙裂隙的开度。由图 6.5(a)可知,裂隙粉砂岩样品 CS1 的裂隙开度为 10~900μm,中值为 365μm。图 6.5(b)所示为裂隙粉砂岩样品粗糙裂隙开度分布直方图。

(a)裂隙开度分布图　　　　　　　　(b)裂隙开度分布直方图

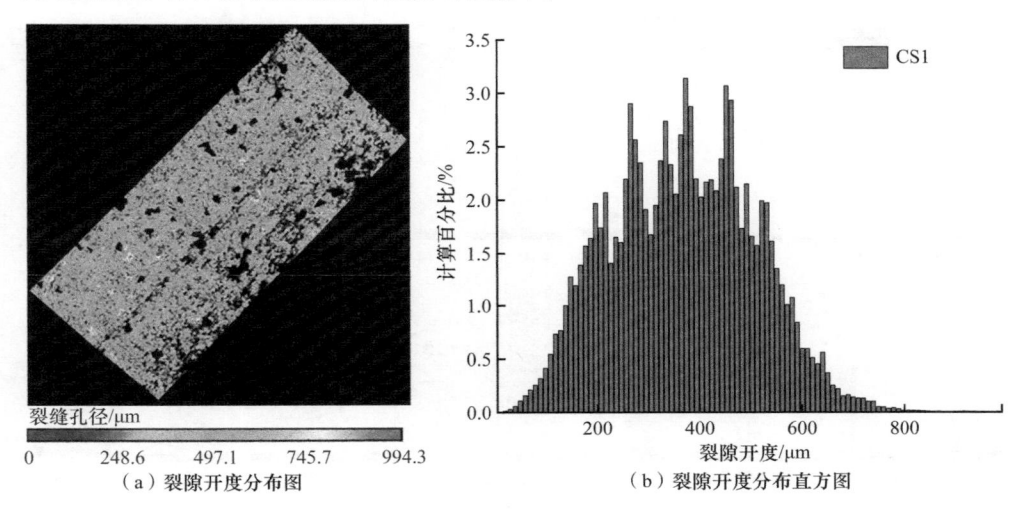

图 6.5　基于 X 射线 CT 三维成像提取的裂隙粉砂岩样品 CS1 的粗糙裂隙体积分布数据

6.2.3　裂隙低渗砂岩渗吸中子成像实验及图像分析

利用中国先进研究堆的冷中子成像谱仪开展了低渗裂隙粉砂岩样品 CS1 和 GS1 的自发渗吸实验。裂隙砂岩样品渗吸中子成像实验步骤为:①分别获取 10 张明场图像(中子屏蔽门开启,无样品),记为 $I_{(OB)}$。10 张暗场图像(中子屏蔽门开启关闭,无中子照明),记为 $I_{(DF)}$。②将粉砂岩样品 GS1 和 GS2 固定在闪烁屏前方。所述裂隙砂岩样品距离闪烁屏 10mm,保持中子屏蔽门开启,获取 10 张干燥砂岩样品中子图像,记为 I_{Dry}。③中子屏蔽门开启并保持图像获取模式,将固定于升降台上的充满蒸馏水的铝制水槽缓缓升起。将砂岩样品底部与水面接触的时刻记作吸水的初始时刻,此后连续获取砂岩渗吸过程的中子图像,记为 I_{Wet}。由于自发渗吸初期水分在粉砂岩裂隙中的渗吸速度很快,本次中子成像实验设定图像获取频率为 10f/s。对于粉砂岩样品 CS1,总共获取 606 张图像,选取了 145 张图像,用于进一步研究粉砂岩粗糙裂隙对水自发渗吸的影响。对于粉砂岩样品 GS1,总共获取 1001 张图像,选取了 82 张图像,用于进一步研究粉砂岩光滑裂隙对水自发渗吸的影响。所有选取的裂隙粉砂岩渗吸中子图像均在 ImageJ[4-6]软件中进行处理和分析。部分经处理后获取的净水透射图像(net-water transmission image），如图 6.6 所示，其中图 6.6（a）为粗糙裂隙粉砂岩样品 CS1 的净水透射图像，图 6.6（b）为光滑裂隙粉砂岩样品 GS1 的净水透射图像，相应的渗吸时间见图像下方标注。在净水透射图像中每个像素点上对应的灰度值即为净水透射率 T_w。

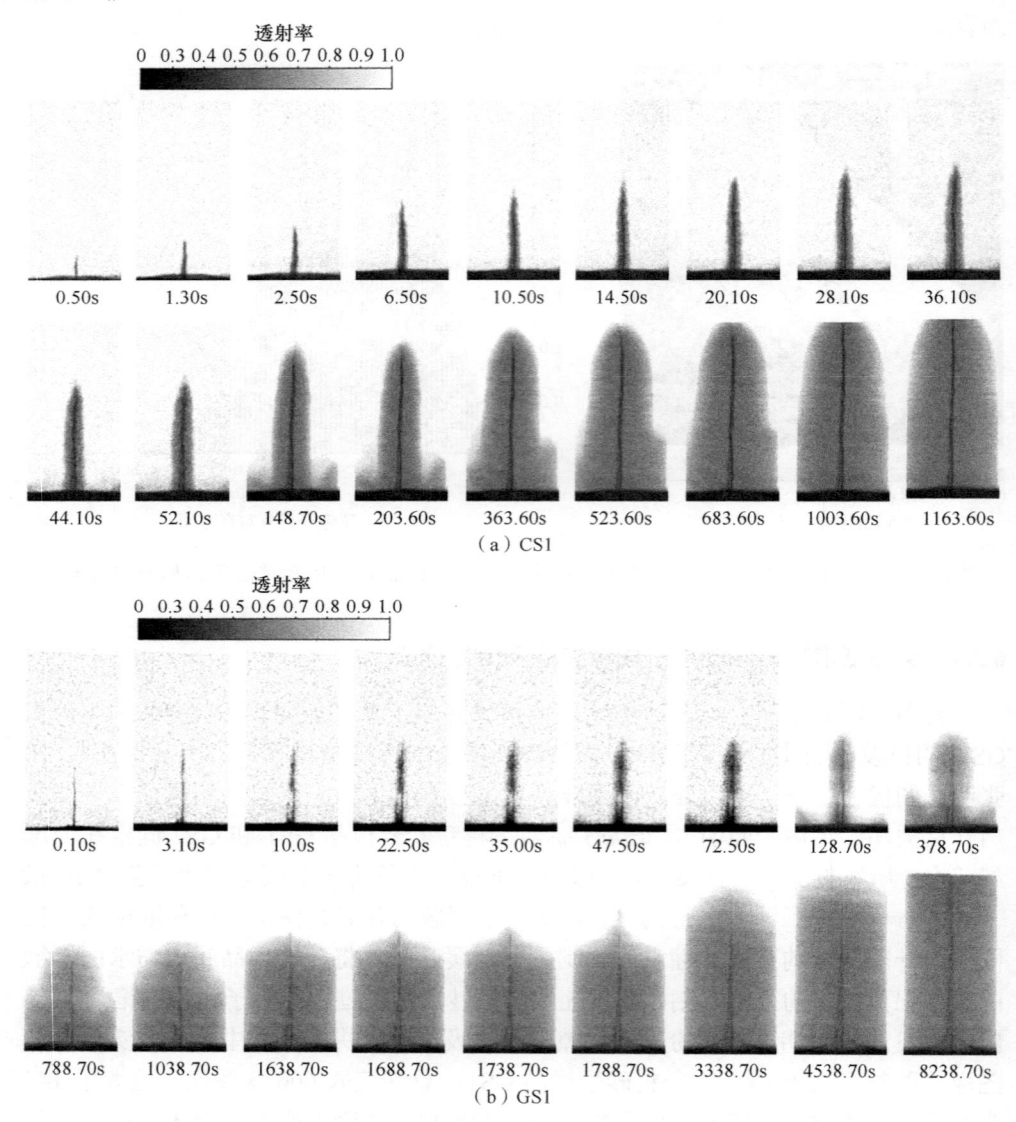

图 6.6 裂隙砂岩渗吸净水透射中子图像

（a）粗糙裂隙粉砂岩样品 CS1 的净水透射图像；（b）光滑裂隙粉砂岩样品 GS1 的净水透射图像

为了在空间和时间上实时监测裂隙粉砂岩样品中裂隙及其两侧基质中润湿锋

位置的移动，需要在中子净水透射图像上布置监测线。如图 6.7（a）和（b）所示，分别选取粗糙裂隙粉砂岩样品 CS1 在 52.10s 时的中子净水透射图像和光滑裂隙粉砂岩样品 GS1 在 72.50s 时的中子净水透射图像，阐述监测线的布置情况。沿着粗糙和光滑裂隙方向分别布置竖直监测线 L1 和 L2，垂直于裂隙方向布置水平监测线 H1 和 H2。使用线性回归法从基于时间数据获得的润湿锋位置和渗吸时间的关系估算基质和裂隙的吸水性系数。

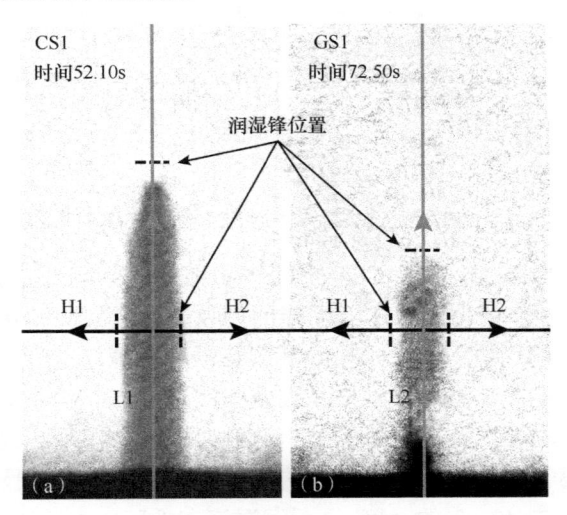

图 6.7　净水透射图像中润湿锋位置测量方法示意图
（a）52.10s 时样品 CS1 的监测线分布情况以及润湿锋位置；（b）72.50s 时样品 GS1 的监测线分布情况以及润湿锋位置

6.2.4　裂隙低渗砂岩吸水性系数分析

裂隙细砂岩粗糙裂隙及两侧基质渗吸过程中润湿锋移动不服从经典的渗吸行为，即时间指数小于 0.50。研究表明：自发渗吸初期，粗糙裂隙及其两侧区域润湿锋位置的移动和时间的 α 次方之间存在较强的线性关系；裂隙中的自发渗吸行为除了受毛细管力和重力共同作用外，还受到裂隙粗糙表面粗糙度的影响；高渗砂岩的粗糙裂隙表面明显促进了裂隙内水的传输。低渗砂岩裂隙中的自发渗吸机理更加复杂。为了研究低渗砂岩裂隙（粗糙裂隙和光滑裂隙）及其两侧基质自发渗吸行为，根据测线分别测量了样品 CS1 和 GS1 中裂隙及其两侧基质区域不同吸水时刻的润湿锋位置。基于中子图像测定的润湿锋的位置与渗吸时间的关系如图 6.8 所示。

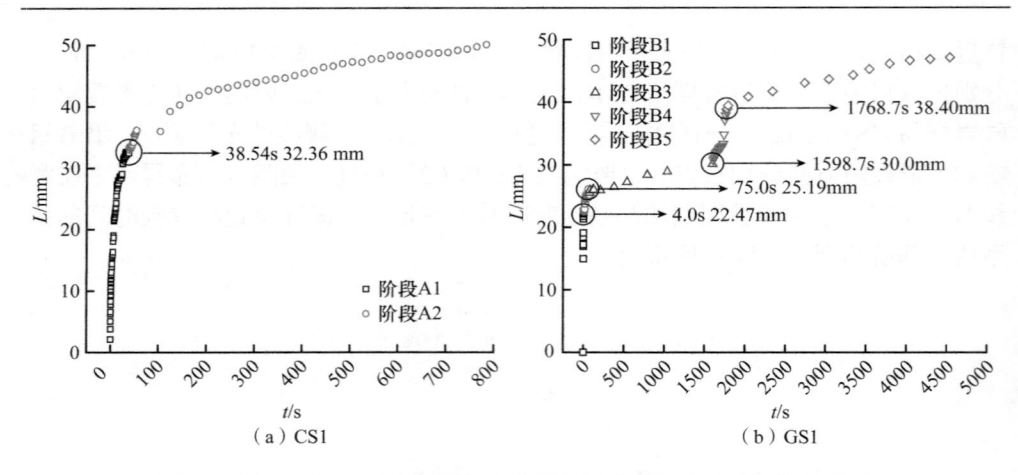

图 6.8 沿 L1 和 L2 测定的裂隙中润湿前沿位置与渗吸时间的关系图

根据润湿锋扩散速度，样品 CS1 的整个渗吸初期吸水过程可以分为两个阶段（A1、A2），其中第一阶段裂隙中润湿锋的渗吸速度非常快，38.54s 内润湿锋高度达到 32.36mm；随后进入第二阶段，润湿锋沿着裂隙向上渗吸速度减缓，并伴随着水从裂隙不断地渗入基质直到样品被全部润湿；样品 GS1 的整个吸水过程可以分为五个阶段（B1、B2、B3、B4、B5），相对样品 CS1 中粗糙裂隙的润湿行为更为复杂。其中第一阶段裂隙中润湿锋的渗吸速度非常快，渗吸开始的 4.0s 内水沿平滑裂隙传输至 22.47mm 的高度；之后润湿锋在裂隙向上渗吸的速度逐渐减缓，进入第二阶段，水在裂隙中向上渗吸的同时逐渐渗入两侧基质，该阶段持续 71.0s，至 75.0s 时润湿锋高度为 25.19mm；随后进入第三阶段，渗吸速度降低，该阶段大约持续了 1523.70s，润湿锋高度达到 30.0mm，水主要沿着垂直于裂隙方向渗入基质，样品 30.0mm 以下全被水润湿；渗吸进入第四阶段，润湿锋沿着裂隙向上渗吸速度再次增加，并伴随着水从裂隙不断地渗入基质，该阶段持续了 170.0s，至 1768.70s 时润湿锋高度达到 38.40mm；渗吸进入第五阶段，润湿锋沿着裂隙向上渗吸速度再次降低，该阶段水在裂隙中渗吸缓慢，主要沿着垂直于裂隙方向渗入基质直至整个样品被水润湿。

以往的理论和实验研究表明[1]：在自发渗吸初期，裂隙区域润湿锋的移动和时间平方根存在线性关系，即时间指数为 0.50。本节中粉砂岩粗糙和光滑裂隙中润湿锋的移动和时间平方根之间的关系如图 6.9 所示。通过线性回归发现，裂隙润湿锋的位置与吸水时间平方根间存在较强的线性关系。粗糙裂隙渗吸初期的两个阶段的拟合相关性系数都大于 0.97，光滑裂隙渗吸初期的五个阶段中除第四阶段外的拟合相关性系数都大于 0.90。线性回归估算的不同渗吸阶段的裂隙吸水性系数结果列于表 6.2 中。

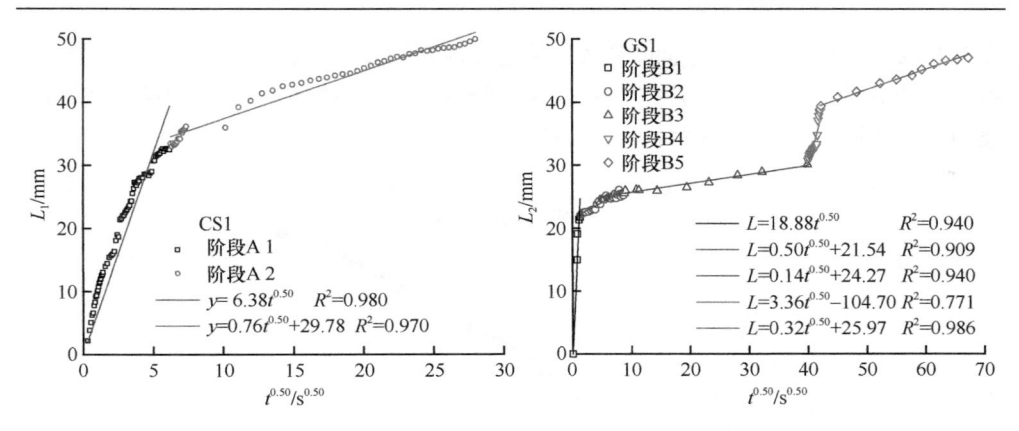

第 6 章 基于中子成像的裂隙砂岩非饱和渗流问题研究

图 6.9 沿测线 L1 和 L2 测定的润湿锋前沿位置和吸水时间平方根间的关系

表 6.2 裂隙粉砂岩样品 CS1 和 GS1 吸水过程不同阶段的吸水性系数

样品	阶段	吸水性系数/(mm/s$^{0.5}$)	R^2
CS1	A1	6.38	0.980
	A2	0.76	0.970
GS1	B1	18.88	0.940
	B2	0.50	0.909
	B3	0.14	0.940
	B4	3.36	0.771
	B5	0.32	0.986

渗吸初期，裂隙粉砂岩 CS1 粗糙裂隙渗吸第一阶段的吸水性系数约为第二阶段吸水性系数的 8.4 倍。裂隙中的水向两侧基质中渗入以及重力的影响可能是导致第二阶段吸水性系数比第一阶段吸水性系数小的主要原因。裂隙粉砂岩 GS1 光滑裂隙渗吸第一阶段的吸水性系数约为第二阶段吸水性系数的 37.76 倍，第三阶段的 134.86 倍，第四阶段的 5.62 倍，第五阶段的 59 倍。裂隙中的水向两侧基质中渗入，裂隙表面光滑以及重力的影响可能是导致第一阶段吸水性系数远大于其他阶段的主要原因。

由以上分析可知，无论是粗糙裂隙还是光滑裂隙在渗吸过程中第一阶段均是最重要的阶段。本节对粗糙和光滑裂隙自发渗吸第一阶段进行了详细的研究。上述研究中，润湿锋移动位置和时间平方根之间的线性关系是基于弯曲毛细管束模型的假设，而未考虑毛细管迂曲度分形维数的影响。图 6.10 所示为自发渗吸第一阶段粗糙裂隙中润湿锋的位置和渗吸时间的双对数图。利用线性回归对实验数据进行分析，并估算渗吸时间指数，可得粗糙裂隙的渗吸时间指数为 0.39。结果表明粗糙裂隙渗吸行为不服从经典的渗吸行为。图 6.11 所示为粗糙裂隙中润湿锋的位置与渗吸时间的 0.39 次方的关系。通过线性回归发现，裂隙润湿锋的位置与渗吸时间的 0.39 次方之间同样存在着较强的线性关系。线性回归估算的第一渗吸阶段的粗糙裂隙吸水性系数为 8.76mm/s$^{0.39}$。

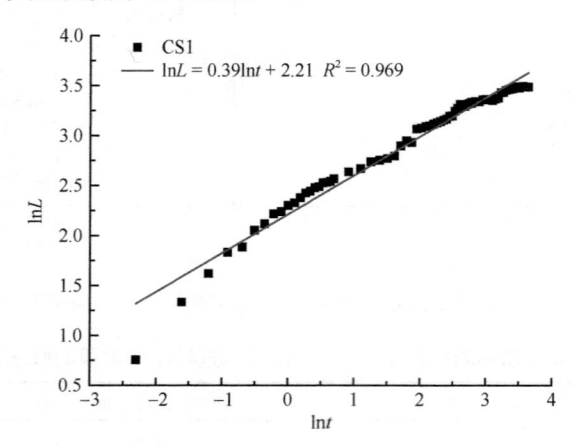

图 6.10　润湿锋前沿位置和渗吸时间的双对数图

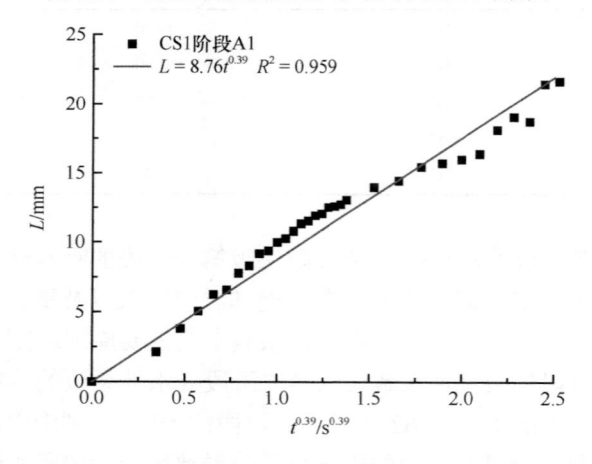

图 6.11　样品 CW1 润湿锋前沿位置和渗吸时间的 0.39 次方间的关系

通过分析中子图像可以发现，水在裂隙渗流过程中水先在裂隙方向上升，然后从裂隙中不断地渗入基质中。如图 6.7 所示，为了研究水从裂隙向基质中渗流的过程，在裂隙粉砂岩样品 CS1 和 GS1 中设定了 H1 和 H2 两条水平的监测线。根据第 4 章研究发现粉砂岩基质的渗吸时间系数为 0.50。由此绘制水平测线 H1 和 H2 上润湿锋的位置和渗吸时间平方根的关系图，如图 6.12 所示。样品 CS1 自发渗吸初期水从粗糙裂隙向两侧基质渗流的过程可分为两个部分，即 A1-1 和 A1-2。通过线性回归分析，水平测线上测定的润湿锋的位置和渗吸时间的平方根

第 6 章　基于中子成像的裂隙砂岩非饱和渗流问题研究

之间存在较强的线性关系，拟合相关性系数均大于 0.87，吸水性系数如表 6.3 所示。对于样品 CS1 和 GS1，裂隙左右两侧基质的吸水性系数值略有不同，可能是裂隙砂岩样品内的层理构造以及非均质性造成的。对于样品 CS1，A1-1 阶段粗糙裂隙左右两侧基质的吸水性系数明显大于 A1-2 阶段，可能是粗糙裂隙劈裂过程中对裂隙两侧部分区域造成损伤而产生微裂纹所致。上述测定的样品 CS1 中 A1-2 阶段中粗糙裂隙左右两侧基质的吸水性系数，以及样品 GS1 中光滑裂隙左右两侧基质的吸水性系数明显小于第 4 章所述的完整圆柱形粉砂岩样品的吸水性系数（0.60mm/s$^{0.5}$），这可能是水不断沿着裂隙向上渗吸造成两侧基质供水不足所引起的。

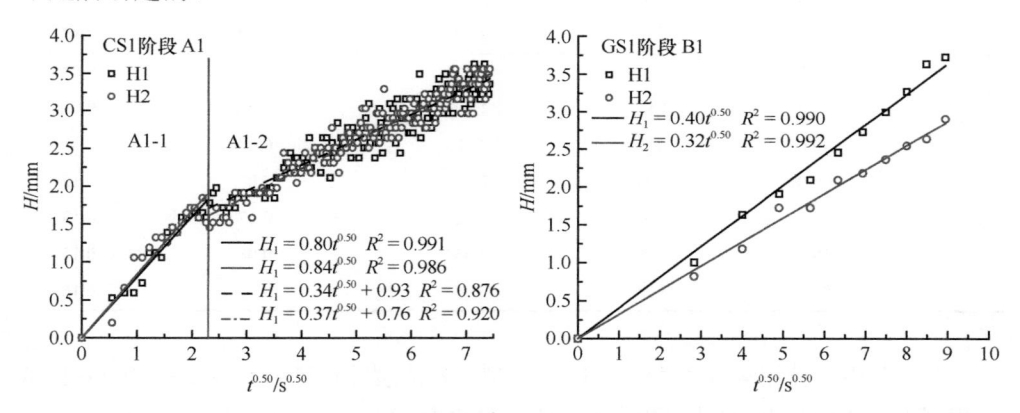

图 6.12　裂隙两侧基质沿监测线 H1 和 H2 的润湿锋前沿位置与渗吸时间平方根间的关系

表 6.3　自发渗吸初期水从裂隙向两侧基质渗流的吸水性系数

样品	阶段	测线	吸水性系数/(mm/s$^{0.5}$)	平均值	R^2
CS1	A1-1	H1	0.80	0.59	0.991
		H2	0.84		0.986
	A1-2	H1	0.34		0.876
		H2	0.37		0.920
GS1	B1	H1	0.40	0.36	0.940
		H2	0.32		0.909

渗吸过程中，水经由裂隙向两侧基质渗流是裂隙自发渗吸的重要组成部分。从裂隙向两侧基质渗流的水量对裂隙吸水性系数有重要影响，引入损失系数 γ 对裂隙中流率进行修正。测线 H1 和 H2 上，不同渗吸时刻的损失系数 γ 可由式（2.31）计算获得。表 6.4 列出了不同渗吸时间 H1 和 H2 测线上的润湿锋前沿水平移动距离，体积含水量 θ_n 的平均值和损失系数 γ。

表 6.4　润湿锋的移动距离和平均含水量以及不同时间的损失系数

样品	时间/s	H_{sm1}/mm	H_{sm2}/mm	$\bar{\theta}_n$/(mm³/mm³)	γ
CS1	6.0	1.18	1.25	0.07	0.07
	12.0	1.59	1.72	0.08	0.10
	18.0	1.92	2.11	0.07	0.11
	24.0	2.18	2.44	0.07	0.12
	30.0	2.38	2.64	0.07	0.13
	36.0	2.58	2.77	0.06	0.13
	42.0	2.84	3.17	0.08	0.17
	48.0	2.97	3.30	0.07	0.15
	52.0	3.17	3.50	0.07	0.17
GS1	20.0	1.31	1.03	0.03	0.03
	30.0	1.86	1.40	0.05	0.07
	40.0	2.0	2.0	0.08	0.11
	50.0	2.41	2.41	0.07	0.12
	60.0	2.55	2.62	0.07	0.13
	70.0	2.90	2.83	0.08	0.15
	80.0	3.24	3.65	0.07	0.16

在本节中，使用第 3 章及本章所述模型来预测裂隙粉砂岩样品 CS1 和 GS1 渗吸初期阶段 A1 和 B1 的基质和裂隙的吸水性系数。表 6.5 列出了用于计算吸水性系数的相关参数。对于裂隙砂岩样品 CS1 和 GS1，预测的基质吸收率为 $0.61\text{mm/s}^{0.50}$，其小于 A1-1 阶段通过线性回归获得的值，大于 A1-2 和 B1 阶段通过线性回归获得的值，但与 A1-1 和 A1-2 阶段吸水性系数平均值的误差仅为 3%。造成该现象的原因可能是，粗糙裂隙劈裂过程中对裂隙两侧基质造成损伤，产生微裂纹增大了该区域的渗透率；水在粗糙和光滑裂隙中运移的过程中只有部分进入两侧基质，造成水供应不足。此外，裂隙砂岩样品 CS1 和 GS1 基质预测值更接近完整粉砂岩样品的基质吸水性系数（$0.60\text{mm/s}^{0.5}$），这意味着式（3.26）可以更好地预测粉砂岩基质的吸水性系数。

表 6.5　预测裂隙的吸水性系数和时间指数的相关参数

样品	D	K/mD	ϕ/%	β	γ	λ_{max}/μm	λ_f/μm	τ
CS1	1.45	0.41	15.2	0.01	0.933	6.0	365	2.37
GS1	1.45	0.41	15.2	0.01	0.905	6.0	113	2.37

在 A1 阶段，样品 CS1 的粗糙裂隙吸水性系数的预测值为 $9.13\text{mm/s}^{0.39}$，是线性回归值（$8.76\text{mm/s}^{0.39}$）的 1.04 倍，误差仅为 4.0%。而未考虑损失系数时预测

得到的粗糙裂隙吸水性系数值为 9.72mm/s$^{0.39}$，是线性回归值的 1.11 倍，误差为 11%。由此可知，式（6.12）可以有效地预测低渗砂岩裂隙吸水性系数。在 B1 阶段，样品 GS1 的光滑裂隙的吸水性系数的预测值为 42.75mm/s$^{0.50}$，是线性回归值的 2.26 倍，而未考虑损失系数时预测得到的光滑裂隙吸水性系数值为 45.35mm/s$^{0.50}$，是线性回归值的 2.40 倍。由此可知，考虑损失系数时可以更好地预测光滑裂隙的吸水性系数，但仍然高估了光滑裂隙的吸水性系数。这一现象的主要原因是模型推导过程中忽略了重力因素的影响。综上所述，第 3 章及本章所建立的吸水性系数模型可以较好地预测低渗砂岩基质和粗糙裂隙的吸水性系数。

6.2.5 结论

本节成功运用了中子照相技术监测了非饱和低渗裂隙粉砂岩样品的自发渗吸行为。借助中子成像高速成像模式，实验中成功捕捉到了渗吸初期水沿裂隙的快速传输现象，并测定了不同渗吸时刻粗糙和光滑裂隙及其两侧基质的润湿锋高度随渗吸时间的变化关系。依据润湿锋扩散的速度，将每个样品的整个吸水过程划分为若干阶段。基于润湿锋高度对渗吸时间的双对数图，并利用线性回归来估算粗糙裂隙渗吸时间指数，结果表明低渗裂隙粉砂岩样品粗糙裂隙的润湿锋移动不服从经典的渗吸行为。通过线性回归估算了裂隙粉砂岩样品中粗糙和光滑裂隙及其左右两侧基质的吸水性系数。结果表明，砂岩裂隙结构的吸水性系数明显大于基质的，且光滑裂隙的渗吸过程比粗糙裂隙更复杂，水沿平滑裂隙渗吸时存在扩散、停滞、再扩散的现象。由此说明裂隙结构可以有效增强裂隙砂岩的吸水能力。

本节利用多手段（如高分辨 X 射线 CT 成像、压汞法和 X 射线衍射）对裂隙粉砂岩样品的孔隙、裂隙结构和黏土矿物成分进行充分的表征，并结合第 2 章和本章所述的理论模型对裂隙砂岩样品的自发渗吸现象进行量化分析，并预测了裂隙砂岩样品粗糙和光滑裂隙及其两侧基质的吸水性系数。模型考虑了裂隙到两侧基质的水分损失。结果表明：裂隙粉砂岩样品 CS1 粗糙裂隙吸水性系数的预测值与线性回归所得到的吸水性系数相差不大，误差仅为 4%；粗糙裂隙两侧基质预测值与 A1-1 和 A1-2 阶段线性回归平均值的误差仅为 3%。而裂隙粉砂岩样品 GS1 光滑裂隙及其两侧基质吸水性系数的预测值与线性回归所得到的吸水性系数相差较大，但相对不考虑损失系数的预测误差要小得多。通过实验和模型预测结果的对比，发现孔隙微观结构和黏土矿物组成对基质吸水性系数的预测有较大影响；裂隙开度、裂隙迂曲度、损失系数和砂岩颗粒直径对裂隙吸水性系数预测具有重要作用。此外，本节研究充分证明了中子成像技术的高速成像模式非常适合监测岩土介质裂隙内水分的快速输运行为，关于裂隙形态对低渗非饱和渗流行为影响的进一步量化研究有待深入研究。

6.3 裂隙高渗砂岩吸水性系数研究

由于地应力、岩石开挖、温度应力等作用，裂隙（缝）在岩体介质中广泛存在[7]。裂隙的存在不仅影响岩体的结构稳定性，而且会对岩体介质中水、油、气等地质流体的输运造成重要影响。高渗砂岩裂隙中非饱和渗流与油气储层地下开采、建筑文物（乐山大佛、莫高窟、金字塔）以及地下水资源保护等能源与环境工程问题密切相关。与砂岩裂隙中的饱和渗流问题相比，砂岩裂隙中的非饱和渗流在以往的研究中没有得到足够关注[1]。此外，裂隙砂岩中的渗流与完整砂岩基质中的渗流有着明显的区别，主要体现在[8]：孔隙与裂隙结构不同，孔隙在三维方向上延伸尺寸的差别不显著，而裂隙两个方向上的延伸尺寸比第三个方向上的大得多；此外，孔隙的尺度比裂隙的小得多，且后者尺度可以达到整个研究域。砂岩裂隙中的非饱和渗流机理较为复杂，毛细流、薄膜流、优先流、裂隙-基质间的水交换等多种渗流现象共存，砂岩基质孔隙结构、渗透率及裂隙开度、裂隙迂曲度及表面粗糙度等均会对裂隙中水的非饱和渗流造成影响[9]。目前对岩体裂隙中非饱和渗流的机理认识尚不明确，已有研究多沿用多孔介质渗流理论。通过渗流实验对裂隙中非饱和渗流现象的直接观测及量化分析可为该问题的理论研究提供数据支撑。本节以细砂岩为研究对象，利用中子成像技术对细砂岩样品内单一粗糙和光滑裂隙及其两侧基质中的渗吸现象进行可视化研究。实时监测了两种类型裂隙细砂岩样品的动态渗吸过程。在自发渗吸早期，利用高速成像模式捕捉到了细砂岩单一粗糙和光滑裂隙中水的快速传输现象。本节结合中子图像对比分析了粗糙和光滑裂隙及其两侧基质中的非饱和渗流特征。对不同吸水时刻裂隙及其两侧基质的润湿锋的位置进行测定，并据此估算了粗糙和光滑裂隙及其两侧基质的吸水性系数。利用第 3 章所述的引入了损失系数的吸水性系数预测模型对粗糙和光滑裂隙及其两侧基质的吸水性系数进行预测，并通过与实验数据线性回归值进行对比以验证模型的有效性。

6.3.1 裂隙高渗砂岩样品描述

本节所研究的细砂岩样品取自四川省荣县。根据第 2 章所述中子透射的水的厚度越大，中子散射和中子束线硬化的影响越严重。由于选取的细砂岩为中高渗砂岩，样品吸水后其内水厚度相对较大，为了尽量减轻中子散射和中子束线硬化的影响，本节所用细砂岩样品被加工为板状。为了研究不同裂隙形态（粗糙和光滑裂隙）对自发渗吸行为的影响，分别在细砂岩样品上加工不同形态的裂隙。加工过程描述如下：①使用改良的巴西劈裂法[10]分别将板状细砂岩样品劈裂形成贯穿样品纵向的粗糙裂隙，并将样品记为 CW1，尺寸为 10mm×40mm×35mm（厚×

第 6 章　基于中子成像的裂隙砂岩非饱和渗流问题研究

宽×高），如图 6.13（a）所示；②利用砂线切割技术，根据 Weierstrass-Mandelbrot 分形曲线控制方程绘制的三种不同分形维数的曲线对板状细砂岩样品进行切割，形成不同分形维数的光滑裂隙，并将样品分别记为 GW1 和 GW2，尺寸为 10mm×40mm×60mm（厚×宽×高），如图 6.13（c）和（d）所示。

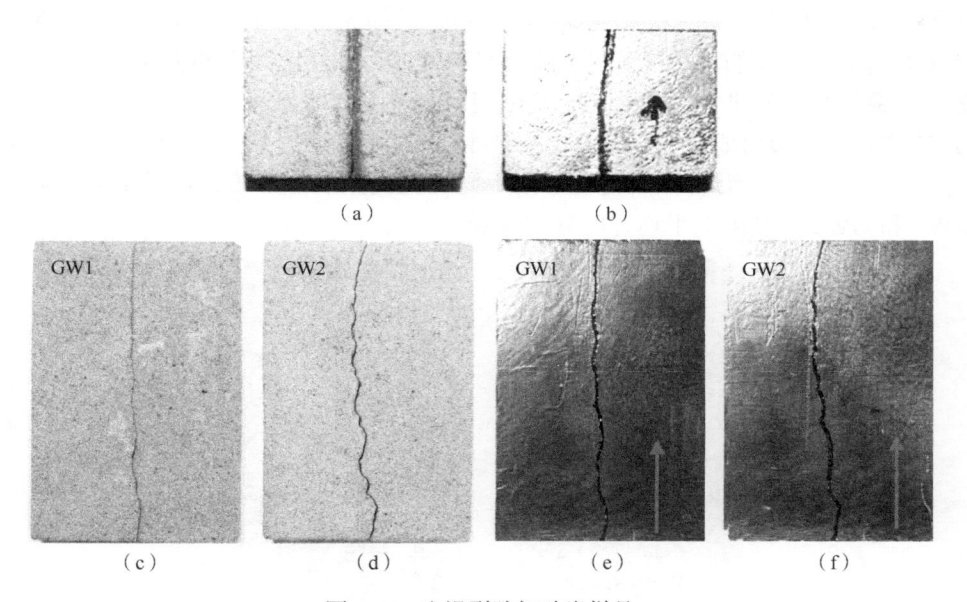

图 6.13　光滑裂隙细砂岩样品

在渗吸实验之前，所有砂岩样品均被置于 105℃的烘干箱中烘干，直到质量保持恒定[1]。砂岩样品的两侧用金属铝箔胶带缠绕，以防止水分湿润和蒸发[11]，如图 6.13（b）、（e）和（f）所示。图 6.14 为利用扫描电镜获得的细砂岩粗糙裂隙表面的微观形貌。

图 6.14　粗糙裂隙表面的微观形貌扫描电镜图

6.3.2 裂隙高渗砂岩 X 射线 CT 成像研究

如图 6.13（a）所示，细砂岩样品 CW1 的裂隙表面较为粗糙，裂隙开度沿着纵向变化较大，而细砂岩样品 GW1 和 GW2 的裂隙表面平滑，裂隙开度分布比较均匀。本节采用中国三英精密仪器有限公司提供的 nanoVoxel-4000 高分辨率 X 射线 CT 对砂岩样品的两种裂隙形貌进行量化研究，并利用图像分析软件 Avizo 对砂岩样品裂隙结构进行了重建和分析。利用 X 射线 CT 成像技术对样品 GW1 和 GW2 进行二维透射成像，如图 6.15（a）和（b）所示。基于获得的砂岩样品 X 射线二维透射图像，沿着样品高度方向不同位置测量裂隙开度，经计算得到样品 GW1 和 GW2 中裂隙的平均开度分别为 65.4μm 和 96.6μm。

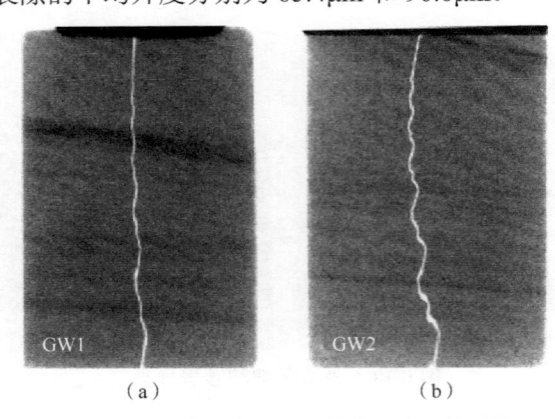

图 6.15　细砂岩样品的 X 射线二维透射图像

考虑到样品 CW1 中粗糙裂隙形貌的复杂程度，对样品 CW1 进行 X 射线 CT 三维成像，并提取了裂隙结构体积，如图 6.16（a）所示。根据提取的裂隙结构体积，计算了细砂岩样品 CW1 中粗糙裂隙的开度。由图 6.16（b）可知，细砂岩样品 CW1 的裂隙宽度为 7.7～770.30μm，中值为 389μm。

6.3.3 裂隙高渗砂岩渗吸中子成像实验及图像分析

利用中国先进研究堆和德国柏林亥姆霍兹材料与能源中心反应堆的冷中子成像谱仪开展裂隙砂岩渗吸实验情况，以及相关的中子图像处理方法。

1. 裂隙高渗砂岩渗吸中子成像实验

细砂岩样品 CW1 的渗吸实验在位于中国原子能科学研究院中国先进研究堆中子大厅的冷中子导向器上进行，如图 6.17（a）所示。中子成像设备位于光束导向器 B 的末端附近，并且准直器管长度与其孔径的比率为 85[11]。当反应堆以 20MW 的功率运行时，中子通量率为 $1.03 \times 10^7 n/(cm^2 \cdot s)$。实时探测器系统配备了新一代互补金属氧化物半导体(CMOS)相机,像素为550万,帧速可达100f/s[12],如图6.17(b)所示。

(a)裂隙开度分布图　　(b)裂隙开度分布直方图

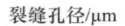

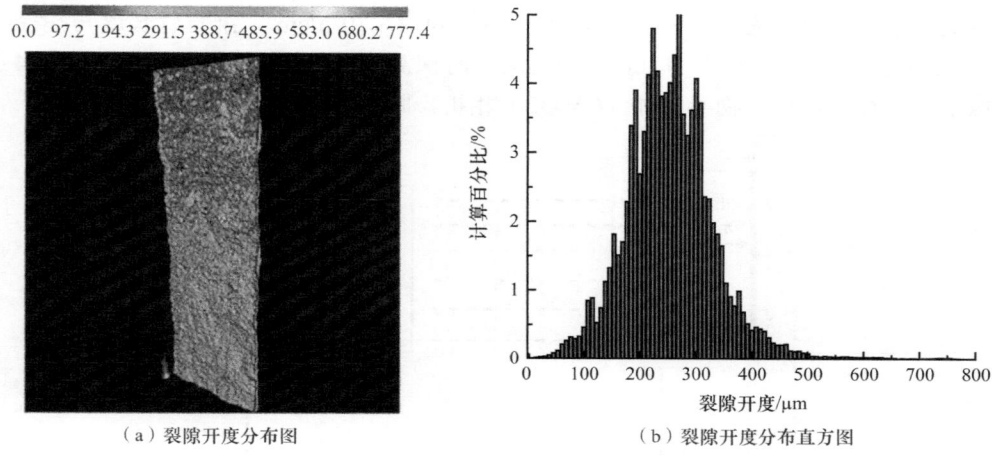

图 6.16　基于 X 射线 CT 三维成像提取的裂隙细砂岩样品 CW1 体积分布数据

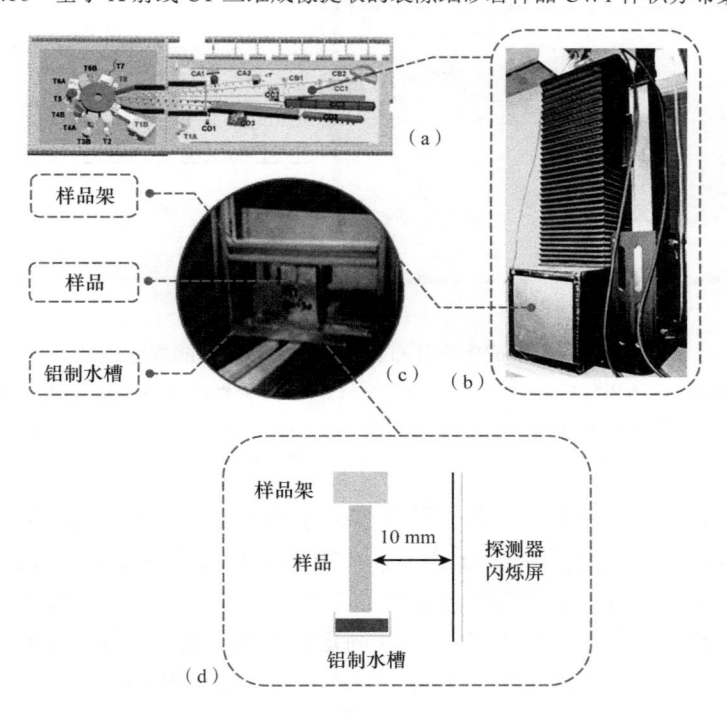

图 6.17　中子成像监测实验装置

(a)中国原子能科学研究院中国先进研究堆导轨厅示意图及中子成像设备位置;(b)中子成像设备(CMOS 相机箱);(c)样品固定位置情况;(d)样品位置距探测器距离示意图

细砂岩样品 GW1、GW2 和 GW3 的渗吸实验是在德国柏林亥姆霍兹材料与能源研究中心反应堆的中子成像 V7 的测量位置进行的，该位置位于德国柏林亥姆霍兹中心的中子导向厅中子导向器 NL 1B 的末端，如图 6.18（a）所示。该反应堆的中子波长范围为 0.2～1.2nm，中子通量为 $2\times10^8 n/cm^2$，准直管长度与孔径（L/D）之比为 70，分辨率为 300～500μm。实时探测器系统配备了 1280 像素×1024 像素的互补金属氧化物半导体（CMOS）相机，曝光时间范围为 0.01～0.50s。

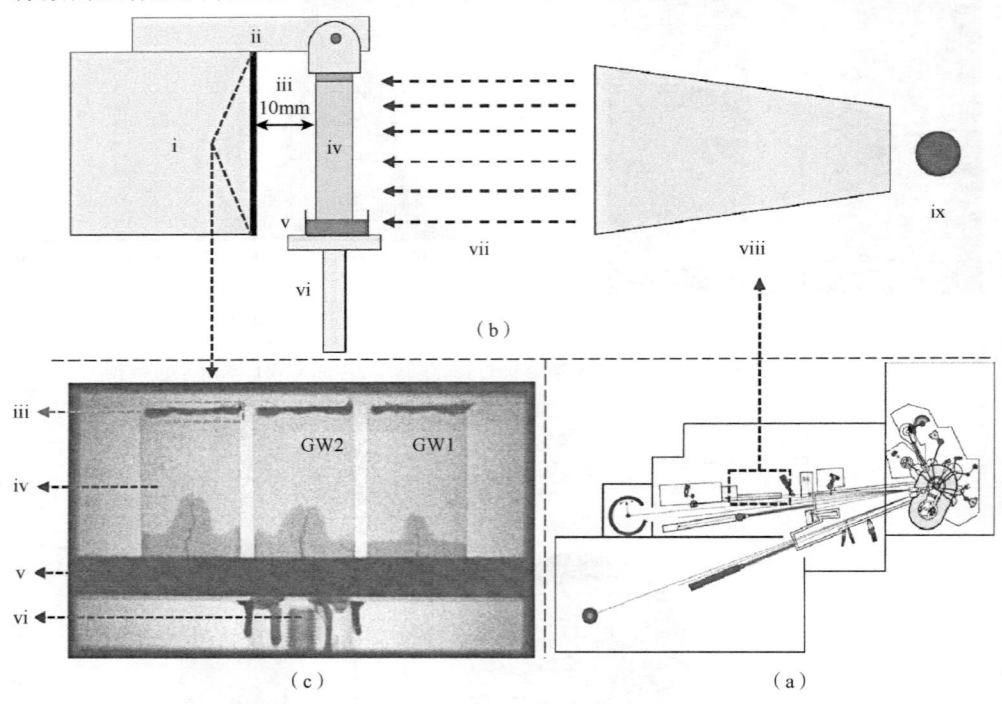

图 6.18 中子成像设备布置及裂隙砂岩样品的成像结果

（a）亥姆霍兹材料与能源研究中心中子谱仪布置示意图。（b）中子照相装置用于监测裂隙性砂岩试样自发渗吸过程中水的流动示意图。设备组成：i-探测器；ii-样品架；iii-胶水；iv-样品；v-水槽；vi-电动升降台；vii-中子束；viii-准直器；ix-中子源。（c）裂隙砂岩样品的成像结果

裂隙砂岩样品渗吸中子成像实验步骤描述如下：①分别获取 10 张明场图像（中子屏蔽门开启，无样品），记为 $I_{(OB)}$。10 张暗场图像（中子屏蔽门开启关闭，无中子照明），记为 $I_{(DF)}$。②将细砂岩样品 CW1 固定在闪烁屏前方，如图 6.17（c）所示。将细砂岩样品 GW1 和 GW2 一并固定在闪烁屏前方，如图 6.18（b）所示。所述裂隙砂岩样品距离闪烁屏 10mm，如图 6.17（d）和图 6.18（b）所示。保持中子屏蔽门开启，获取 10 张干燥砂岩样品中子图像，记为 I_{Dry}。③中子屏蔽门开启并保持图像获取模式，将固定于升降台上的充满蒸馏水的铝制水槽缓缓升起。将砂岩样品底部与水面接触的时刻记作吸水的初始时刻，此后连续获取砂岩渗吸

过程的中子图像，记为 I_{Wet}。由于自发渗吸初期水在砂岩裂隙中的渗吸速度较快，本次中子成像实验设定图像获取频率为 10f/s。对于细砂岩样品 CW1，总共获取 122 张图像，选取了 9 张图像，用于进一步研究细砂岩粗糙裂隙对水自发渗吸的影响。对于细砂岩样品 GW1 和 GW2，实验持续了大约 4186.20s，共选取 200 张图像，用于进一步研究细砂岩光滑迂曲裂隙对水自发渗吸的影响。

2. 裂隙高渗砂岩渗吸中子图像分析

所有选取的裂隙砂岩渗吸中子图像均在 ImageJ[4, 13]软件中进行处理和分析。中子图像处理方法与第 4 章所述一致。经处理后获取的细砂岩样品 CW1 的净水透射图像，如图 6.19 所示。

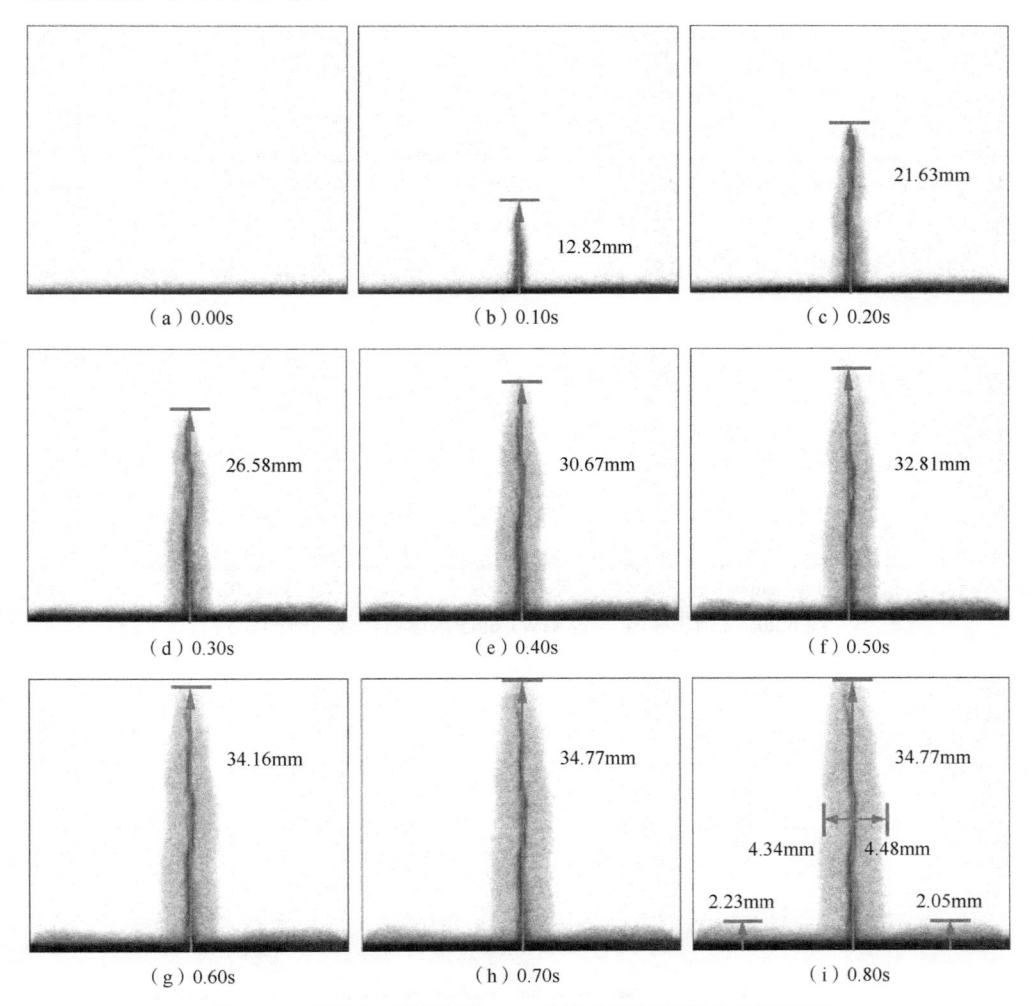

(a) 0.00s   (b) 0.10s 12.82mm   (c) 0.20s 21.63mm

(d) 0.30s 26.58mm   (e) 0.40s 30.67mm   (f) 0.50s 32.81mm

(g) 0.60s 34.16mm   (h) 0.70s 34.77mm   (i) 0.80s 34.77mm 4.34mm 4.48mm 2.23mm 2.05mm

图 6.19   裂隙细砂岩样品 CW1 的净水透射图像的时间序列

如图 6.20 和图 6.21 所示，经处理后获取的细砂岩样品 GW1 和 GW2 的净水透射图像。相应的渗吸时间见图像中标注，且在净水透射图像中每个像素点上对应的灰度值即为净水透射率 T_w。下面介绍通过净水透射图像识别润湿锋位置的方法，净水透射率 T_w 越小则含水量越大。为了在空间和时间上实时监测裂隙细砂岩样品中裂隙及其两侧基质中润湿锋位置的移动，需要在中子净水透射图像上布置

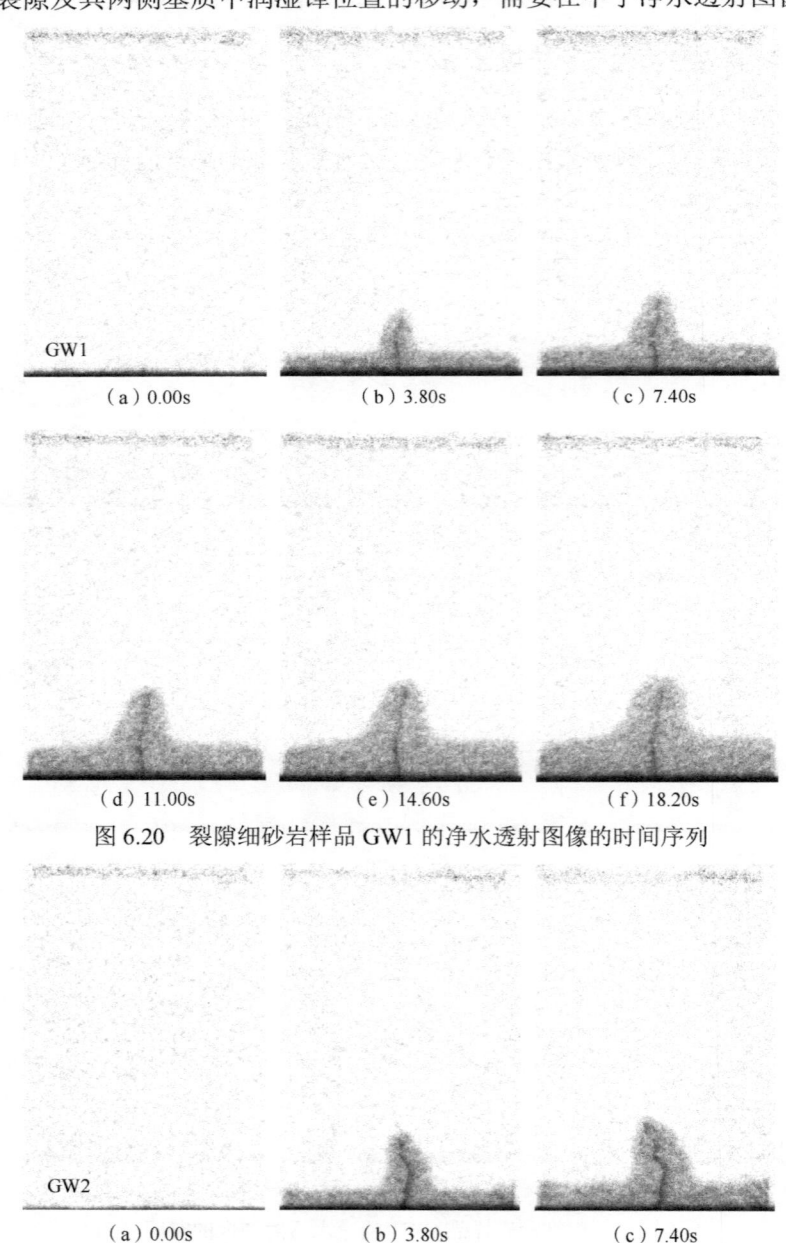

（a）0.00s　　　　（b）3.80s　　　　（c）7.40s

（d）11.00s　　　　（e）14.60s　　　　（f）18.20s

图 6.20　裂隙细砂岩样品 GW1 的净水透射图像的时间序列

（a）0.00s　　　　（b）3.80s　　　　（c）7.40s

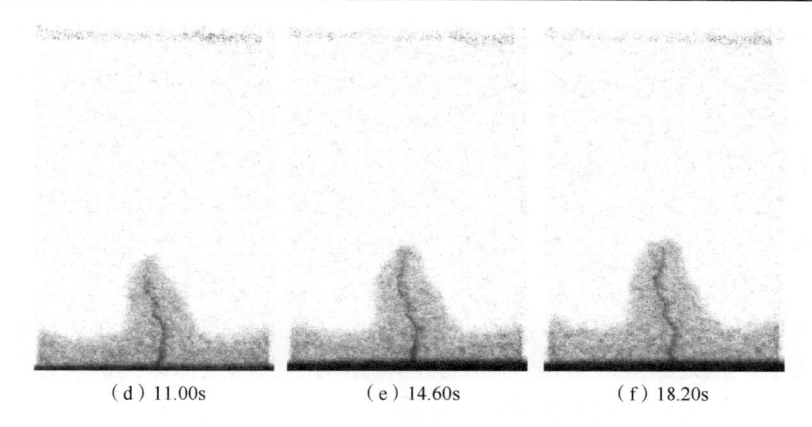

第 6 章 基于中子成像的裂隙砂岩非饱和渗流问题研究

(d) 11.00s　　　　　　(e) 14.60s　　　　　　(f) 18.20s

图 6.21　裂隙细砂岩样品 GW2 的净水透射图像的时间序列

监测线。如图 6.22 和图 6.23 所示，分别以裂隙细砂岩样品 CW1 在 0.40s 时刻的中子净水透射图像和裂隙细砂岩样品 GW1 在 17.0s 时刻的中子净水透射图像为例，阐述监测线的布置情况。

如图 6.22 所示，考虑到裂隙细砂岩样品 CW1 微观结构的复杂性，在净水透射图像上叠加了面积为 13mm^2 单元格组成的网格，定义了 11 条监测线（包括 9 条垂直线和 2 条水平线），用于监测润湿锋位置随时间的变化。图 6.22（a）所示，区域 1 和 2 中的竖直虚线表示 2 号和 7 号监测线，水平黑色虚线表示 10 号和 11 号监测线，裂隙区域的竖直虚线表示 9 号监测线；L_{m2}、L_{m7}、L_{sf}、H_{sm1}、H_{sm2}，分别表示 2 号、7 号、9 号、10 号、11 号监测线上润湿锋的移动距离。如图 6.22（b）所示，0.40s 时裂隙细砂岩样品 CW1 沿着 2 号、7 号和 9 号监测线的净水透射率剖面图。

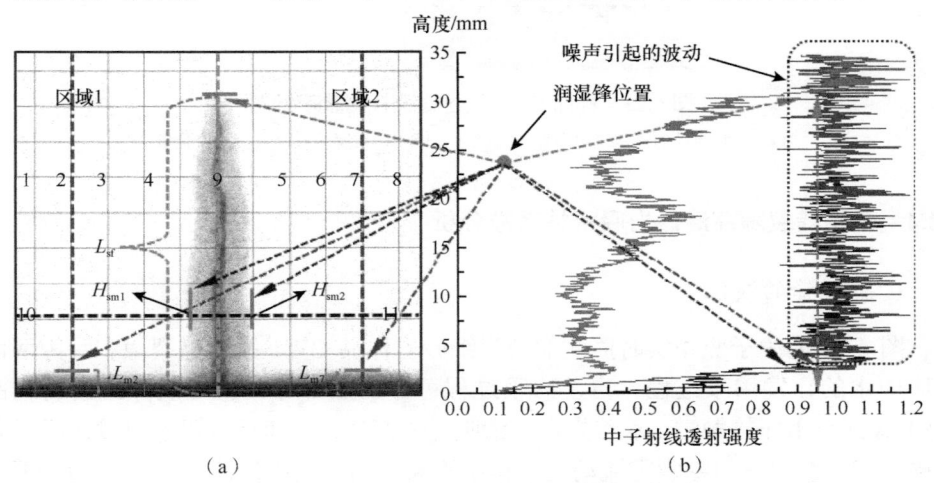

(a)　　　　　　　　　　　　　　(b)

图 6.22　样品 CW1 润湿锋位置测量示意图

(a) 0.40s 时样品的净水透射图像、监测线（1~11）布置情况以及润湿锋位置；(b) 0.40s 时沿 2 号、7 号、9 号、10 号和 11 号测线的中子射线强度传输分布如图 6.23 所示，考虑到裂隙细砂岩样品 GW1 微观结构的复杂性，在净水透射图像上叠加了面积为 16mm² 单元格组成的网格，定义了 9 条监测线用于监测裂隙细砂岩样品 GW1 和 GW2 中光滑裂隙及其两侧基质中润湿锋位置随时间的变化。其中包括：7 条等间距的竖直监测线（1～7 号线）和 2 条水平监测线（8 号、9 号线）。图 6.23 所示，区域 1 和 2 中的竖直虚线表示 2 号和 5 号监测线，水平黑色虚线表示 8 号和 9 号监测线，裂隙区域的竖直虚线表示 7 号监测线；L_{m2}、L_{m5}、L_{sf}、H_{sm1}、H_{sm2} 分别表示 2 号、5 号、7 号、8 号、9 号监测线上润湿锋的移动距离。净水透射率沿着水的自发渗吸方向增加，当透射率的值一旦超过设定的净水透射率阈值，该处即被认为是干湿交界面，所对应的纵坐标即为润湿锋的位置。通过对比不同阈值对确定的润湿锋的位置的影响，最终确定 0.95、0.94 分别作为识别裂隙细砂岩样品 CW1 和 GW1、GW2 中子净水图像润湿锋的位置的阈值。并且通过手动测定润湿锋位置的数据验证了所选取阈值的准确性。

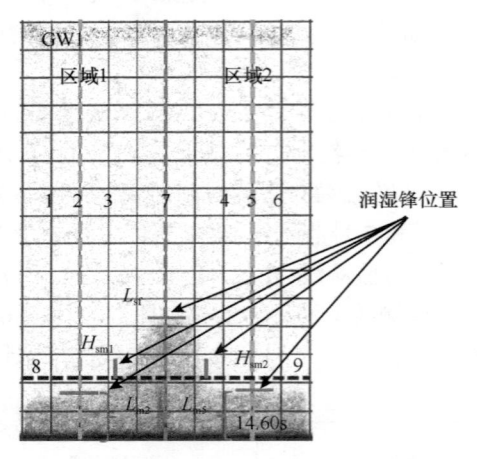

图 6.23 样品 GW1 润湿锋位置测量示意图

14.60s 时样品的净水透射图像、监测线（1～9）布置情况以及润湿锋位置

6.3.4 含粗糙裂隙高渗砂岩吸水性系数分析

1. 润湿锋的演化

图 6.19 为中子照相实时监测的裂隙细砂岩样品 CW1 的粗糙裂隙和裂隙两侧基质中水的自发渗吸过程。自发渗吸过程可分为三部分：①当裂隙细砂岩样品 CW1 底部与水面接触时，水首先自发渗吸进入基质；②随后水迅速自发渗吸进入粗糙裂隙；③水在粗糙裂隙流动的过程中不断地向基质中渗流。由图 6.19 可见，水在粗糙裂隙的渗吸速度明显大于基质。为了定量研究粗糙裂隙及其两侧基质中润湿锋位置随时间的移动变化，分别测量了润湿锋在监测线（1～8 号）上移动的

距离，得到了润湿锋在裂隙砂岩样品 CW1 中区域 1 和区域 2 中移动的平均距离，分别表示为 L_{sm1} 和 L_{sm2}，如表 6.6 所示。为了比较描述样品不同区域的润湿锋移动，以 0.80s 为例研究了裂隙砂岩样品 CW1 粗糙裂隙及其两侧基质的自发渗吸行为。结果表明，裂隙中润湿锋移动高度为 34.77mm，约为基质中区域 1（2.23mm）或区域 2（2.05mm）润湿锋高度的 16 倍。这种现象可能是裂隙的有效直径大于基质中孔隙的有效直径，且裂隙的表面比基质中的光滑毛细管表面更粗糙所致。Cheng 等[1]认为毛细管动力学可以解释渗吸过程中裂隙中吸水比两侧基质中吸水更快。此外，由图 6.19 可知，水从裂隙渗入基质的速度比从样品底部渗入基质的速度要快。H_{sm1} 和 H_{sm2} 分别为 4.34mm 和 4.48mm，约为 L_{sm1} 和 L_{sm2} 平均值的 2 倍，如表 6.6 所示。造成这一现象的原因可能是：①采用改良的巴西法劈裂砂岩样品时，裂隙周围的基质可能会产生较多的微裂纹或损伤。且损伤破坏区域的宽度是裂隙开度的 2～10 倍[1]；②润湿锋水平移动不存在重力效应影响。

表 6.6　润湿锋的移动距离和平均含水量以及不同时间的损失系数

时间/s	L_{sm1}/mm	L_{sm2}/mm	H_{sm1}/mm	H_{sm2}/mm	$\overline{\theta}_n$ /(mm³/mm³)	γ
0.10	0.86	0.86	2.12	1.96	0.16	0.25
0.20	1.08	0.92	2.53	2.61	0.11	0.21
0.30	1.19	1.25	2.93	3.01	0.12	0.25
0.40	1.42	1.39	3.18	3.42	0.12	0.27
0.50	1.65	1.65	3.50	3.74	0.11	0.29
0.60	1.83	1.66	3.75	4.07	0.10	0.29
0.70	1.92	1.80	3.83	4.24	0.10	0.29
0.80	2.23	2.05	4.34	4.48	0.10	0.29
0.90	2.35	2.17	4.48	4.65	0.10	0.32

为了研究水从裂隙渗入基质对裂隙中自发渗吸行为的影响，本节采用了损失系数 γ 来修正裂隙中水自发渗吸的流率。裂隙中所含水的体积为 V_f，从裂隙的左壁和右壁渗入基质的水的体积分别为 V_{m1} 和 V_{m2}。则自发渗吸进入裂隙的总的水的体积为 V_f，为 V_{m1} 和 V_{m2} 的总和。损失系数 γ 定义为水从裂隙渗入两侧基质的体积与水自发渗吸进入裂隙总体积的比值，如式（6.2）所示。其中，10 号和 11 号测线上的体积含水量 θ_w 可由式（2.4）计算获得。由此可根据式（6.2）进一步计算水损失系数 γ。表 6.6 列出了体积含水量 θ_n 的平均值和不同自吸时间的损失系数 γ。

2. 时间指数的确定

根据文献综述[1, 11, 14]，基质或裂隙自发渗吸高度随时间的平方根（即时间指数

$\alpha=0.50$）呈线性增长。然而，这些研究没有考虑介质的各向异性和孔隙大小以及分布的随机性导致的毛细管力的无序性而引起的时间指数的不确定性（即 $\alpha\neq0.5$）[15]。根据图 6.22 所示测量方法，在时间和空间上对裂隙细砂岩样品 CW1 的粗糙裂隙及其两侧基质中湿润锋位置进行了测量。图 6.24 为水平和竖直方向上润湿锋高度随渗吸时间变化的双对数图。使用线性回归法估算时间指数 α，且拟合优度值（R^2）大于 0.93，线性回归结果列于表 6.7 中。

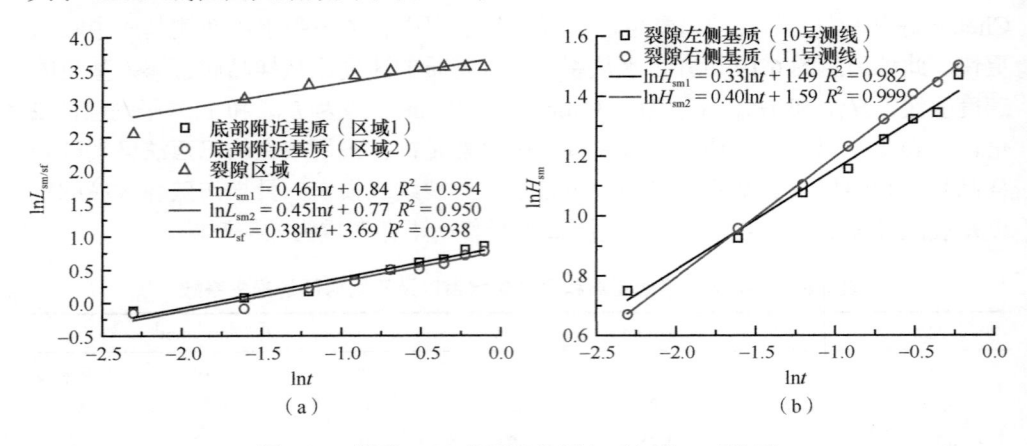

图 6.24 样品 CW1 润湿锋位置与时间的双对数图

（a）底部附近基体和裂隙中润湿锋位置与时间的双对数图；（b）裂隙两侧附近基体湿润前沿位置与时间的双对数图

表 6.7 线性回归分析获得的砂岩样品 CW1 基质及裂隙的渗吸时间指数 α 和拟合优度 R^2

研究区域	α	R^2
底部附近基质（区域1）	0.46	0.954
底部附近基质（区域2）	0.45	0.950
裂隙左侧基质（10号测线）	0.33	0.982
裂隙右侧基质（11号测线）	0.40	0.999
裂隙区域（9号测线）	0.38	0.938

如图 6.24 所示，润湿锋位置的运移清楚地显示了一个非经典的渗吸行为（即时间指数 $\alpha\neq0.5$）。水从裂隙细砂岩样品 CW1 底部自发渗吸进入砂岩基质，基质区域 1 和区域 2 中沿着竖直方向上的渗吸时间指数 α 分别为 0.46 和 0.45。而水从裂隙渗入左右两侧基质，基质区域 1 和区域 2 中沿着水平方向上的渗吸时间指数 α 分别为 0.33 和 0.40。这些时间指数变化的原因可能是毛细管力的随机性，这与介质的各向异性和孔隙分布的随机性有关[15,16]。其他多孔介质（如白垩岩、膨润土和贝雷砂岩）的自发渗吸行为也有类似的结果，其中白垩岩自发渗吸的时间指数为 0.40[17]、膨润土的自发渗吸时间指数为 0.41[16]、贝雷砂岩的自发渗吸时间指

数为 0.32[18]。从图 6.24 可以看出，部分数据集的第一点与最佳拟合线有轻微偏差。这些偏差可能是由边界效应引起的。

3. 吸水性系数分析

图 6.25 显示了裂隙细砂岩样品 CW1 中粗糙裂隙及其两侧基质中润湿锋的位置与渗吸时间的 α 幂次方的关系。根据线性回归法估算了裂隙细砂岩样品 CW1 基质和裂隙的吸水性系数。如图 6.25（a）所示，粗糙裂隙中润湿锋位置数据集的第一个点低于拟合线。造成这一偏差的原因可能是：①样品的底部可能没有与水面完全平齐，因此样品底部的部分区域在渗吸实验开始的时候首先与水面接触；②相对于早期的润湿速率，第一张图像是在相对较长的时间内集成的（5~10ms）[1]。

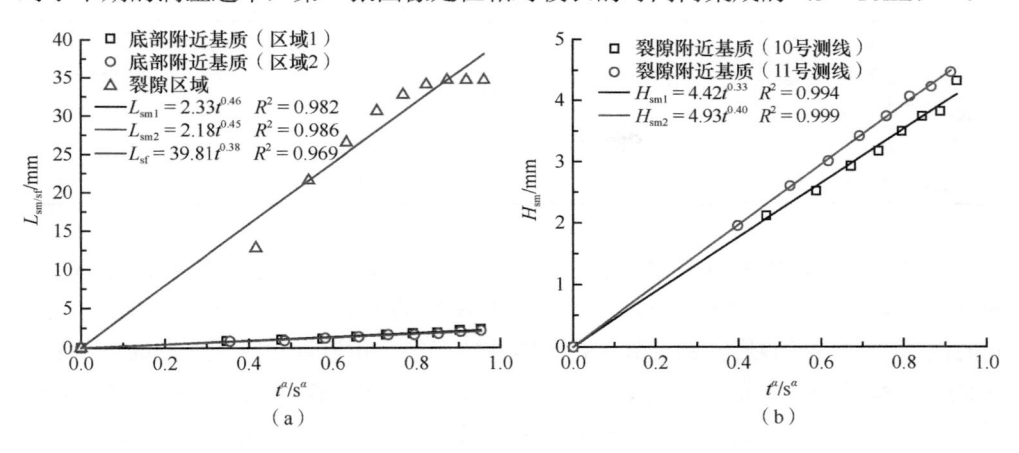

图 6.25 样品 CW1 润湿锋位置与时间的幂次方的关系

（a）底部附近基体和裂隙中润湿锋位置与时间的幂次方的关系图；（b）裂隙两侧基质湿润前沿位置与时间幂次方的关系图

表 6.8 所列为线性回归得到的基质（S_m）和裂隙（S_f）的吸水性系数，其拟合优度（R^2）均大于 0.96。裂隙细砂岩样品 CW1 中的粗糙裂隙的吸水性系数为 39.81mm/s$^{0.38}$。Cheng 等[1]通过对实验数据分析发现贝雷砂岩粗糙裂隙的吸水性系数为 17.87~27.12mm/s$^{0.50}$。然而，在以前的岩石吸水性系数的研究中大多认为时间指数 α 为 0.50[1, 11, 19, 20]，但在本章中，裂隙的渗吸时间指数为 0.38。裂隙细砂岩样品 CW1 中粗糙裂隙左侧基质（区域1）和右侧基质（区域2）底部附近的吸水性系数分别为 2.33mm/s$^{0.46}$ 和 2.18mm/s$^{0.45}$。然而粗糙裂隙左右侧损伤区附近的吸水性系数分别为 4.42mm/s$^{0.33}$ 和 4.93mm/s$^{0.40}$，约为样品底部附近基质吸水性系数的 2 倍。这一现象可以解释为何水从裂隙渗入两侧基质的速度比从样品底部渗吸进入基质的速度要快。此外，线性回归得到的样品区域1和区域2中底部附近基质的吸水性系数相差不大，该偏差可能是裂隙细砂岩样品 CW1 的非均质性以

及渗吸过程中孔隙喉道的收缩、闭合和消除所引起的[11, 21]。另外，通过线性回归得到的裂隙细砂岩样品 CW1 粗糙裂隙吸水性系数比基质的大得多。造成这一现象的主要原因可能是毛细管力以及裂隙两侧粗糙表面的扩散作用[1]。粗糙裂隙明显增加了裂隙细砂岩样品 CW1 的吸水能力。此外，Hall[22]认为与裂隙附近局部损伤相关的微裂纹密度的增加可能会增强裂隙的吸水能力。Sahmaran 和 Li[23]、Zhang 等[24]的研究也发现裂隙可以有效增强胶结材料的吸水能力。上述结果不仅证明了裂隙可以显著提高裂隙砂岩的渗吸能力，而且也表明了非均质性对吸水性系数的影响。

表 6.8 通过线性回归分析得到样品 CW1 的基质和裂隙的吸水性系数以及拟合优度 R^2

研究区域	α	吸水性系数/(mm/s^a) 线性回归分析	R^2
底部附近基质（区域1）	0.46	2.33	0.982
底部附近基质（区域2）	0.45	2.18	0.986
裂隙左侧基质（10 号测线）	0.33	4.42	0.994
裂隙右侧基质（11 号测线）	0.40	4.93	0.999
裂隙区域（9 号测线）	0.38	39.81	0.969

在本节中，使用本章所建立的分形模型[式（6.13）]预测裂隙细砂岩样品 CW1 基体和裂隙的吸水性系数。计算吸水性系数所用的相关参数列于表 6.9 中。其中，δ 的值等于裂隙细砂岩样品 CW1 的平均砂粒直径，可以通过使用 ImageJ 软件分析测量粗糙裂隙表面的扫描电镜图像（图 4.67）获得。样品 CW1 的平均砂粒直径测量结果为 193.52μm，这与 Folk[25]所提出的砂岩粒度直径范围为 125～250μm 的结果相符。将图 4.67（a）导入 AutoCAD 软件中，采用折线法对裂隙进行描绘，分别测量裂隙的曲线长度和直线长度，由此计算裂隙的迂曲度 τ_f 为 1.05。根据高分辨率 X 射线 CT 成像得到的三维裂隙体积计算粗糙裂隙平均开度 λ_f 为 389μm，如图 4.67（b）和（c）所示。孔隙迂曲度 τ 和孔隙二维分形维数 D 分别为 1.51 和 2.06，见表 6.9。由式（3.12）计算的最大孔径 λ_{max} 为 22.76μm。如表 6.9 所示，除去最大和最小损失系数 γ 计算得到的平均损失系数为 0.28。假设 $\lambda_{max}/\lambda_{min}$ 的值为 100，由此可知 β=0.01，这与 Cai 等、Feng 等、Yu 和 Li 所测多孔介质中 $\beta \leqslant 10^{-2}$ 的结果相符[26-28]。

表 6.9 预测裂隙的吸水性系数和时间指数的相关参数

D	K/mD	ϕ/%	δ/μm	ξ/μm	β	$\bar{\theta}_n$/(mm^3/mm^3)	γ	λ_{max}/μm	λ_f/μm	τ	τ_f
1.51	141	19.5	193.52	390.63	0.01	0.096	0.28	22.76	389	2.06	1.05

表 6.10 所列为基质和粗糙裂隙吸水性系数的实验拟合值和预测值的比较结果。由表 6.10 可知，模型预测所得的样品底部附近基质区域 1 和区域 2 的吸水性

系数是线性回归得到的 1.03 倍和 1.07 倍。模型预测与线性回归结果之间的误差仅为 3%和 7%，可能的原因如下：①孔隙内的黏土矿物、石英颗粒等填充材料降低了孔隙的有效渗流半径；②以伊利石为主的黏土矿物与水接触后发生溶胀变形，孔隙可能会被堵塞[11]。这一结果表明基质吸水性系数模型是有效的。表 6.10 还表明，模型预测得到的裂隙两侧损伤区域附近的基质吸水性系数被严重低估。这是模型所用由式（3.12）计算得到的最大毛细管直径偏小所造成的。如前文所述，裂隙细砂岩样品 CW1 的裂隙在由改良的巴西试验方法劈裂时会损伤裂隙附近区域。这些损伤（如微裂纹）将增加基质的吸附能力[1, 22]。式（6.13）预测的裂隙细砂岩 CW1 粗糙裂隙的吸水性系数为线性回归所得值的 1.03 倍，误差仅为 3%。且以往许多关于裂隙中水自发渗吸的研究都是基于一维流动的假设，即裂隙中的水不会流失或渗入基质[1, 3]。如果不考虑式（6.13）中的损失系数 γ，预测得到的裂隙吸水性系数为 45.67mm/s$^{0.38}$，是实验数据线性回归所得值的 1.15 倍。由此可知，在一维假设下，预测所得的裂隙吸水性系数的误差约为 15%。式（6.13）考虑了裂隙细砂岩样品 CW1 渗吸过程中水在粗糙裂隙流动的过程中不断向两侧基质滤失的实际情况，使得预测所得的裂隙吸水性系数更接近实际值。以上结果证明，本章所建立的粗糙裂隙吸水性系数模型更为有效。本章证明了中子照相为获得计算失水系数的基础数据提供了一种有效的工具。此外，实验数据线性回归所得裂隙细砂岩样品 CW1 的粗糙裂隙渗吸时间指数 α 与式（6.14）计算所得结果一致。由此可知，式（6.14）是有效的，为砂岩粗糙裂隙渗吸时间指数的估算提供了一种新的方法。综上所述，本章所述吸水性系数预测模型可以更好地对裂隙砂岩基体和粗糙裂隙的吸水性系数进行预测。然而，还需要进一步的研究来评估所述吸水性系数模型对于其他岩石的有效性。还需要验证基于实验室尺度建立的模型对现场试验的适用性。

表 6.10 基质和粗糙裂隙吸水性系数的线性回归值和模型预测值

研究区域	α	吸水性系数/(mm/s^a)	
		线性回归值	模型预测值
底部附近基质（区域 1）	0.46	2.33	2.41
底部附近基质（区域 2）	0.45	2.18	2.33
裂隙左侧基质（10 号测线）	0.33	4.42	1.51
裂隙右侧基质（11 号测线）	0.40	4.93	1.94
裂隙区域（9 号测线）	0.38	39.81	41.20

6.3.5 含光滑裂隙高渗砂岩吸水性系数分析

1. 润湿锋的演化和时间指数的确定

如图 6.20 和图 6.21 所示，中子照相实时监测了裂隙细砂岩样品 GW1 和 GW2

的光滑裂隙及其两侧基质中水的自发渗吸过程。与裂隙细砂岩样品 CW1 相比，样品 GW1 和 GW2 的自发渗吸过程同样可分为三部分，水在光滑裂隙的渗吸速度明显大于基质，但相对于粗糙裂隙渗吸速度较慢。为了定量研究光滑裂隙及其两侧基质中润湿锋位置随时间的移动变化，根据图 6.23 所示测线的布置方法，测量了样品 GW1 和 GW2 中区域 1 和区域 2 中润湿锋的竖直移动的平均距离，分别表示为 L_{sm1} 和 L_{sm2}；水平移动距离，分别表示为 H_{sm1} 和 H_{sm2}；以及光滑裂隙中润湿锋移动距离，表示为 L_{sf}。图 6.26 所示为样品 GW1 和 GW2 中区域 1 和区域 2 中润湿锋的竖直移动的平均距离 L_{sm1} 和 L_{sm2}，水平移动距离 H_{sm1} 和 H_{sm2}，以及光滑裂隙中润湿锋移动距离 L_{sf} 与渗吸时间的双对数图。

如图 6.26 所示，裂隙细砂岩样品 GW1 和 GW2 的光滑裂隙及其两侧基质中润湿锋位置的运移清楚地显示了一个非经典的渗吸行为（即时间指数 $\alpha \neq 0.5$）。水从裂隙细砂岩样品 GW1 和 GW2 底部自发渗吸进入砂岩基质，两种样品基质区域 1 和区域 2 中沿着竖直方向上的平均渗吸时间指数 α 均为 0.46。该结果与本章所述

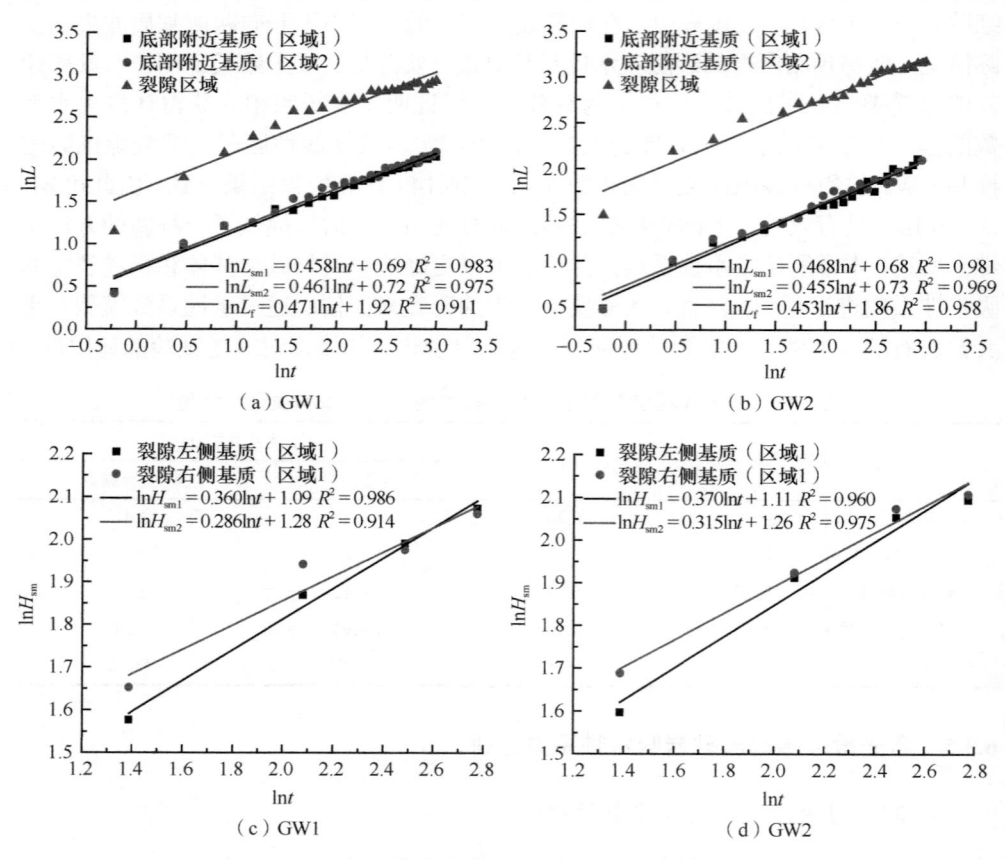

图 6.26　润湿锋移动距离与渗吸时间的双对数图

裂隙细砂岩样品 CW1 以及前面所述样品细砂岩样品 W1 在竖直方向上的渗吸时间指数基本一致。而水从光滑裂隙渗入左右两侧基质，基质区域 1 和区域 2 中沿着水平方向上的平均渗吸时间指数 α 分别为 0.32 和 0.34。这些时间指数变化的原因可能是毛细管力的随机性，这与介质的各向异性和孔隙分布的随机性有关。使用线性回归法对实验数据进行线性回归分析，估算了时间指数 α，并将结果列于表 6.11 中。

表 6.11 线性回归估计样品 GW1 和 GW2 基质和裂隙的渗吸时间指数 α 值及拟合优度 R^2

样品	研究区域	α	平均值	R^2
GW1	底部附近基质（区域 1）	0.458	0.46	0.983
	底部附近基质（区域 2）	0.461		0.975
	裂隙左侧基质（8 号测线）	0.360	0.32	0.986
	裂隙右侧基质（9 号测线）	0.286		0.914
	裂隙区域（7 号测线）	0.471	—	0.911
GW2	底部附近基质（区域 1）	0.468	0.46	0.981
	底部附近基质（区域 2）	0.455		0.969
	裂隙左侧基质（8 号测线）	0.370	0.34	0.960
	裂隙右侧基质（9 号测线）	0.315		0.975
	裂隙区域（7 号区域）	0.453	—	0.958

此外，样品 GW1 和 GW2 的光滑裂隙渗吸时间指数 α 分别为 0.471 和 0.453。这一偏差是两种样品中光滑裂隙的分形维数和迂曲度不同引起的。且光滑裂隙的渗吸时间指数明显小于粗糙裂隙的时间指数，这可能是粗糙裂隙壁表面的扩散效应造成的。为了进一步研究水从光滑裂隙渗入两侧基质对光滑裂隙中自发渗吸行为的影响，本节同样采用了损失系数 γ 来修正光滑裂隙中水自发渗吸的流率，并根据式（6.2）进一步计算水损失系数 γ。表 6.12 列出了 8 号和 9 号测线上的润湿锋前沿水平移动距离，体积含水量 θ_n 的平均值和不同自吸时间的损失系数 γ。

表 6.12 润湿锋的移动的距离和平均含水量以及不同时间的损失系数

样品	时间/s	H_{sm1}/mm	H_{sm2}/mm	$\bar{\theta}_n$ /(mm³/mm³)	γ
GW1	4.0	4.84	5.22	0.21	0.93
	8.0	6.48	6.97	0.16	0.93
	12.0	7.32	7.21	0.16	0.93
	16.0	7.95	7.85	0.15	0.94
GW2	4.0	4.94	5.41	0.17	0.88
	8.0	6.77	6.85	0.16	0.90
	12.0	7.80	7.96	0.17	0.92
	16.0	8.12	8.23	0.16	0.92

2. 吸水性系数分析

图 6.27 显示了裂隙细砂岩样品 GW1 和 GW2 中光滑裂隙及其两侧基质中润湿锋的移动距离与渗吸时间的 α 幂次方的关系。根据线性回归法估算了裂隙细砂岩样品 GW1 和 GW2 中基质和光滑裂隙的吸水性系数。如图 6.27 所示,光滑裂隙中润湿锋的移动距离数据集的第一个点明显低于拟合线。造成这一偏差的原因如前面所述。表 6.13 所列为线性回归得到的裂隙细砂岩样品 GW1 和 GW2 中光滑裂隙及其两侧的吸水性系数,其拟合优度(R^2)均大于 0.92。裂隙细砂岩样品 GW1 和 GW2 中的光滑裂隙的吸水性系数分别为 $4.96\text{mm/s}^{0.471}$ 和 $6.35\text{mm/s}^{0.453}$,明显小于前面所述粗糙裂隙的吸水性系数,且同时小于 Cheng 等[1]所研究的贝雷砂岩粗糙裂隙的吸水性系数($17.87 \sim 27.12\text{mm/s}^{0.50}$)。由此可知,粗糙裂隙相对于光滑裂隙更能增加裂隙砂岩的吸水能力。此外,样品 GW2 光滑裂隙的吸水性系数是样品 GW1 的 1.28 倍,这可能是裂隙迂曲度不同造成的,可知裂隙吸水性系数随迂曲度的增加而增大。样品 GW1 中光滑裂隙两侧基质底部附近的吸水性系数分别为 $1.99\text{mm/s}^{0.458}$ 和 $2.04\text{mm/s}^{0.461}$,样品 GW2 中光滑裂隙两侧基质底部附近的吸水性系数分别为 $1.99\text{mm/s}^{0.468}$ 和 $2.07\text{mm/s}^{0.455}$。然而,样品 GW1 光滑裂隙两侧附近的基质吸水性系数分别为 $2.98\text{mm/s}^{0.360}$ 和 $3.61\text{mm/s}^{0.286}$,样品 GW2 光滑裂隙两侧附近的基质吸水性系数分别为 $3.02\text{mm/s}^{0.370}$ 和 $3.53\text{mm/s}^{0.315}$。两种样品光滑裂隙两侧附近的基质吸水性系数约为其样品底部附近基质的 1.6 倍。造成这一现象的原因可能是:①采用线切割技术切割砂岩样品时,会对裂隙周围的基质造成轻微损伤;②润湿锋水平移动不受重力影响。

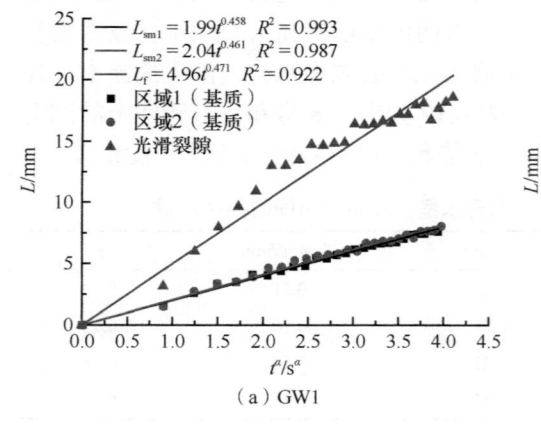

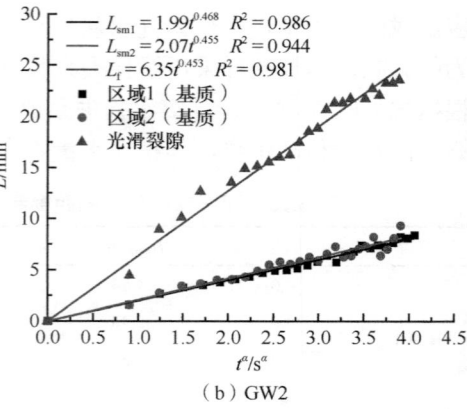

(a) GW1

(b) GW2

(c) GW1　　　　　　　　　　　　(d) GW2

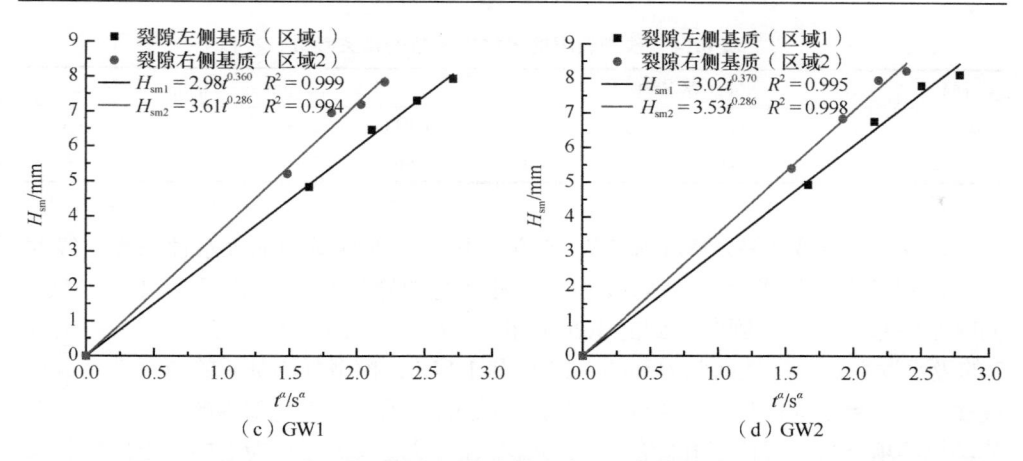

图 6.27　光滑裂隙及其基质润湿锋移动距离与渗吸时间的 α 幂次方的关系

表 6.13　通过线性回归得到的样品 GW1 和 GW2 基体和裂隙的吸水性系数及拟合优度 R^2

样品	研究区域	α	吸水性系数/(mm/s^α) 线性回归值	R^2
GW1	底部附近基质（区域1）	0.458	1.99	0.993
	底部附近基质（区域2）	0.461	2.04	0.987
	裂隙左侧基质（8号测线）	0.360	2.98	0.986
	裂隙右侧基质（9号测线）	0.286	3.61	0.914
	裂隙区域（7号测线）	0.471	4.96	0.922
GW2	底部附近基质（区域1）	0.468	1.99	0.986
	底部附近基质（区域2）	0.455	2.07	0.944
	裂隙左侧基质（8号测线）	0.370	3.02	0.995
	裂隙右侧基质（9号测线）	0.315	3.53	0.998
	裂隙区域（7号测线）	0.453	6.35	0.981

在本节中，使用本章所建立的分形模型[式（6.13）]预测裂隙细砂岩样品 GW1 和 GW2 基质的吸水性系数；假设光滑裂隙为单根毛细管，引入时间指数和损失系数 γ 将式（3.6）进行修改为

$$S = \left[\frac{(1-\gamma)\sigma\cos\theta}{4\mu\lambda_f^{1-1/\alpha}}\right]^\alpha \tag{6.15}$$

以预测裂隙细砂岩样品 GW1 和 GW2 光滑裂隙的吸水性系数。计算吸水性系数所用的相关参数列于表 6.14 中。其中，基于 X 射线二维透射图像所测得的样品 GW1 和 GW2 中光滑裂隙的平均开度分别为 65.4μm 和 96.6μm。其他参数与前面所述计算裂隙细砂岩样品 CW1 粗糙裂隙及其两侧基质的吸水性系数所用一致。

表 6.14 预测裂隙的吸水性系数的相关参数

样品	D	K/mD	ϕ/%	β	γ	λ_{max}/μm	λ_f/μm	τ
GW1	1.51	141	19.5	0.01	0.933	22.76	65.6	2.06
GW2	1.51	141	19.5	0.01	0.905	22.76	96.6	2.06

表 6.15 所列为样品 GW1 和 GW2 光滑裂隙及其两侧基质的吸水性系数的线性回归值和模型预测值的比较结果。模型预测所得的样品 GW1 基质区域 1 和区域 2 的吸水性系数是线性回归得到的 1.20 倍和 1.19 倍；样品 GW2 基质区域 1 和区域 2 的吸水性系数是线性回归得到的 1.25 倍和 1.14 倍。模型预测基质的吸水性系数与线性回归结果之间的误差为 14%~25%，可能的原因主要为孔隙内的黏土矿物、石英颗粒等填充材料降低了孔隙的有效渗流半径，以及以伊利石为主的黏土矿物与水接触后发生溶胀变形，孔隙可能会被堵塞。表 6.15 同样表明，模型预测得到的光滑裂隙两侧区域附近的基质吸水性系数被低估，造成这一现象的主要原因是模型所用由式（3.12）计算得到的最大毛细管直径偏小。模型预测所得裂隙细砂岩样品 GW1 和 GW2 光滑裂隙的吸水性系数分别为线性回归所得值的 1.58 倍和 1.61 倍，高估了光滑裂隙的吸水性系数。而以往许多关于裂隙中水自发渗吸的研究都是基于一维流动的假设，即裂隙中的水不会流失或渗入基质中。如果不考虑式（6.15）中的损失系数 γ，预测得到的样品 GW1 和 GW2 光滑裂隙吸水性系数分别为 28.01mm/s$^{0.471}$ 和 29.51mm/s$^{0.453}$，是实验数据线性回归所得值的 5.65 倍和 4.65 倍。由此可知，考虑了水在光滑裂隙中流动的过程中向两侧基质滤失的实际情况，使得预测所得的光滑裂隙吸水性系数更接近实际值。以上结果证明，本节建立的光滑裂隙吸水性系数模型[式（6.15）]可以在一定程度上预测细砂岩光滑裂隙的吸水性系数。

表 6.15 通过线性回归得到样品 GW1 和 GW2 基体和裂隙的吸水性系数及拟合优度 R^2

样品	研究区域	α	吸水性系数/(mm/s^a) 线性回归值	模型预测值
GW1	底部附近基质（区域 1）	0.458	1.99	2.39
	底部附近基质（区域 2）	0.461	2.04	2.42
	裂隙左侧基质（8 号测线）	0.360	2.98	1.68
	裂隙右侧基质（9 号测线）	0.286	3.61	1.29
	裂隙区域（7 号测线）	0.471	4.96	7.83
GW2	底部附近基质（区域 1）	0.468	1.99	2.48
	底部附近基质（区域 2）	0.455	2.07	2.37
	裂隙左侧基质（8 号测线）	0.370	3.02	1.74
	裂隙右侧基质（9 号测线）	0.315	3.53	1.43
	裂隙区域（7 号测线）	0.453	6.35	10.22

3. 裂隙与基质水交换

根据中子图像，裂隙细砂岩样品 GW1 和 GW2 的自发渗吸可分为两个阶段，即渗吸初期（FⅠ）和渗吸后期（FⅡ）。图 6.20 和图 6.21 为样品 GW1 和 GW2 自发渗吸的初期阶段，该阶段水自发渗吸进入光滑裂隙的同时经由裂隙壁渗入基质中。这意味着在渗吸初期，光滑裂隙中的水被交换到两侧基质中。如图 6.28 所示，随着自发渗吸的进行，光滑裂隙中的润湿锋的移动速度逐渐减缓，当其位置到达一定高度时即停止移动，而基质中润湿锋仍继续移动，此时裂隙细砂岩自发渗吸进入后期（FⅡ）。在渗吸后期（FⅡ），光滑裂隙逐渐被水充满，这意味着在渗吸后期，光滑裂隙两侧基质中的水被交换到裂隙中。裂隙细砂岩渗吸后期（FⅡ）过程可分为几个小时期，时期的数量因样品的不同而不同。样品 GW1 渗吸后期（FⅡ）包含 2 个时期，如图 6.28(a)-2 和(a)-3 所示。样品 GW2 渗吸后期（FⅡ）包含 3 个时期，如图 6.28(b)-2、(b)-3 和(b)-4 所示。每个时期间由空气隔离，如图 6.28 中小圆圈标记所示。造成这一现象的原因可能是：裂隙中润湿锋高度上升停滞后[即渗吸初期（FⅠ）结束后]，两侧基质中润湿锋不断上升，该过程中孔隙中的空气被不断排除，其中一部分进入裂隙中；同时，随着空气的排出水不断地充满基质孔隙，随后逐渐进入裂隙中，从高向低逐渐将裂隙充满，部分空气被锁闭形成空气隔膜，如图 6.28（c）所示。

6.3.6 结论

本节成功运用中子照相技术监测了非饱和高渗裂隙细砂岩样品的自发渗吸行为。基于动态中子图像，研究了高渗裂隙细砂岩样品粗糙和光滑裂隙及其两侧基质的润湿锋高度随渗吸时间的变化关系，并分析和预测了粗糙和光滑裂隙及其两侧基质的吸水性系数。实验结果表明：高渗裂隙细砂岩样品的粗糙和光滑裂隙中水的渗吸速率明显大于裂隙两侧基质，且粗糙裂隙中水的渗吸速率明显大于光滑裂隙。高渗裂隙细砂岩样品粗糙和光滑裂隙及其两侧基质的润湿锋移动不服从经典的渗吸行为。基于润湿锋高度对渗吸时间的双对数图，利用线性回归来估算渗吸时间指数 α。裂隙细砂岩样品中粗糙和光滑裂隙及其左右两侧基质的渗吸时间指数 α 均小于 0.50。润湿锋高度的演化与渗吸时间的 α 次方的关系是线性的，并据此通过线性回归估算了裂隙细砂岩样品中粗糙和光滑裂隙及其左右两侧基质的吸水性系数。结果表明，砂岩裂隙结构的吸水性系数明显大于基质的，且粗糙裂隙的吸水性系数明显大于光滑裂隙。光滑裂隙的吸水性系数随裂隙迂曲度的增大而增加。裂隙两侧基质的吸水性系数大于第四章所述完整砂岩基质，而粗糙裂隙两侧基质的吸水性系数大于光滑裂隙两侧基质，由此说明裂隙结构可以有效增强裂隙砂岩的吸水能力，且粗糙裂隙结构相比于光滑裂隙结构对裂隙砂岩吸水能力的增加更为明显。

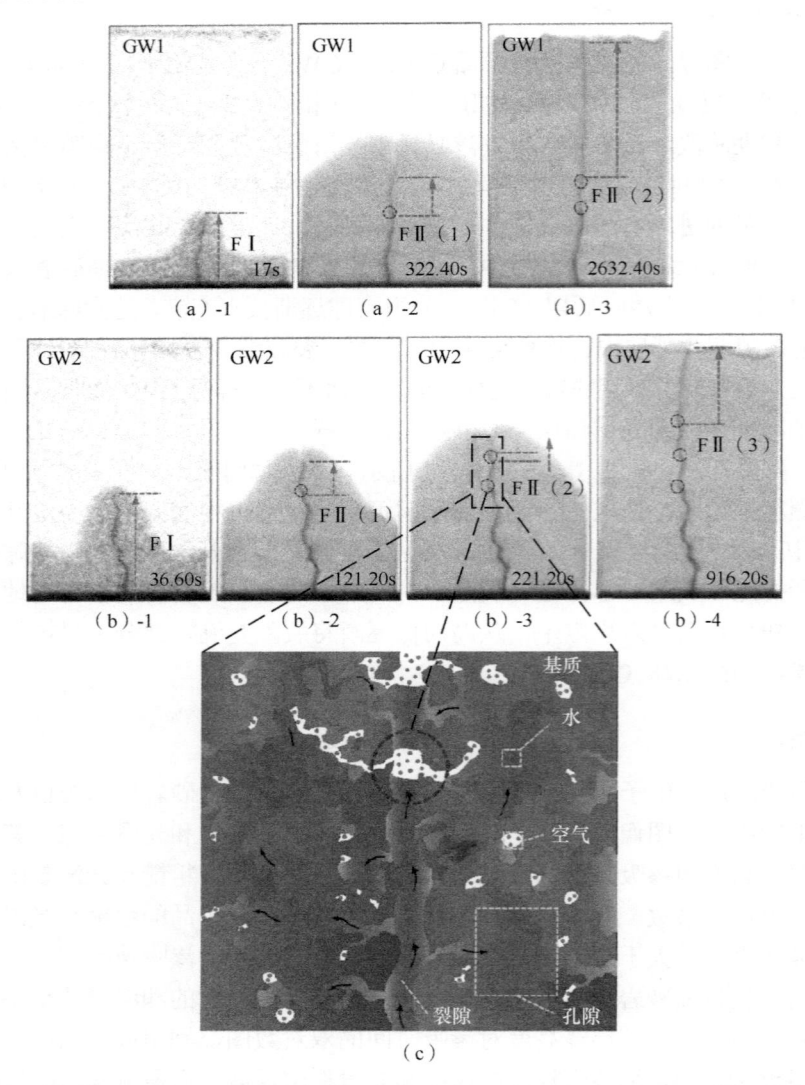

图 6.28　裂隙细砂岩样品自发渗吸过程的净水传输图像以及基质和裂隙之间的水交换示意图
渗吸过程分为初期阶段（FⅠ）和后期阶段（FⅡ）。后期阶段（FⅡ）存在多个时期，数量因样品而异

本节利用多手段（如高分辨 X 射线 CT 成像、压汞法和 X 射线衍射）对裂隙细砂岩样品的孔隙、裂隙结构和黏土矿物成分进行充分的表征，并结合第 2 章和本章所述的理论模型对裂隙砂岩样品的自发渗吸现象进行量化分析，并预测了裂隙砂岩样品粗糙和光滑裂隙及其两侧基质的吸水性系数。模型考虑了裂隙到基体的水分损失。结果表明：裂隙细砂岩样品 CW1 粗糙裂隙及其两侧基质吸水性系

数的预测值与线性回归所得到的吸水性系数相差不大,误差仅为 3%~7%;而裂隙细砂岩样品 GW1 和 GW2 光滑裂隙及其两侧基质吸水性系数的预测值与线性回归所得到的吸水性系数相差较大,其中基质吸水性系数预测误差为 17%~25%,而光滑裂隙预测误差为 58%~61%,但相对于不考虑损失系数的预测误差要小得多。通过实验和模型预测结果的对比,发现最大孔隙尺寸、孔隙分形维数、迂曲度分形维数和黏土矿物组成对基质吸水性系数的预测有较大影响;裂隙开度、裂隙迂曲度、损失系数和砂岩颗粒直径对裂隙吸水性系数预测具有重要作用。此外,所建立的分形模型也为裂隙渗吸时间指数的估算提供了一种新的方法。同时,根据净水透射中子图像分析了光滑裂隙及其两侧基质之间的水交换行为。本章的研究充分证明了中子照相技术是实时量化研究裂隙岩石介质自发渗吸过程的有效手段。为进一步研究其他类型裂隙砂岩的自发渗吸现象提供了重要的发现和指导,为数值模拟水力压裂开采非常规天然气资源提供重要的参考。

6.4 裂隙高渗砂岩非饱和扩散函数研究

水在非饱和裂隙砂岩中的渗吸过程较为复杂,裂隙中的水在流动的同时不断向两侧基质中渗流扩散。这一现象普遍存在于非常规油气水力压裂开采、核废料的处理、二氧化碳的封存等工程应用中。前面章节主要研究了关于裂隙砂岩吸水性系数,包括基于中子成像技术测定裂隙砂岩吸水性系数的方法以及砂岩孔隙结构与其吸水性系数之间的量化关系。吸水性系数能够对非饱和裂隙砂岩渗流过程中的润湿行为进行量化描述,但吸水性系数不足以全面表征砂岩中的非饱和渗流现象,特别是涉及不同渗吸时刻砂岩样品内的含水率动态分布情况。而砂岩内部微小孔隙中的含水量难以用传统的手段有效探测。本节利用中国先进研究堆中子成像谱仪对非饱和渗流过程中裂隙细砂岩样品内动态含水率分布进行了实时测定,并基于实测实验数据,结合利用 X 射线 CT 成像技术以及压汞法测定的细砂岩孔隙结构数据以及渗透率测试数据,利用第 3 章所述的非饱和扩散函数理论模型采用广义菲克定律、Lockington-Parlange 模型和 Meyer-Warrick 模型对裂隙细砂岩的非饱和扩散函数进行了预测。将预测结果与基于线性回归实验数据获得的非饱和扩散函数进行对比,并讨论了裂隙砂岩非饱和扩散函数模型的适用性。

6.4.1 裂隙高渗砂岩样品描述

本节将细砂岩制备成直径 26.54mm、高度 60mm 的圆柱形细砂岩样品,并使用改良的巴西劈裂法[6]将细砂岩样品劈裂形成贯穿样品纵向的粗糙裂隙,并将样品记为 FW1,如图 6.29 所示。

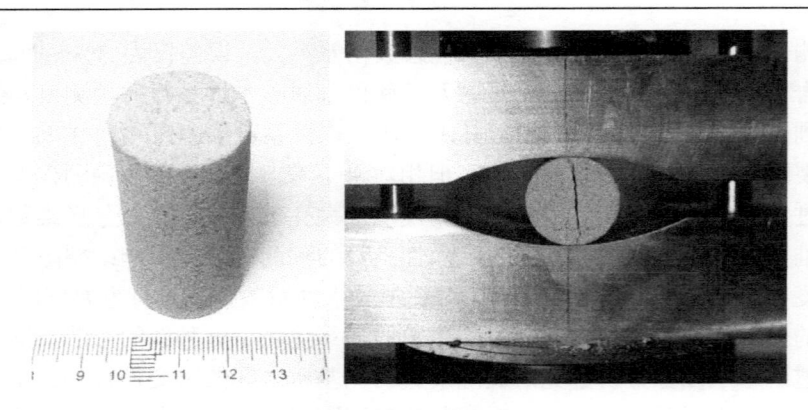

图 6.29 裂隙细砂岩样品

在渗吸实验之前，裂隙砂岩样品均置于 105℃的烘干箱中烘干，直到质量保持恒定。渗吸实验中裂隙砂岩样品置于岩心夹持器中，如图 6.30 所示。岩心夹持器由四部分组成：①两个铝制半圆形侧壁，直径 28mm、长度 60mm；②两个光敏树脂端盖，用以保持样品稳定和密封；③两个矩形铝片，尺寸为 60mm×8mm×1mm（长×宽×高），用以保持裂隙的宽度；④螺丝钉，用于连接和固定。

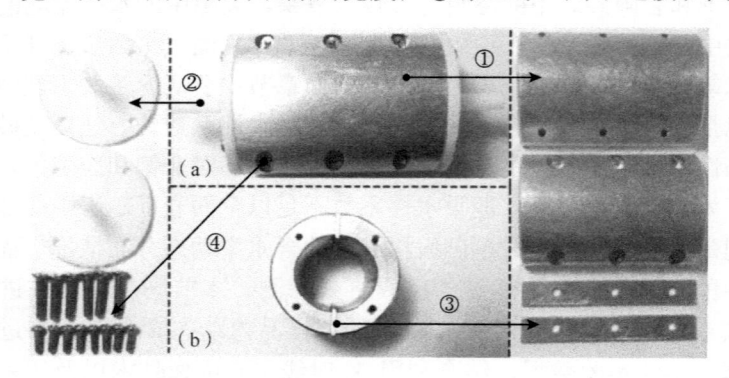

图 6.30 岩心夹持器实物图
组成部分：①铝制半圆形侧壁；②光敏树脂端盖；③矩形铝片，尺寸为 60mm×8mm×1mm；④螺丝钉

6.4.2 裂隙高渗砂岩渗吸中子成像实验及图像分析

同样利用中国先进研究堆的冷中子成像谱仪开展了裂隙砂岩样品 FW1 的自发渗吸实验。实时监测系统配备新型科学 CMOS 相机，如图 6.31（a）所示。实验装置原理图以及样品位置分别如图 6.31（b）和（c）所示。裂隙砂岩样品渗吸中子成像实验步骤与 6.2.2 节所述基本相同。主要区别在于渗吸实验使用蠕动泵进行供水。由于自发渗吸初期水在细砂岩裂隙中的渗吸速度很快，本次中子成像实验设定图像获取频率为 10f/s。渗吸实验总共获取 396 张图像，选取了 145 张图像，

第 6 章　基于中子成像的裂隙砂岩非饱和渗流问题研究　　·163·

用于进一步研究裂隙细砂岩渗吸过程中的扩散现象，所选图像的时间间隔为 1.50s。所有选取的裂隙细砂岩渗吸中子图像均在 ImageJ[4-6] 软件中进行处理和分析。中子图像处理方法与上面研究所述一致。首先通过图像归一化处理，得到排除了干燥样品和背景噪声影响的净水透射图像；然后利用本书第 2 章所述标定实验中测定的水的衰减系数和中子散射及中子束线硬化纠正系数将净水透射中子图像转化为沿射线方向水厚分布图像；最后利用 MATLAB 软件，按式（3.6）将水的厚度分布图像转化为含水率分布图像。其中所使用的水的衰减系数为 0.32618mm^{-1}，中子散射及中子束线硬化纠正系数为 -0.0109mm^{-2}。部分经处理后获取的净水透射图像（net-water transmission image），如图 6.32 所示。在净水透射图像中每个像素点上对应的灰度值即为净水透射率 T_w。

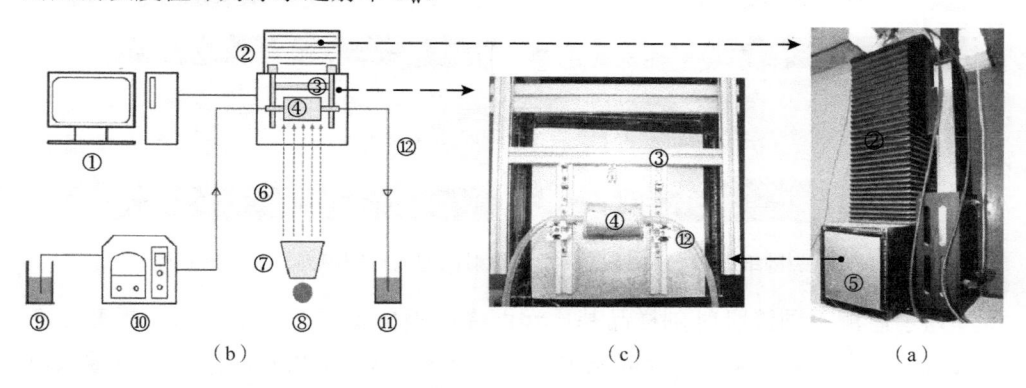

图 6.31　用于监测裂隙细砂岩渗吸过程中扩散现象的中子照相设备布置图
（a）中子成像设备；（b）实验装置示意图；（c）样品详细位置。实验装置示意图组件：①计算机数据采集系统；②CMOS 相机盒；③样品架；④岩心夹持器；⑤闪烁体探测器；⑥中子束；⑦准直器；⑧中子源；⑨蒸馏水；⑩蠕动泵；⑪废水采集容器；⑫硅胶管

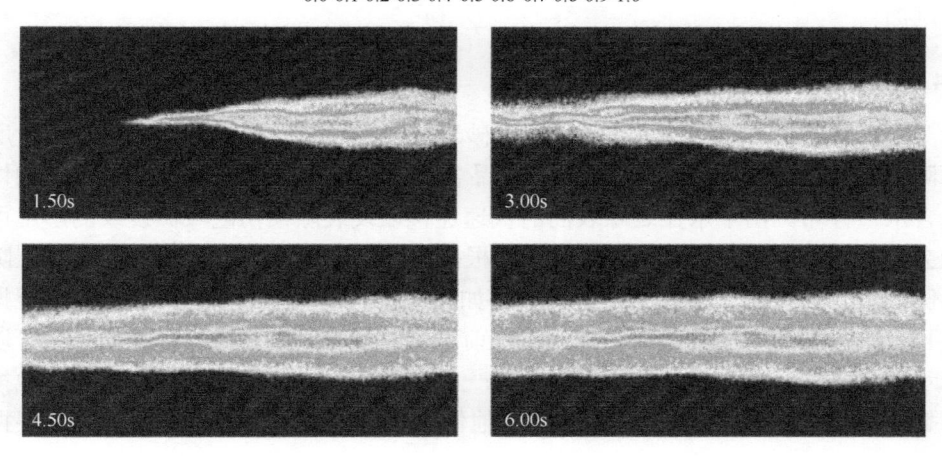

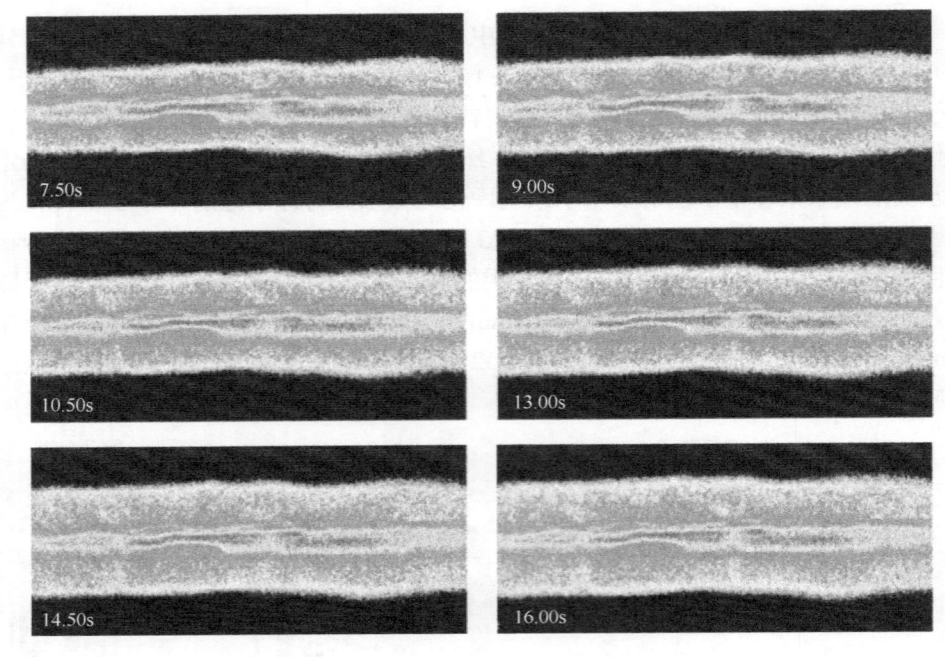

图 6.32 裂隙细砂岩样品 FW1 的净水透射图像的时间序列（文后附彩图）

为了监测不同渗吸时刻样品基质润湿锋前沿位置和含水量分布，需要在净水透射图像上布置监测线。选取裂隙细砂岩样品 FW1 在 9.0s 时的净水图像来说明测量过程，如图 6.33 所示。考虑到裂隙细砂岩样品 FW1 微观结构的复杂性以及样品不同区域的各向异性，在净水透射图像上叠加了面积为 9mm² 单元格组成的网格，并以网格为参考划分为 6 个区域（虚线），每个区域选取一个矩形区域作为研究区域（ROI），如图 6.33（a）中实线框选区域。图 6.33（b）所示为从图像中提取了样品研究区域 ROI2-1 和研究区域 ROI2-2 沿垂直方向的平均净透水剖面。

6.4.3 裂隙砂岩非饱和扩散函数分析

利用动态中子照相技术获得了裂隙砂岩自发渗吸的中子图像。根据图 6.33 所示测量方法，分别测量了裂隙细砂岩样品各研究区域 ROI 的润湿锋前沿位置和体积含水量分布。由于水在裂隙表面的快速迁移以及裂隙损伤区域微裂纹的产生可能会影响这一区域的含水量分布，因此根据 El-Abd 和 Milczarek[29]的研究，裂隙两侧 5mm 范围内的研究区域可以忽略[如图 6.33（a）中白色短虚线所示]。根据多孔介质自发渗吸经典理论[30]，润湿锋前沿位置和时间的平方根之间的关系可以表示为 $L=St^{0.5}$，S 为吸水性系数。但是一些学者认为经典理论不能完全准确地描述裂隙细砂岩渗吸过程中的扩散现象，他们认为湿润锋传播遵循公式 $L=St^\alpha$。根据

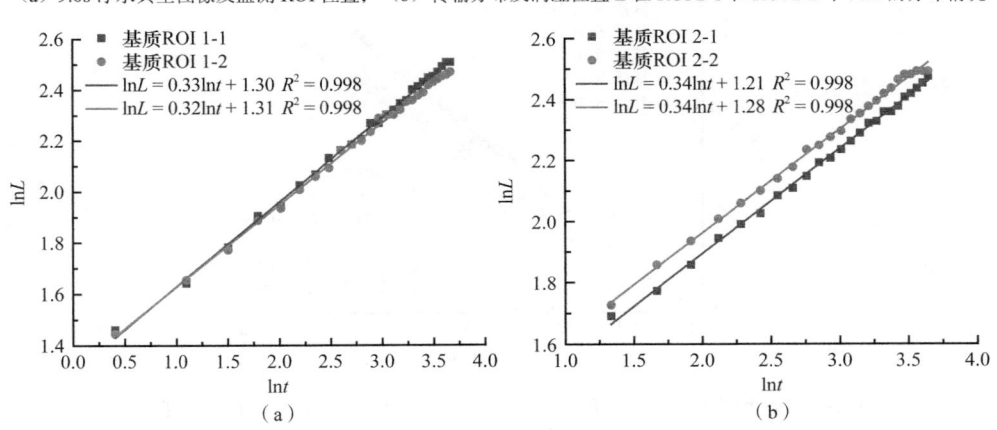

第 6 章　基于中子成像的裂隙砂岩非饱和渗流问题研究

研究区域 ROI 测定的实验数据，润湿锋前沿位置与渗吸时间的双对数图及其线性回归线如图 6.34（a）～（c）所示。线性回归线与实验数据吻合较好，且它显示了一个明显的非经典的扩散行为（即时间指数 $\alpha \neq 0.5$），该现象可称为非玻尔兹曼现象（non-Boltzmann）[29]。线性回归所得参数如表 6.16 所示。时间的相对误差指数 α 在研究区域 ROI 1-1 和 1-2、ROI 2-1 和 2-2、ROI 3-1 和 3-2 的渗吸时间指数的相对误差分别是 15.79%、10.53%、16.28%。

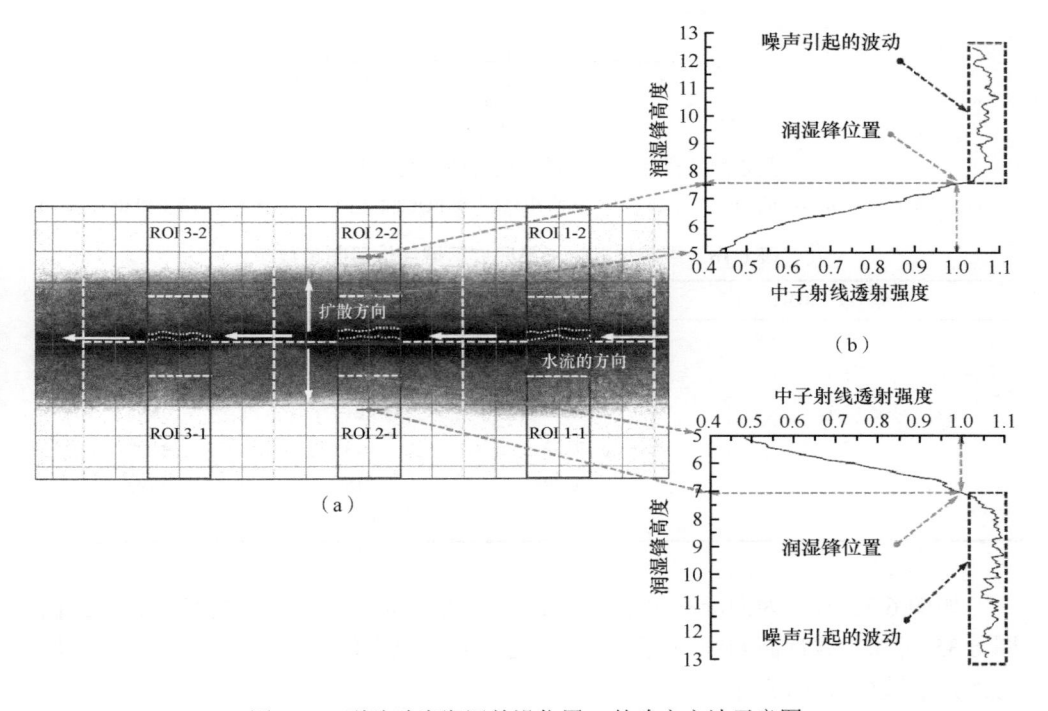

图 6.33　裂隙砂岩润湿前沿位置 L 的确定方法示意图

(a) 9.0s 净水典型图像及监测 ROI 位置；(b) 传输分布及润湿位置 L 在 ROI 2-1 和 ROI 2-2 中 9.0s 的分布情况

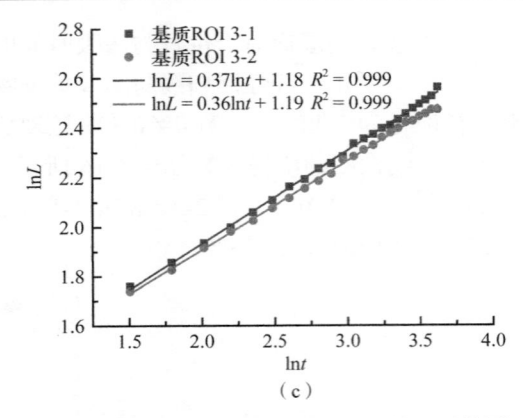

图 6.34　样品润湿锋前沿位置随时间的双对数图

（a）研究区域 ROI 1-1 和 ROI 1-2；（b）研究区域 ROI 2-1 和 ROI 2-2；（c）研究区域 ROI 3-1 和 ROI 3-2

表 6.16　裂隙细砂岩样品研究区域线性回归参数

研究区域（ROI）	α	b	R^2
1-1	0.33	1.30	0.998
1-2	0.32	1.31	0.998
2-1	0.34	1.21	0.998
2-2	0.34	1.28	0.998
3-1	0.37	1.18	0.999
3-2	0.36	1.19	0.999

如图 6.35 所示为润湿锋前沿位置 L 与渗吸时间的 α 次方 t^α 之间的关系。由图 6.35 可知，线性回归线与实验数据吻合良好，拟合优度 R^2 值均大于 0.99。线性回归参数如表 6.17 所示。

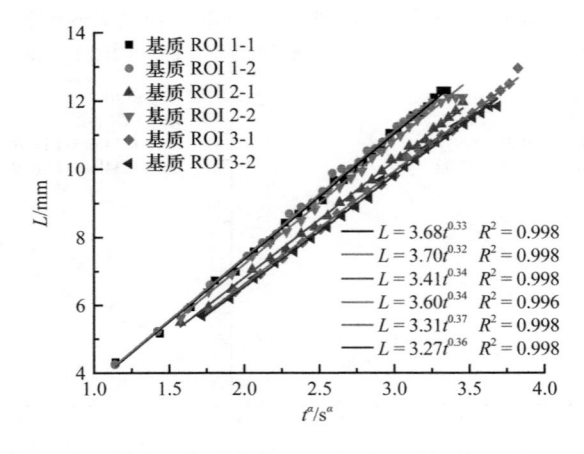

图 6.35　样品研究区域润湿锋前沿位置 L 与渗吸时间的 α 次方 t^α 之间的关系

表 6.17 样品研究区域 ROI 的线性回归参数

研究区域（ROI）	α	S	R^2
1-1	0.33	3.68	0.998
1-2	0.32	3.70	0.998
2-1	0.34	3.41	0.998
2-2	0.34	3.60	0.996
3-1	0.37	3.31	0.998
3-2	0.36	3.27	0.998

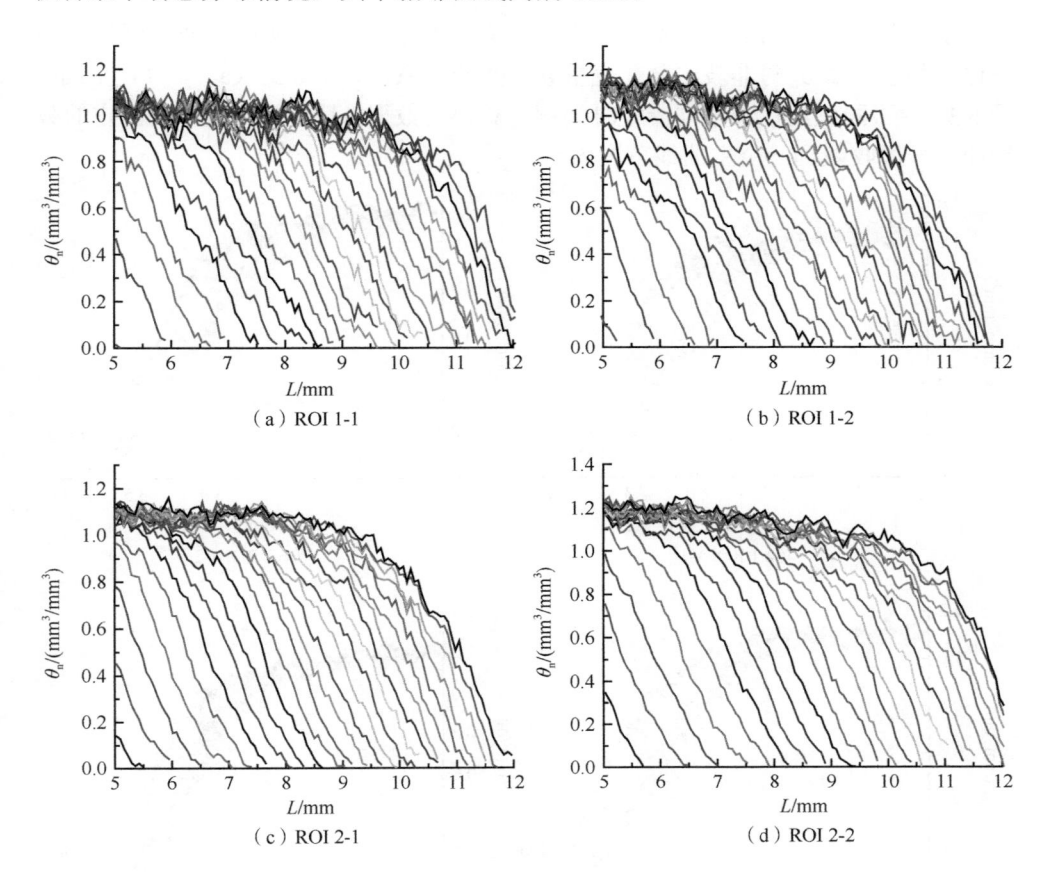

图 6.36（a）～（f）为不同渗吸时刻样品研究区域 ROI 范围内的归一化的体积含水率动态分布情况，其中相邻曲线间隔 1.50s。

（a）ROI 1-1

（b）ROI 1-2

（c）ROI 2-1

（d）ROI 2-2

（e）ROI 3-1　　　　　　　　　　　　（f）ROI 3-2

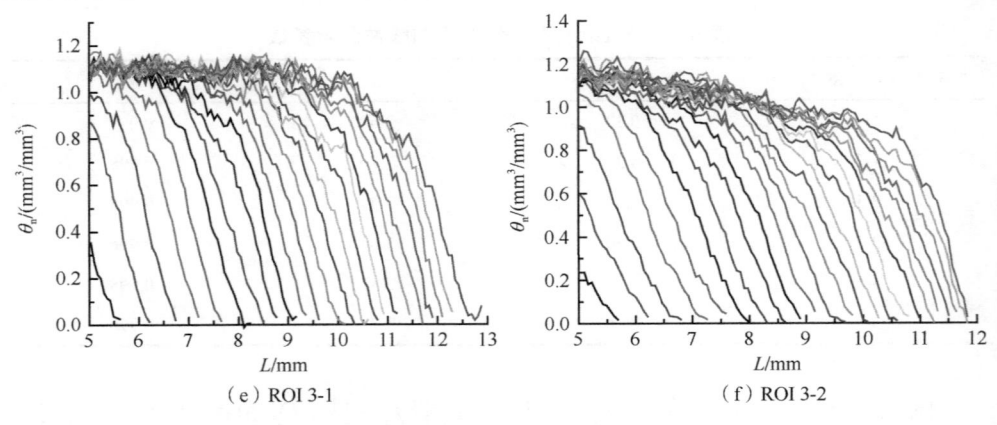

图 6.36　样品研究区域 ROI 范围内的归一化的体积含水率动态分布

基于图 6.37 中的数据，通过非玻尔兹曼变换得到不同渗吸时刻研究区域内归一化体积水含量 θ_n 与非玻尔兹曼变量 η 之间的关系，如图 6.38（a）～（f）所示。图 6.38 中不同颜色代表不同渗吸时间测定获得的数据，且不同渗吸时间测定的数据曲线一般收敛到一个主曲线范围内。

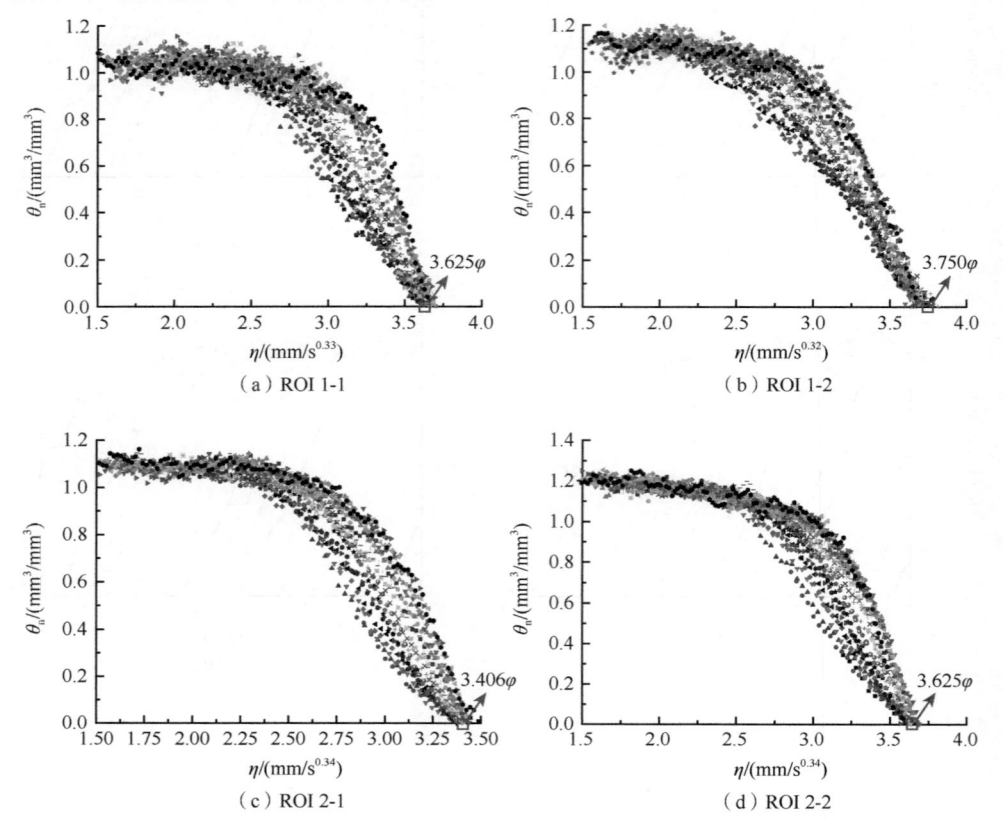

（a）ROI 1-1　　　　　　　　　　　　（b）ROI 1-2

（c）ROI 2-1　　　　　　　　　　　　（d）ROI 2-2

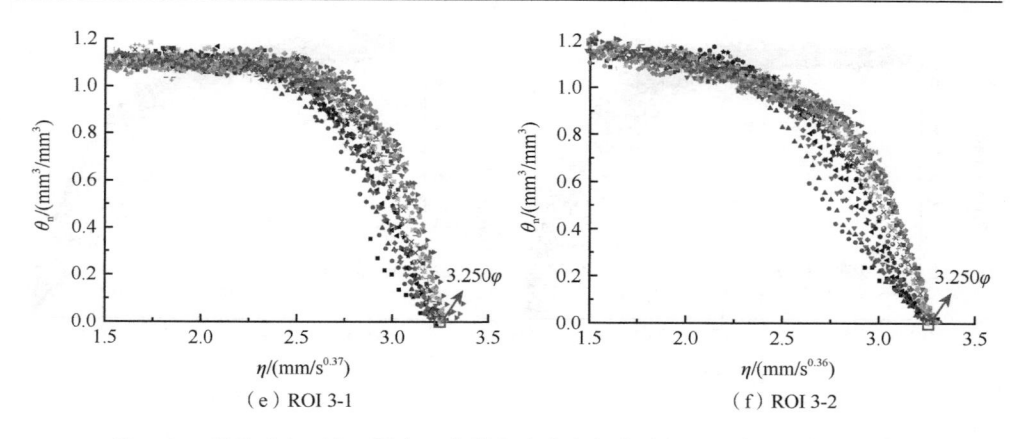

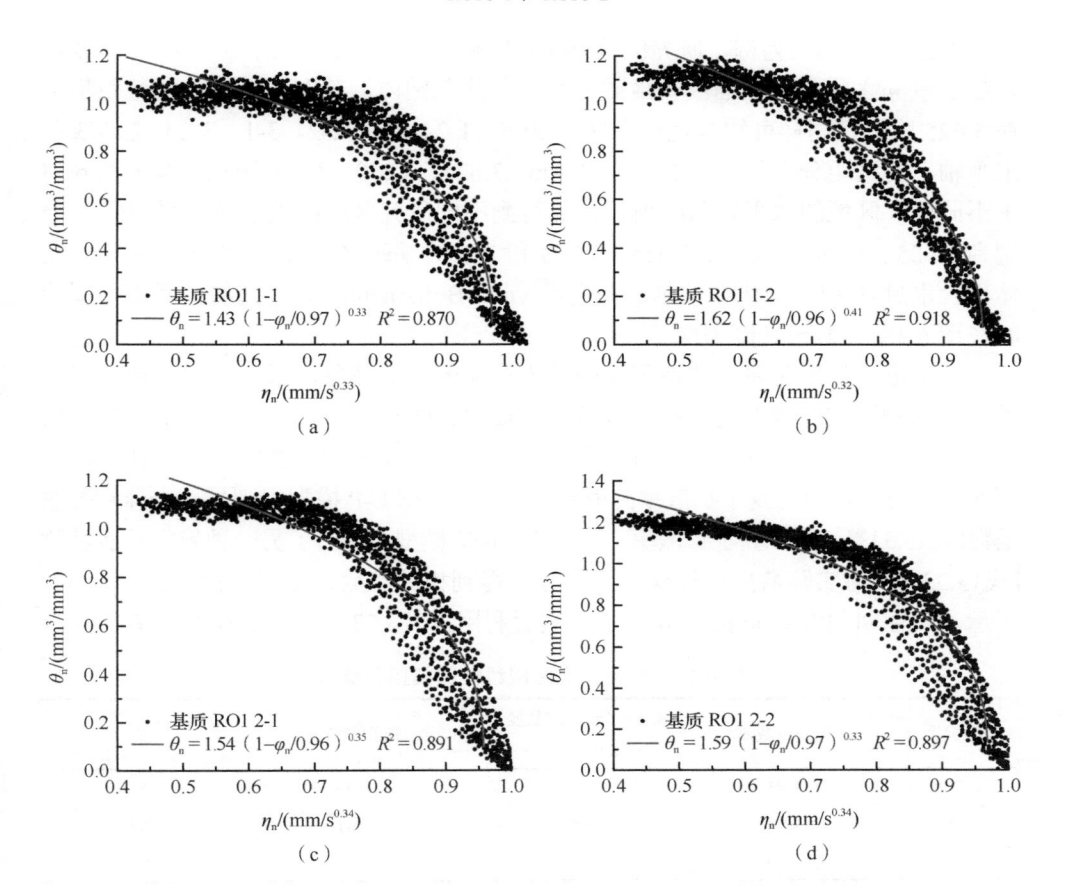

第 6 章 基于中子成像的裂隙砂岩非饱和渗流问题研究 ·169·

(e) ROI 3-1

(f) ROI 3-2

图 6.37 裂隙砂岩研究区域归一化体积含水率与非玻尔兹曼变量的关系曲线

(a)、(b) 研究区域 ROI 1-1 和 ROI 1-2；(c)、(d) 研究区域 ROI 2-1 和 ROI 2-2；(e)、(f) 研究区域 ROI 3-1 和 ROI 3-2

(a) 基质 ROI 1-1；$\theta_n = 1.43(1-\varphi_n/0.97)^{0.33}$，$R^2 = 0.870$

(b) 基质 ROI 1-2；$\theta_n = 1.62(1-\varphi_n/0.96)^{0.41}$，$R^2 = 0.918$

(c) 基质 ROI 2-1；$\theta_n = 1.54(1-\varphi_n/0.96)^{0.35}$，$R^2 = 0.891$

(d) 基质 ROI 2-2；$\theta_n = 1.59(1-\varphi_n/0.97)^{0.33}$，$R^2 = 0.897$

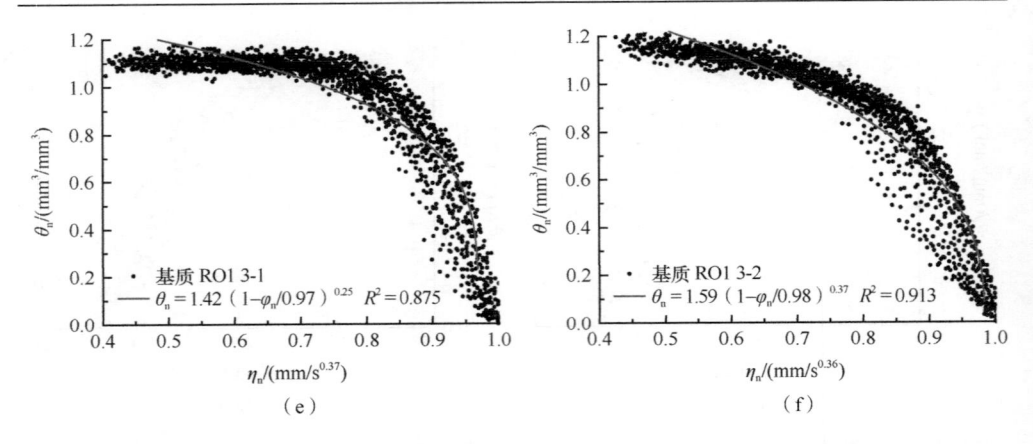

(e) 图中曲线: $\theta_n = 1.42(1-\varphi_n/0.97)^{0.25}$ $R^2 = 0.875$ 基质 ROI 3-1
横轴: $\eta_n/(\text{mm/s}^{0.37})$

(f) 图中曲线: $\theta_n = 1.59(1-\varphi_n/0.98)^{0.37}$ $R^2 = 0.913$ 基质 ROI 3-2
横轴: $\eta_n/(\text{mm/s}^{0.36})$

图 6.38 裂隙砂岩研究区域的归一化体积含水量与归一化非玻尔兹曼变量的关系曲线

（a）、（b）研究区域 ROI 1-1 和 ROI 1-2；（c）、（d）研究区域 ROI 2-1 和 ROI 2-2；（e）、（f）研究区域 ROI 3-1 和 ROI 3-2

以图 6.37（a）为例，研究区域 ROI1-1 测定的归一化体积水含量 θ_n 与非玻尔兹曼变量 η 之间的关系曲线收敛到一个主曲线范围内，其在水平轴上的截距集中在 3.625 附近，同样可知其他研究区域 ROI（1-2、2-1、2-2、3-1、3-2）主曲线在水平轴上的截距分别集中在 3.750、3.406、3.625、3.250、3.250 附近。基于图 6.38 中不同研究区域的水平轴截距值，计算得到不同研究区域的玻尔兹曼平均值 η_i 分别为 3.625、3.750、3.406、3.625、3.250 和 3.250。每一个研究区域 ROI 中归一化体积含水量 θ_n 和归一化非玻尔兹曼变量（non-Boltzmann）η_n 之间的关系进一步绘制在图 6.38（a）～（f）中。

为了进一步量化研究非饱和裂隙砂岩样品的扩散现象，采用本章所述的三种模型分别对裂隙砂岩非饱和扩散函数进行研究：①根据广义菲克定律推导出扩散函数[式(3.31)]。式（3.31）中导数和积分项在归一化含水量的特定值处计算，如图 6.39 所示，进而得到了扩散率的散点数据。②根据 L-P 模型得到另一个异常扩散函数[式(3.31)]，并计算了扩散率。③基于 M-W 模型，提出了另一种异常扩散函数[式(3.33)]。将实验数据进行线性回归分析得到相关参数，如图 6.38（a）～（f）所示。线性回归参数如表 6.18 所示。然后利用式（3.33）重新估计扩散率。

表 6.18 样品研究区域线性回归相关参数

研究区域	振幅参数 θ_0	归一化非玻尔兹曼变量极限值 η_0	指数参数 m	R^2
1-1	1.43	0.97	0.33	0.870
1-2	1.62	0.96	0.41	0.918
2-1	1.54	0.96	0.35	0.891

续表

研究区域	振幅参数 θ_0	归一化非玻尔兹曼变量极限值 η_0	指数参数 m	R^2
2-2	1.59	0.97	0.33	0.897
3-1	1.42	0.97	0.25	0.875
3-2	1.59	0.98	0.37	0.913

裂隙细砂岩样品研究区域中异常扩散系数 D（θ_n）在对数尺度上与归一化体积水含水量 θ_n 之间的关系，如图 6.39（a）～（f）所示。由图 6.39 可知，无论是哪个研究区域或估算方法，扩散率值均随归一化含水量的增加而呈非线性增加。这种增长跨越了几个数量级[例如从 $10^{-12}mm^2/s$ 增长到 $10mm^2/s$，如图 6.39（a）所示]。在低含水量时，所有研究区域 ROI 的扩散率不会随着含水量的增加而降低，如图 6.39 所示。该结果与 El-Abd 和 Milczarek[29]所研究的烧制黏土砖和砂岩以及 Zhao 等[31]研究的粉砂岩中的扩散行为一致，但与 Carmeliet 等[32]研究的硅酸钙砖的扩散行为不同。

图 6.39（a）～（f）中的黑色散点表示由广义菲克定律计算得到的扩散率。这些黑色散点的离散化是由 θ_n-η 数据的离散性引起的[31, 33]。饱和含水量附近黑色散点的分布（即 θ_n=1.0mm^3/mm^3）是最密集的，如图 6.39（a）～（f）中虚线框所示。造成这种现象的主要原因可能是细砂岩样品中的孔隙不断被水填充，越来越多的孔隙接近饱和。图 6.39（a）～（f）中的短虚线表示由 L-P 模型计算得到的扩散率，不同颜色的短虚线表示不同计算条件下的扩散率。根据 L-P 模型，在时间指数为 α = 0.50 时扩散率独立于渗吸时间。当时间指数不为 0.50 时，扩散率受渗吸时间影响。为了估算渗吸时间对扩散率的影响范围，选取每个研究区域 ROI 中自发渗吸的起始时间和最终时间进行计算。归一化体积含水量在 0～0.05mm^3/mm^3 范围内，三条短虚线上的扩散率值基本相同。随着归一化含水量从 0.05mm^3/mm^3 增加到 0.20mm^3/mm^3，3 条短虚线在垂直轴方向上出现了较小的偏差，且这些偏差几乎保持不变。也就是说，L-P 模型计算的扩散率与时间的相关性不显著，尤其是在低含水率区域（如 θ_n＜0.05mm^3/mm^3）。

图 6.39（a）～（f）中的实线表示由 M-W 模型计算得到的扩散率。可以发现，M-W 模型计算的扩散率随着归一化体积含水量从 0 增加到 0.2mm^3/mm^3 而迅速增加，与 L-P 模型计算的扩散率几乎相同，如图 6.39 中矩形阴影区域 A 和 B 所示。以研究区域 ROI 1-1 为例，M-W（L-P）模型计算的扩散率从 $10^{-12}mm^2/s$ 增加到 $10^{-4}mm^2/s$（$10^{-12}mm^2/s$ 增加到 $10^{-3}mm^2/s$），归一化体积含水率从 0 增加到 0.20mm^3/mm^3，如图 6.39（a）中的矩形阴影区域 A（B）所示。这一现象与 Kang 等[14]的研究结果一致，但与 Carmeliet 等[34]的研究结果不同。异常扩散系数的最

小值出现在零体积含水量附近，与 El-Abd 和 Milczarek[29]研究的烧制黏土砖的结果不同。在他们的研究中，扩散率的最小值在零含水量附近消失。当归一化体积含水率大于 $0.20\text{mm}^3/\text{mm}^3$ 时，L-P 模型和 M-W 模型计算的扩散率增大趋势趋于平缓。这一现象不同于 Nizovtsev 等、El-Abd 和 Zhao 等所研究的混凝土、黏土砖和粉砂岩的扩散结果。在他们的报告中，扩散率的增长速度几乎保持不变，但当含水率接近饱和时，扩散速度加快，这可能是由于孔隙中填充的水更多，这加剧了毛细管力作用下的水的输运[29-31, 35]。在归一化体积含水率大于 $0.20\text{mm}^3/\text{mm}^3$ 的情况下，M-W 模型预测的扩散率与根据广义菲克定律得到的散射点一致，如图 6.39（a）～（f）所示。与 M-W 模型相比，归一化体积含水率大于 $0.20\text{mm}^3/\text{mm}^3$ 的 L-P 模型明显高估了裂隙细砂岩样品的扩散率。这种高估可能是被测样品中伊利石（0.988%）、高岭土（1.612%）等黏土矿物含量低，吸水后孔隙空间相对稳定所致。

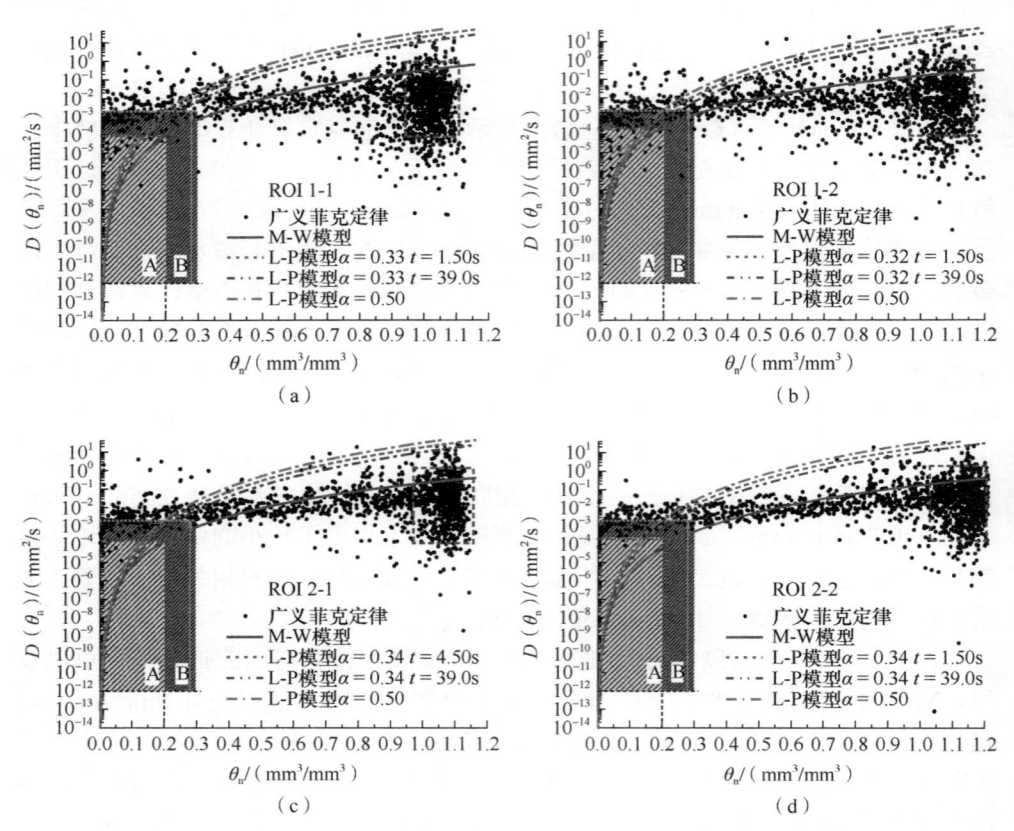

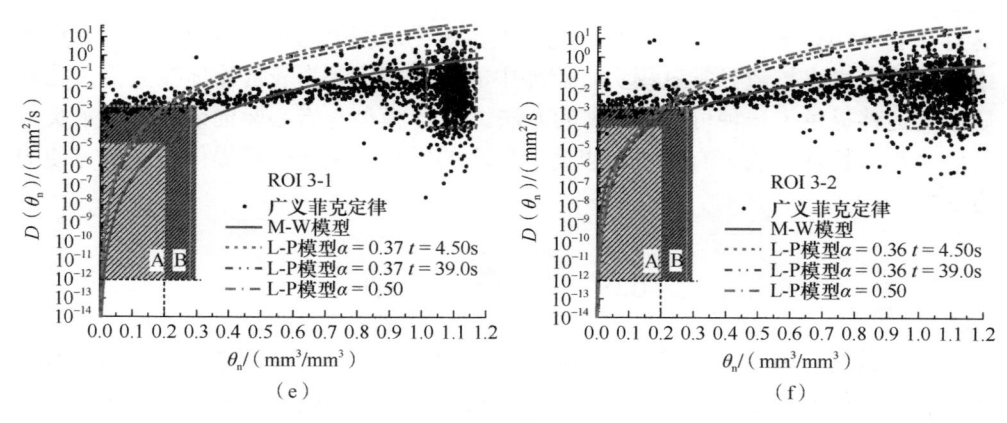

图 6.39 裂隙砂岩研究区域的扩散率

黑色散点表示根据广义菲克定律计算的扩散率；短虚线表示根据 L-P 模型得到扩散率（当时间指数不为 0.50 时，第 2 条虚线和第 3 条虚线分别表示初始时间和结束时间的扩散率,当时间指数为 0.50 时,第 1 条虚线表示扩散率）；实线表示由 M-W 模型得到扩散率

综上所述，这三种方法都可以用来描述孔隙结构均匀的裂隙细砂岩中的扩散率。不同研究区域 ROI 的扩散率和吸水性系数略有差异，这可能是由于各研究区域 ROI 的表面粗糙度不同导致水与岩石裂隙表面接触时间不同造成的。M-W 模型计算的扩散率与广义菲克定律计算的扩散率最接近，说明 M-W 模型能够较好地描述非玻尔兹曼尺度上的扩散率。然而，对于 M-W 模型在计算更多类型标本的扩散率方面的有效性还需要进一步的研究。

6.4.4 结论

本节利用中子照相技术，实时观察了水从裂隙向非饱和砂岩基质扩散的动态过程。根据第 3 章所述在朗伯-比尔定律中引入修正系数来修正中子散射和中子束硬化，从而从中子图像中得到可靠的体积含水率分布。根据这些中子图像，提取不同时刻每个研究区域 ROI 内的润湿前沿位置。结果表明，润湿锋随时间的演化服从于非玻尔兹曼变换关系（即异常扩散现象）。扩散率由广义菲克定律、L-P 模型和 W-M 模型三种模型确定。这项工作的主要结果如下。

无论使用哪个研究区 ROI 或估算方法，扩散率在几个数量级随着归一化体积含水率的增加而增加（如 $10^{-12} \sim 10 \mathrm{mm}^2/\mathrm{s}$）。M-W 模型计算的扩散率随归一化体积含水率从 0 到 $0.2 \mathrm{mm}^3/\mathrm{mm}^3$ 迅速增大，与 L-P 模型计算结果基本一致。当归一化体积含水率大于 $0.2 \mathrm{mm}^3/\mathrm{mm}^3$ 时，L-P 模型和 M-W 模型计算的扩散率增大趋势趋于平缓。与 M-W 模型相比，L-P 模型明显高估了扩散率。这种高估可能是被测样品中黏土矿物含量低，吸水后孔隙空间相对稳定所致。当归一化体积含水率大于 $0.2 \mathrm{mm}^3/\mathrm{mm}^3$ 时，M-W 模型计算的扩散率与广义菲克定律计算的扩散率最接近。

这意味着 M-W 模型可以更好地描述非玻尔兹曼尺度上的扩散现象。中子照相技术在裂隙砂岩水扩散异常过程实时监测中的成功应用，为表征流体在其他多孔介质中的运移提供了一种可行、可靠的方法。W-M 模型与岩心驱油或离心排水实验法测定水分特征曲线更有优势，也为扩散率的定量定义和建模提供了一种方便的方法。

6.5 本章小结

本章成功运用中子照相技术监测了非饱和低渗、高渗裂隙细砂岩样品的自发渗吸行为。借助中子成像高速成像模式，实验中成功捕捉到了渗吸初期水沿裂隙的快速传输现象，并测定了不同渗吸时刻粗糙和光滑裂隙及其两侧基质的润湿锋高度随渗吸时间的变化关系。依据润湿锋扩散的速度，将每个样品的整个吸水过程划分为若干阶段。基于润湿锋高度对渗吸时间的双对数图，并利用线性回归来估算粗糙裂隙渗吸时间指数，结果表明低渗裂隙粉砂岩样品粗糙裂隙的润湿锋移动不服从经典的渗吸行为。通过线性回归估算了裂隙粉砂岩样品中粗糙和光滑裂隙及其左右两侧基质的吸水性系数。结果表明，砂岩裂隙结构的吸水性系数明显大于基质的，且光滑裂隙的渗吸过程较粗糙裂隙更为复杂，水沿平滑裂隙渗吸时存在扩散、停滞、再扩散的现象。由此说明裂隙结构可以有效增强裂隙砂岩的吸水能力。

本章利用多手段（如高分辨 X 射线 CT 成像、压汞法和 X 射线衍射）对裂隙粉砂岩样品的孔隙、裂隙结构和黏土矿物成分进行充分的表征，并结合第 2 章和本章所述的理论模型对裂隙砂岩样品的自发渗吸现象进行量化分析，并预测了裂隙砂岩样品粗糙和光滑裂隙及其两侧基质的吸水性系数。模型考虑了裂隙到两侧基质的水分损失。结果表明：裂隙粉砂岩样品 CS1 粗糙裂隙吸水性系数的预测值与线性回归所得到的吸水性系数相差不大，误差仅为 4%；粗糙裂隙两侧基质预测值与 A1-1 和 A1-2 阶段线性回归平均值的误差仅为 3%。而裂隙粉砂岩样品 GS1 光滑裂隙及其两侧基质吸水性系数的预测值与线性回归所得到的吸水性系数相差较大，但相对于不考虑损失系数的预测误差要小得多。通过实验和模型预测结果的对比，发现孔隙微观结构和黏土矿物组成对基质吸水性系数的预测有较大影响；裂隙开度、裂隙迂曲度、损失系数和砂岩颗粒直径对裂隙吸水性系数预测具有重要作用。

参 考 文 献

[1] Cheng C L, Perfect E, Donnelly B, et al. Rapid imbibition of water in fractures within unsaturated sedimentary rock[J]. Advances in Water Resources, 2015, 77: 82-89.

[2] Hay K M, Dragila M I, Liburdy J. Theoretical model for the wetting of a rough surface[J]. Journal of Colloid and Interface Science, 2008, 325 (2): 472-477.

[3] Andersen P Ø, Brattekås B N O, Lohne A, et al. Darcy-scale simulation of boundary-condition effects during capillary-dominated flow in high-permeability systems[J]. SPE Reservoir Evaluation and Engineering, 2019, (22): 673-691.

[4] Schneider C A, Rasband W S, Eliceiri K W. NIH Image to ImageJ: 25 years of image analysis[J]. Nature Methods, 2012, 9: 671-675.

[5] Rasband W S. Image J[Z]. National Institutes of Health, 2008.

[6] Abramoff M D, Magelhaes P J, Ram S J. Image processing with ImageJ[J]. Biophotonics International, 2004, 11 (5-6): 36-42.

[7] 蔡美峰. 岩石力学与工程[M]. 北京: 科学出版社, 2013.

[8] 宋晓晨, 徐卫亚. 裂隙岩体渗流概念模型研究[J]. 岩土力学, 2004, 25 (2): 226-232.

[9] 宋晓晨, 徐卫亚. 非饱和带裂隙岩体渗流的特点和概念模型[J]. 岩土力学, 2004, 25 (3): 407-411.

[10] Karpyn Z T, Halleck P M, Grader A S. An experimental study of spontaneous imbibition in fractured sandstone with contrasting sedimentary layers[J]. Journal of Petroleum Science and Engineering, 2009, 67 (1-2): 48-56.

[11] Zhao Y, Xue S, Han S, et al. Effects of microstructure on water imbibition in sandstones using X-ray computed tomography and neutron radiography[J]. Journal of Geophysical Research: Solid Earth, 2017, 122 (7): 4963-4981.

[12] He L F, Han S B, Wang H L, et al. Design of real-time neutron radiography at China advanced research reactor[J]. Physics Procedia, 2013, 43: 48-53.

[13] Zhang L, Kang Q J, Yao J, et al. Pore scale simulation of liquid and gas two-phase flow based on digital core technology[J]. Science China: Technological Sciences, 2015, 58 (8): 1375-1384.

[14] Kang M, Perfect E, Cheng C L, et al. Diffusivity and sorptivity of berea sandstone determined using neutron radiography[J]. Vadose Zone Journal, 2013, 12 (3): 1375-1384.

[15] Cai J C, Yu B M. A Discussion of the effect of tortuosity on the capillary imbibition in porous media[J]. Transport in Porous Media, 2011, 89 (2): 251-263.

[16] Brú A, Pastor J M. Experimental characterization of hydration and pinning in bentonite clay, a swelling, heterogeneous, porous medium[J]. Geoderma, 2006, 134 (3-4): 295-305.

[17] Li K W, Horne R N. An analytical scaling method for spontaneous imbibition in gas/water/rock systems[J]. SPE Journal, 2004, 9 (3): 322-329.

[18] Li K W, Chow K, Horne R N. Influence of initial water saturation on recovery by spontaneous imbibition in gas/water/rock systems and the calculation of relative permeability[J]. SPE Reservoir Evaluation and Engineering, 2006, 9 (4): 295-301.

[19] Hassanein R, Meyer H O, Carminati A, et al. Investigation of water imbibition in porous stone by thermal neutron radiography[J]. Journal of Physics D: Applied Physics, 2006, 39 (19): 4284.

[20] Hammecker C, Jeannette D. Modelling the capillary imbibition kinetics in sedimentary rocks: Role of petrographical features[J]. Transport in Porous Media, 1994, 17 (3): 285-303.

[21] Benavente D, Pla C, Cueto N, et al. Predicting water permeability in sedimentary rocks from capillary imbibition and pore structure[J]. Engineering Geology, 2015, 195: 301-311.

[22] Hall S A. Characterization of fluid flow in a shear band in porous rock using neutron radiography[J]. Geophysical Research Letters, 2013, 40 (11): 2613-2618.

[23] Şahmaran M, Li V C. Influence of microcracking on water absorption and sorptivity of ECC[J]. Materials and Structures, 2009, 42（5）：593-603.

[24] Zhang P, Wittmann F H, Zhao T, et al. Neutron imaging of water penetration into cracked steel reinforced concrete[J]. Physica B: Condensed Matter, 2010, 405（7）：1866-1871.

[25] Folk R L. Petrology of Sedimentary Rocks[M]. Texas: Hemphill Publishing Co., 1980.

[26] Cai J C, Yu B M, Mei M F, et al. Capillary rise in a single tortuous capillary[J]. Chinese Physics Letters, 2010, 27（5）：1-4.

[27] Yu B M, Li J H. Some fractal characters of porous media[J]. Fractals, 2001, 9（3）：365-372.

[28] Feng Y J, Yu B M, Zou M Q, et al. A generalized model for the effective thermal conductivity of porous media based on self-similarity[J]. Journal of Physics D: Applied Physics, 2004, 37（21）：3030-3040.

[29] El-Abd A E, Milczarek J J. Neutron radiography study of water absorption in porous building materials: Anomalous diffusion analysis[J]. Journal of Physics D: Applied Physics, 2004, 37: 2305-2313.

[30] El-Abd A E, Czachor A, Milczarek J. Neutron radiography determination of water diffusivity in fired clay brick[J]. Applied Radiation and Isotopes, 2009, 67（4）：556-559.

[31] Zhao Y X, Xue S B, Han S B, et al. Characterization of unsaturated diffusivity of tight sandstones using neutron radiography[J]. International Journal of Heat and Mass Transfer, 2018, 124: 693-705.

[32] Carmeliet J, Adan O, Brocken H, et al. Determination of the liquid water diffusivity from transient moisture transfer experiments[J]. Journal of Building Physics, 2004, 27（4）：277-305.

[33] Pel L, Kopinga K. Moisture transport in porous building materials[J]. Heron, 1996, 41（2）：95-105.

[34] Carmeliet J, Hens H, Roels S, et al. Determination of the liquid water diffusivity from transient moisture transfer experiments[J]. Journal of Thermal Envelope and Building Science, 2016, 27（4）：277-305.

[35] Nizovtsev M I, Stankus S V, Sterlyagov A N, et al. Experimental determination of the diffusitives of moisture in porous materials in capillary and sorption moistening[J]. Journal of Engineering Physics and Thermophysics, 2005, 78（1）：68-74.

彩 图

(a) 细砂岩二维切片　　(b) 细砂岩孔隙二维切片　　(c) 二维Label Field数据

(d) 细砂岩三维图像　　(e) 细砂岩孔隙三维图像　　(f) 三维Label Field数据

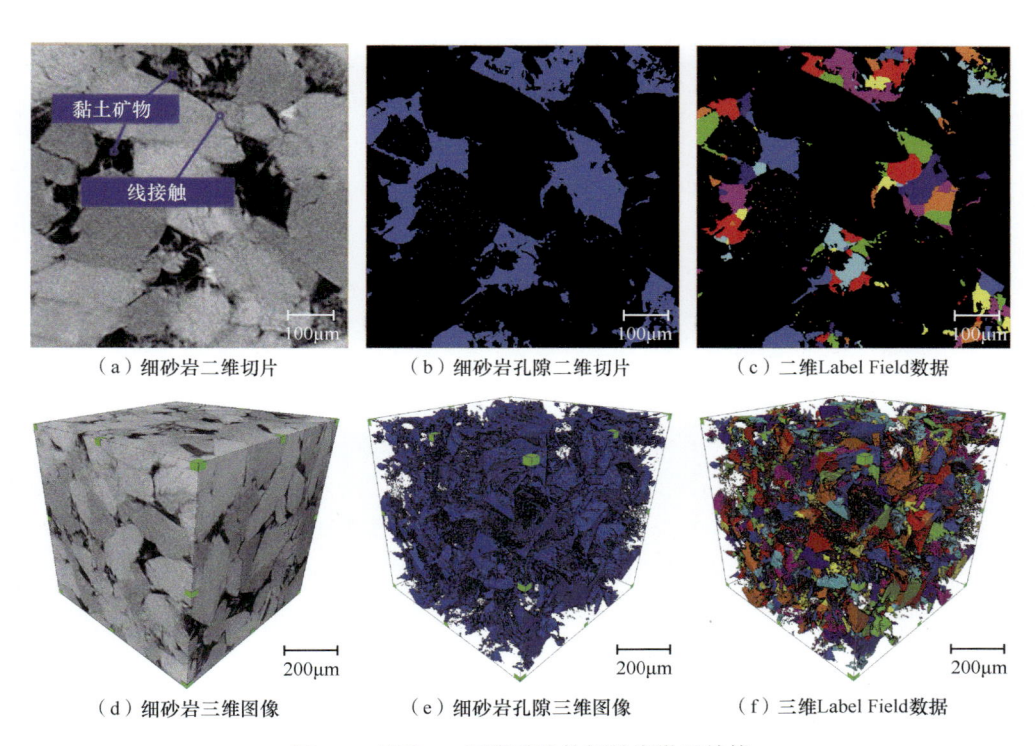

图 4.7　基于 CT 图像重建的细砂岩微观结构

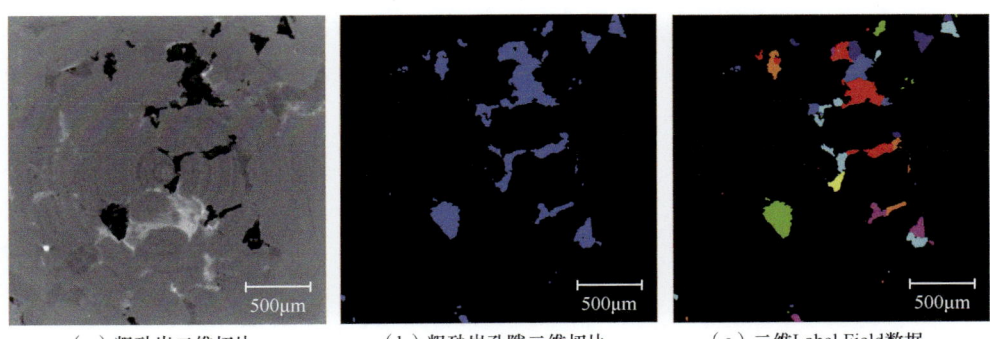

(a) 粗砂岩二维切片　　(b) 粗砂岩孔隙二维切片　　(c) 二维Label Field数据

（d）粗砂岩三维图像　　　　（e）粗砂岩孔隙三维图像　　　　（f）三维Label Field数据

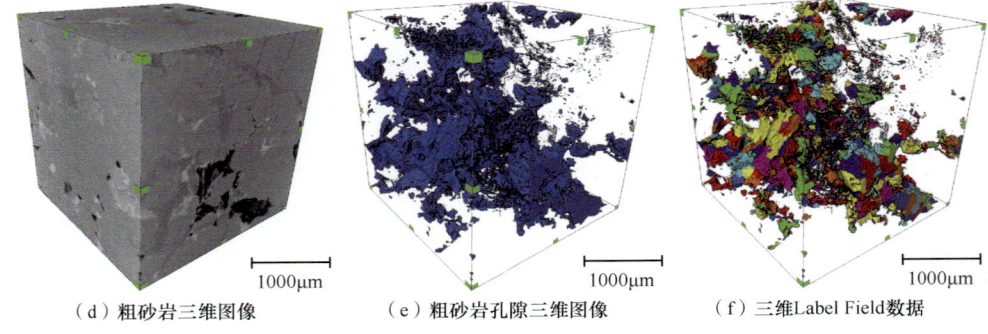

图 4.8　基于 CT 图像重建的粗砂岩微观结构

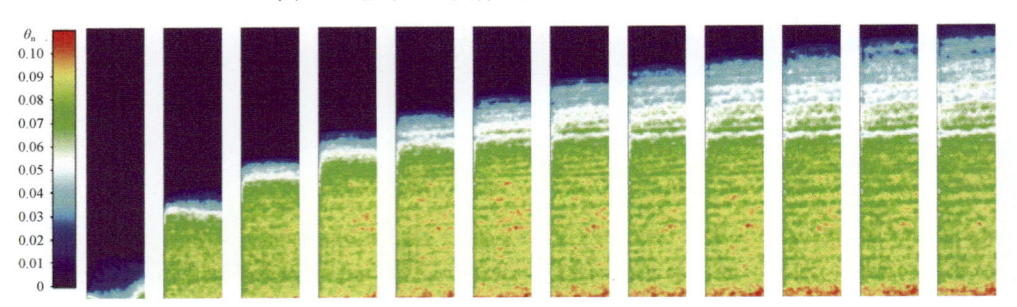

（a）样品XT1动态含水率二维分布

图 5.8　细砂岩样品 XT1 体积含水率分布彩色增强图[图（a）]

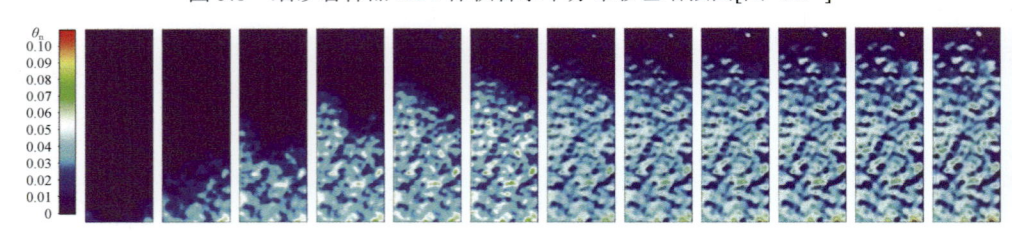

（a）样品CT1动态含水率二维分布

图 5.9　粗砂岩样品 CT1 体积含水率分布彩色增强图[图（a）]

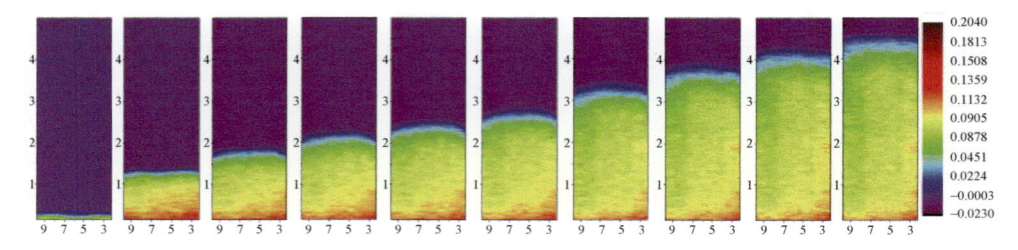

（a）不同时刻样品S1二维动态含水率分布

图 5.19　样品 S1 体积含水率分布图[图（a）]

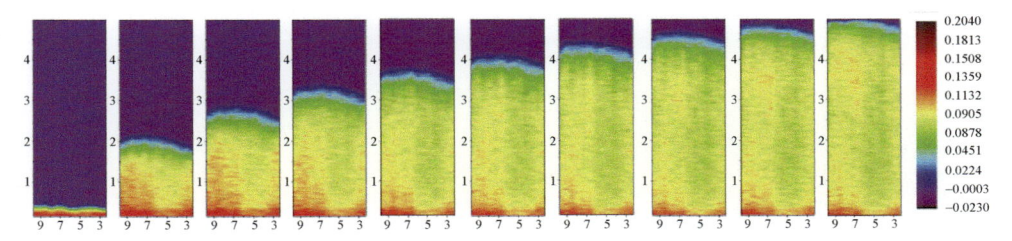

（a）不同时刻样品S2二维动态含水率分布

图 5.20　样品 S2 体积含水率分布图[图（a）]

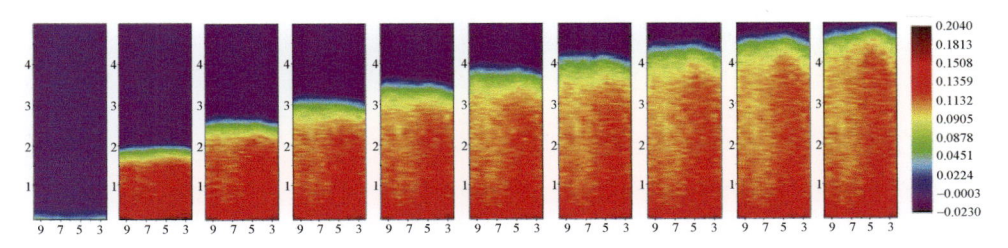

（a）不同时刻样品S3二维动态含水率分布

图 5.21　样品 S3 体积含水率分布图[图（a）]

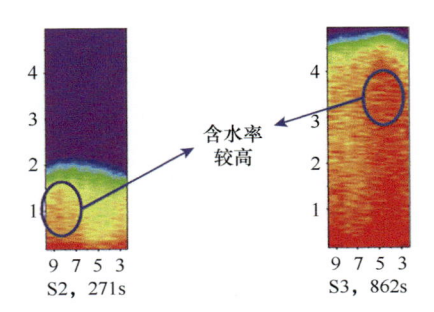

含水率较高

S2，271s　　　S3，862s

图 5.22　样品 S2 和 S3 中高含水率区

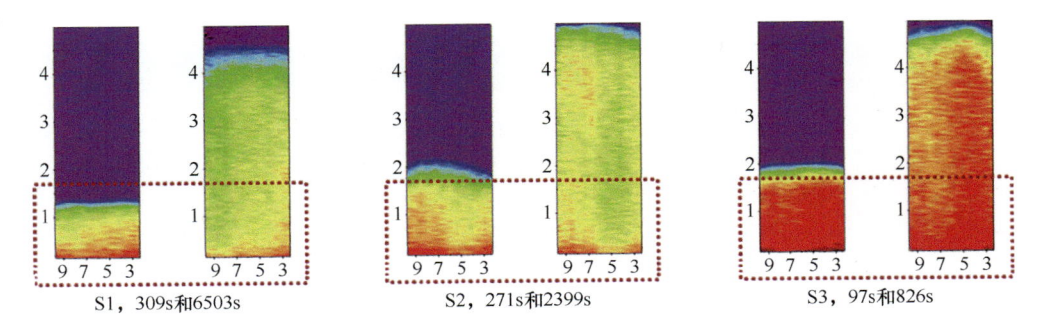

S1，309s和6503s　　　S2，271s和2399s　　　S3，97s和826s

图 5.23　不同吸水时刻同一含水区域的含水率对比

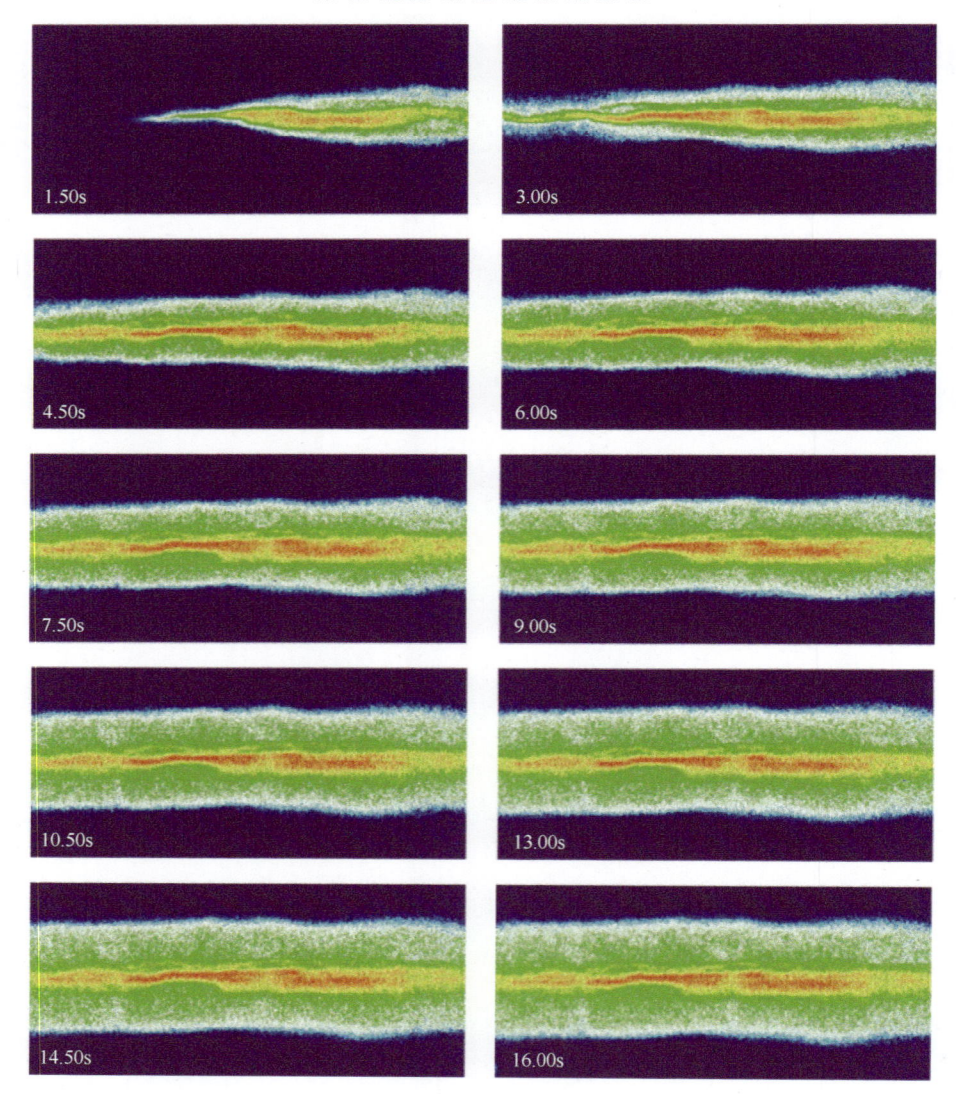

图 6.32 裂隙细砂岩样品 FW1 的净水透射图像的时间序列